7

Schlüssel zur
Mathematik

Hessen

Unter Beratung von
Sarah Brucherseifer
Anja Pies-Hötzinger

Teile dieses Unterrichtswerkes basieren auf Inhalten bereits erschienener Lehrwerke.
Diese wurden herausgegeben von Reinhold Koullen † und Udo Wennekers
sowie erarbeitet von:

Helga Berkemeier, Ilona Gabriel, Wolfgang Hecht, Barbara Hoppert, Reinhold Koullen †, Jeannine Kreuz, Doris Ostrow, Hans-Helmut Paffen, Günther Reufsteck, Jutta Schaefer, Gabriele Schenk, Hermann Schneider, Willi Schmitz, Ingeborg Schönthaler, Christine Sprehe, Wolfgang Stindl, Herbert Strohmayer, Diana Tibo, Martina Verhoeven, Udo Wennekers, Ralf Wimmers, Rainer Zillgens

Unter Beratung von: Sarah Brucherseifer, Anja Pies-Hötzinger

Redaktion: Marcus Rademacher

Illustration: Roland Beier

Grafik: Christian Böhning, Ulrich Sengebusch †

Umschlaggestaltung und Layoutkonzept:
Syberg | Kirstin Eichenberg und Torsten Symank

Layout und technische Umsetzung:
CMS – Cross Media Solutions GmbH

Begleitmaterialien zum Lehrwerk

Lösungsheft	978-3-06-007542-3
Handreichungen	978-3-06-007541-6
Arbeitsheft	978-3-06-007539-3
Arbeitsheft Basis	978-3-06-007540-9
Begleitmaterial auf USB-Stick inkl. Unterrichtsmanager und E-Book auf scook	978-3-06-001084-4

www.cornelsen.de

Alle Drucke dieser Auflage sind inhaltlich unverändert
und können im Unterricht nebeneinander verwendet werden.

Soweit in diesem Lehrwerk Personen fotografisch abgebildet sind und ihnen von der Redaktion fiktive Namen, Berufe, Dialoge und Ähnliches zugeordnet oder diese Personen in bestimmte Kontexte gesetzt werden, dienen diese Zuordnungen und Darstellungen ausschließlich der Veranschaulichung und dem besseren Verständnis des Inhalts.

Druck: Firmengruppe APPL, aprinta Druck, Wemding

1. Auflage, 2. Druck 2021
978-3-06-007537-9 (Schülerbuch)
978-3-06-007538-6 (E-Book)

1. Auflage, 1. Druck 2018
978-3-06-040481-0 (Lehrerfassung)
978-3-06-042763-5 (E-Book Lehrerfassung)

Inhalt

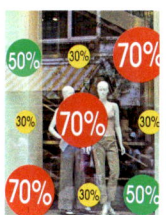

Rallye durch dein Mathe-Buch

Auf diesen zwei Seiten findest du einige Hinweise zu deinem neuen Mathematikbuch.
Löse die Rätsel (ä, ö, ü und ß sind erlaubt).
Das Lösungswort verrät dir, was das Bild auf dem Umschlag zeigt.

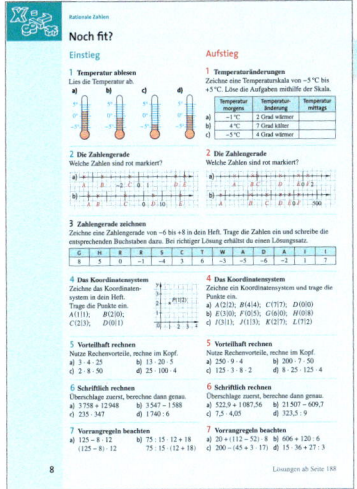

■ Noch fit?
Mit dem Einstiegstest kannst du dein bisher erworbenes Wissen testen. Deine Ergebnisse kannst du mit den Lösungen im Anhang vergleichen.
Rätsel zum Noch fit? im Kapitel Zuordnungen:
Was wiegt 450 g?
`15` _ _ _ _

■ Entdecken
Jede Lerneinheit beginnt mit einführenden Aufgaben, die zum Ausprobieren und Entdecken anregen.
Rätsel zum Entdecken zum Thema Dreiecke – Dreiecke konstruieren (mit Zirkel):
Wie heißt das abgebildete Sternbild? _ _ _ `5` _ _ `3` _ _ _ _ _ `12`

■ Verstehen
Der neue Unterrichtsstoff wird anhand von Merksätzen und Beispielen erklärt.
Rätsel zum Verstehen zum Thema Daten und Zufall – Zufall und Wahrscheinlichkeit:
Was drehen Pinar und Phillip? _ _ _ _ _ _ `11` _ _

■ Üben und anwenden
Die Aufgaben trainieren den neu gelernten Unterrichtsstoff.
Rätsel zum Üben und anwenden zum Thema Prozentrechnung – Prozentwert:
Welches Lebensmittel enthält 41 % Wasser?
`1` _ _ _ _ _ _ _ `4` _

Mittelschwere Aufgaben haben eine schwarze Aufgabennummer.

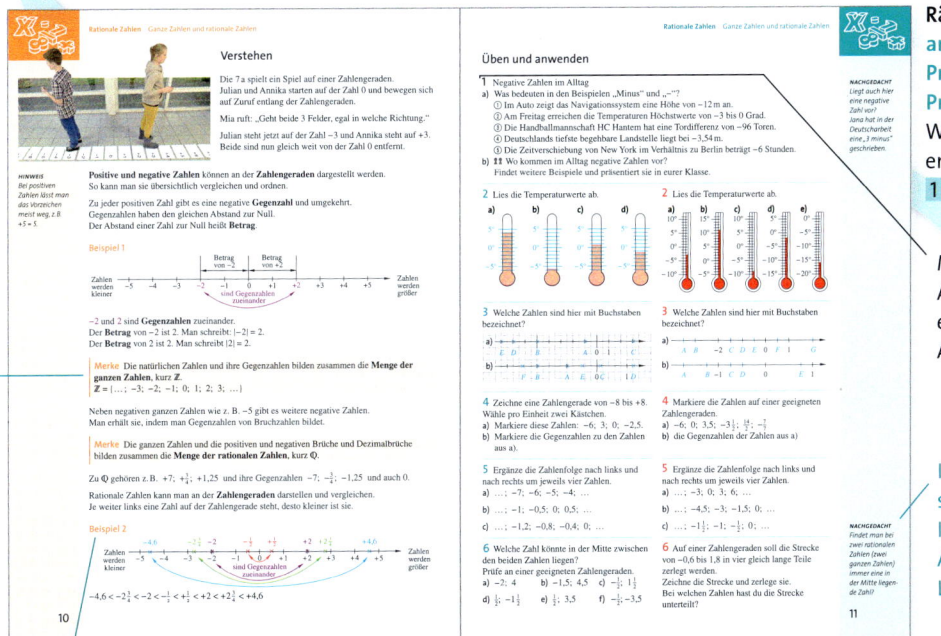

Wichtiger Merkstoff

Beispiel

Die linke Spalte enthält leichtere Aufgaben.

Die rechte Spalte enthält schwierigere Aufgaben.

In der Randspalte stehen zusätzliche Informationen, Aufgaben und Lösungshinweise.

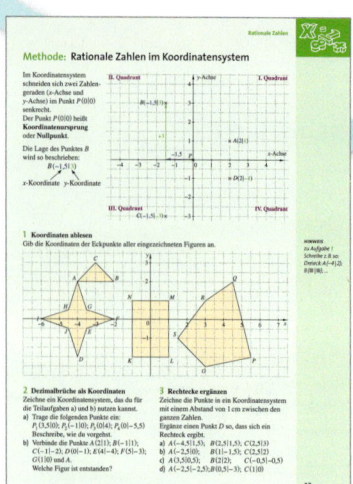

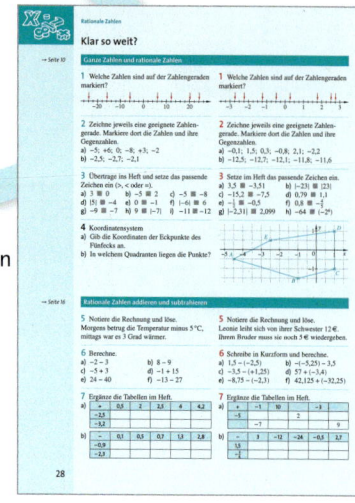

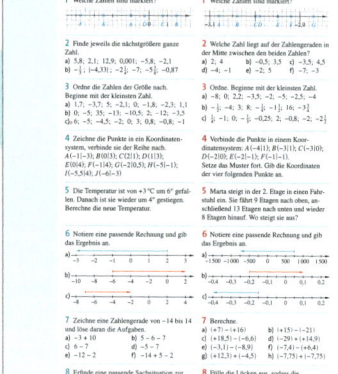

Die Symbole in den oberen Ecken stehen für bestimmte Bereiche in der Mathematik:

Zahlen und Variablen

Geometrie

Funktionen

Daten und Zufall

■ **Methode und Thema**
Auf den Methodenseiten werden die wichtigsten mathematischen Methoden vorgestellt und geübt. Die Themenseiten zeigen mathematische Inhalte aus verschiedenen Lebensbereichen.
Rätsel zum Thema Prozente im Alltag:
Wo kaufen Ilka und ihre Hauswirtschaftslehrerin ein?
_ _ _ _ _ _ 2 _ _ 16 _ _

■ **Klar so weit?**
Mit dem Zwischentest kannst du überprüfen, ob du den neuen Unterrichtsstoff verstanden hast. Deine Ergebnisse kannst du mit den Lösungen im Anhang vergleichen.
Rätsel zum Klar so weit? im Kapitel Von Termen zu Gleichungen:
Worin werden in Aufgabe 3 Terme addiert?
_ 10 _ _ _ 7 _ _ _

■ **Vermischte Übungen**
Die Seiten enthalten Aufgaben zu allen Lerneinheiten eines Kapitels.
Rätsel zu den Vermischten Übungen im Kapitel Rationale Zahlen:
Wer taucht 500 m tief?
_ _ _ 8 _ _ 14 _ _ _ 13 _ _

■ **Zusammenfassung**
Die Zusammenfassung am Ende eines Kapitels enthält die wichtigsten Merksätze zum Nachschlagen.
Rätsel zu der Zusammenfassung im Kapitel Winkel und Figuren:
Welche Winkel liegen sich gegenüber?
_ _ _ _ _ _ _ 6 _ _ _ _ _

■ **Teste dich!**
Überprüfe zur Vorbereitung auf die Klassenarbeit dein Können. Die Lösungen zum Abschlusstest findest du im Anhang.
Rätsel zum Teste dich! im Kapitel Dreiecke:
Was wird vermessen?
9 _ _

Wie lautet das Lösungswort?

1	2	3	4	5

6	7	8	9	10	11	12	13	14	15	16

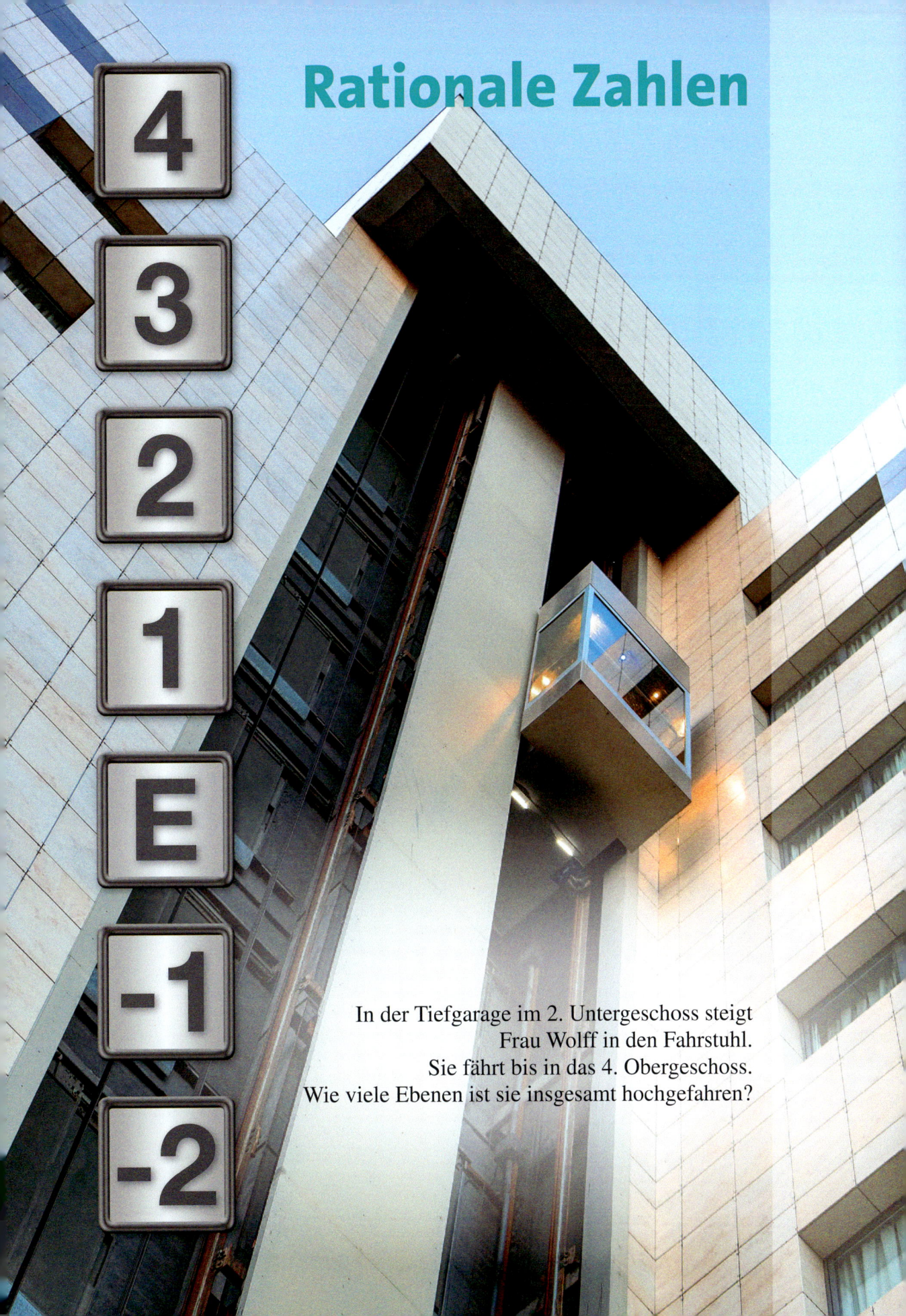

Rationale Zahlen

4
3
2
1
E
-1
-2

In der Tiefgarage im 2. Untergeschoss steigt
Frau Wolff in den Fahrstuhl.
Sie fährt bis in das 4. Obergeschoss.
Wie viele Ebenen ist sie insgesamt hochgefahren?

Noch fit?

Einstieg

1 Temperatur ablesen
Lies die Temperatur ab.

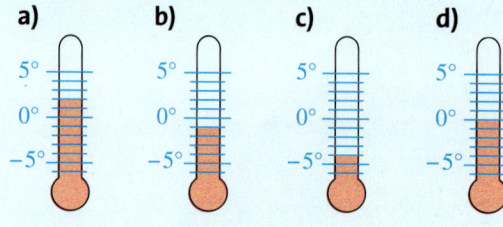

a)   b)   c)   d)

2 Die Zahlengerade
Welche Zahlen sind rot markiert?

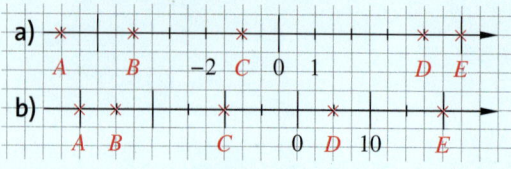

3 Zahlengerade zeichnen
Zeichne eine Zahlengerade von -6 bis $+8$ in dein Heft. Trage die Zahlen ein und schreibe die entsprechenden Buchstaben dazu. Bei richtiger Lösung erhältst du einen Lösungssatz.

G	H	R	R	S	C	T	W	A	D	A	I	I
8	5	0	-1	-4	3	6	-3	-5	-6	-2	1	7

4 Das Koordinatensystem
Zeichne das Koordinaten-
system in dein Heft.
Trage die Punkte ein.
$A(1|1);$ $B(2|0);$
$C(2|3);$ $D(0|1)$

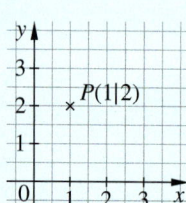

5 Vorteilhaft rechnen
Nutze Rechenvorteile, rechne im Kopf.
a) $3 \cdot 4 \cdot 25$ b) $13 \cdot 20 \cdot 5$
c) $2 \cdot 8 \cdot 50$ d) $25 \cdot 100 \cdot 4$

6 Schriftlich rechnen
Überschlage zuerst, berechne dann genau.
a) $3\,758 + 12\,948$ b) $3\,547 - 1\,588$
c) $235 \cdot 347$ d) $1\,740 : 6$

7 Vorrangregeln beachten
a) $125 - 8 \cdot 12$ b) $75 : 15 \cdot 12 + 18$
    $(125 - 8) \cdot 12$ $75 : 15 \cdot (12 + 18)$

Aufstieg

1 Temperaturänderungen
Zeichne eine Temperaturskala von $-5\,°C$ bis $+5\,°C$. Löse die Aufgaben mithilfe der Skala.

	Temperatur morgens	Temperatur-änderung	Temperatur mittags
a)	$-1\,°C$	2 Grad wärmer	
b)	$4\,°C$	7 Grad kälter	
c)	$-5\,°C$	4 Grad wärmer	

2 Die Zahlengerade
Welche Zahlen sind rot markiert?

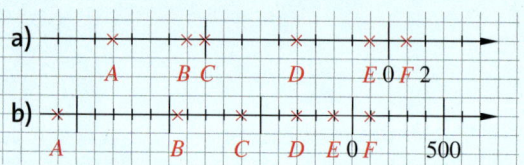

4 Das Koordinatensystem
Zeichne ein Koordinatensystem und trage die Punkte ein.
a) $A(2|2);$ $B(4|4);$ $C(7|7);$ $D(0|0)$
b) $E(3|0);$ $F(0|5);$ $G(6|0);$ $H(0|8)$
c) $I(3|1);$ $J(1|3);$ $K(2|7);$ $L(7|2)$

5 Vorteilhaft rechnen
Nutze Rechenvorteile, rechne im Kopf.
a) $250 \cdot 9 \cdot 4$ b) $200 \cdot 7 \cdot 50$
c) $125 \cdot 3 \cdot 8 \cdot 2$ d) $8 \cdot 25 \cdot 125 \cdot 4$

6 Schriftlich rechnen
Überschlage zuerst, berechne dann genau.
a) $522,9 + 1\,087,56$ b) $21\,507 - 609,7$
c) $7,5 \cdot 4,05$ d) $323,5 : 9$

7 Vorrangregeln beachten
a) $20 + (112 - 52) \cdot 8$ b) $606 + 120 : 6$
c) $200 - (45 + 3 \cdot 17)$ d) $15 \cdot 36 + 27 : 3$

Lösungen ab Seite 188

Ganze Zahlen und rationale Zahlen

Entdecken

1 👥 „Positiv und negativ", ein Spiel für zwei Personen
Ihr benötigt:
– einen Spielplan wie abgebildet
– zwei verschieden aussehende Spielsteine
– einen Würfel

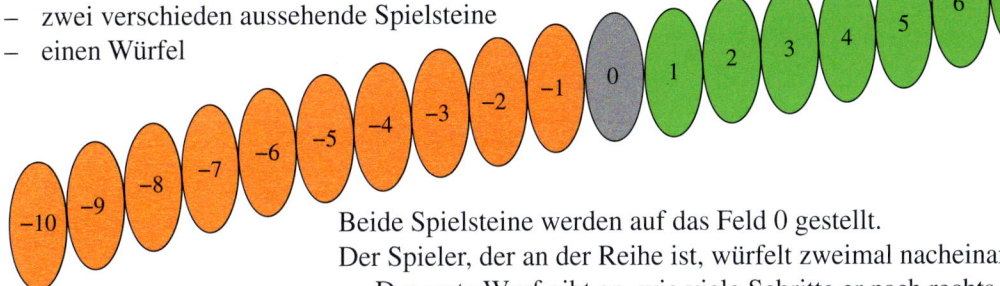

Beide Spielsteine werden auf das Feld 0 gestellt.
Der Spieler, der an der Reihe ist, würfelt zweimal nacheinander:
– Der erste Wurf gibt an, wie viele Schritte er nach rechts zieht,
– der zweite Wurf gibt an, wie viele Schritte er nach links zieht.

Wer zuerst das rechte oder das linke Ende des Spielplans erreicht
oder überschreitet, hat gewonnen.

2 Zahlengerade
a) Welche Zahlen sind auf der Zahlengeraden markiert? Notiere und ordne nach der Größe.

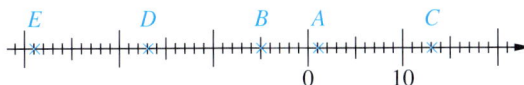

b) Zeichne eine Zahlengerade von −100 bis +100 in dein Heft. Ein Kästchen soll einem
10er-Schritt entsprechen.
Markiere diese Zahlen *möglichst* genau: 10; −10; 50; −100; −15; 62; −62; −79,9; −37.

c) Hier kannst du die Zahlen nicht exakt ablesen. Schätze sie und ordne sie nach der Größe.

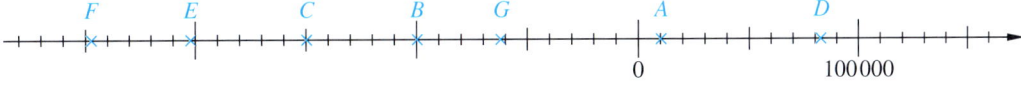

3 Markiere auf einer geeigneten Zahlengeraden die Zahlen −3; −2,5; −0,5; 0; +0,5; +1,5; +3.
a) Beschreibe an der Zahlengeraden, wie −3 und +3 zueinander liegen und wie +0,5 und −0,5
zueinander liegen.
b) Löse ohne zu zeichnen: Welche Zahlen liegen auf der Zahlengeraden von der Null ebenso
weit entfernt wie −7 $\left(\text{wie } +20;\ \text{wie } -2{,}33;\ \text{wie } -2\tfrac{1}{4}\right)$?

4 Setze im Heft das richtige Zeichen (>, <, =) ein.
Formuliere dann jeweils eine passende Regel und begründe sie.
Beachte den Hinweis in der Randspalte.
a) ① −2 ▉ −1;   ② −8 ▉ −12;   b) ① 2 ▉ −12; ② −2,401 ▉ 2,09;
③ −40,6 ▉ −6,8; ④ −3 ▉ −$\frac{1}{4}$ ③ $\frac{3}{5}$ ▉ −$\frac{5}{3}$;   ④ −0,3 ▉ $\frac{1}{3}$

👥 Vergleicht in der Klasse: Welche Regeln findet ihr am einfachsten formuliert?

HINWEIS
*zu Aufgabe 4:
Jona schreibt
bei a) so:*

*Regel:
Von zwei negativen
Zahlen ist die Zahl
größer, die …*

Begründung: …

9

Verstehen

Die 7a spielt ein Spiel auf einer Zahlengeraden.
Julian und Annika starten auf der Zahl 0 und bewegen sich auf Zuruf entlang der Zahlengeraden.

Mia ruft: „Geht beide 3 Felder, egal in welche Richtung."

Julian steht jetzt auf der Zahl −3 und Annika steht auf +3.
Beide sind nun gleich weit von der Zahl 0 entfernt.

HINWEIS
Bei positiven Zahlen lässt man das Vorzeichen meist weg, z.B.
+5 = 5.

Positive und negative Zahlen können an der **Zahlengeraden** dargestellt werden.
So kann man sie übersichtlich vergleichen und ordnen.

Zu jeder positiven Zahl gibt es eine negative **Gegenzahl** und umgekehrt.
Gegenzahlen haben den gleichen Abstand zur Null.
Der Abstand einer Zahl zur Null heißt **Betrag**.

Beispiel 1

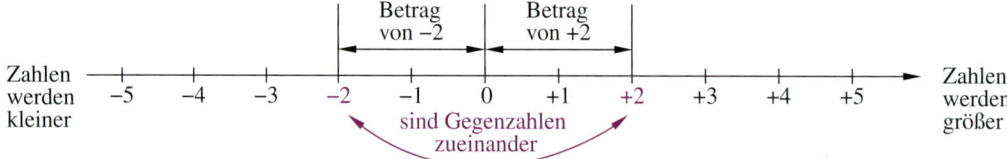

−2 und 2 sind **Gegenzahlen** zueinander.
Der **Betrag** von −2 ist 2. Man schreibt: $|{-2}| = 2$.
Der **Betrag** von 2 ist 2. Man schreibt $|2| = 2$.

> **Merke** Die natürlichen Zahlen und ihre Gegenzahlen bilden zusammen die **Menge der ganzen Zahlen**, kurz $\mathbb{Z}$.
> $\mathbb{Z} = \{\dots;\ -3;\ -2;\ -1;\ 0;\ 1;\ 2;\ 3;\ \dots\}$

Neben negativen ganzen Zahlen wie z. B. −5 gibt es weitere negative Zahlen.
Man erhält sie, indem man Gegenzahlen von Bruchzahlen bildet.

> **Merke** Die ganzen Zahlen und die positiven und negativen Brüche und Dezimalbrüche bilden zusammen die **Menge der rationalen Zahlen**, kurz $\mathbb{Q}$.

Zu $\mathbb{Q}$ gehören z. B. $+7$; $+\frac{3}{4}$; $+1{,}25$ und ihre Gegenzahlen -7; $-\frac{3}{4}$; $-1{,}25$ und auch 0.

Rationale Zahlen kann man an der **Zahlengeraden** darstellen und vergleichen.
Je weiter links eine Zahl auf der Zahlengerade steht, desto kleiner ist sie.

Beispiel 2

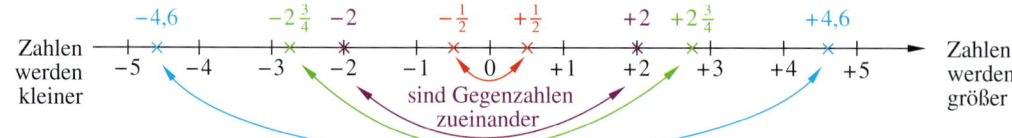

$-4{,}6 < -2\frac{3}{4} < -2 < -\frac{1}{2} < +\frac{1}{2} < +2 < +2\frac{3}{4} < +4{,}6$

Üben und anwenden

1 Negative Zahlen im Alltag

a) Was bedeuten in den Beispielen „Minus" und „–"?
  ① Im Auto zeigt das Navigationssystem eine Höhe von −12 m an.
  ② Am Freitag erreichen die Temperaturen Höchstwerte von −3 bis 0 Grad.
  ③ Die Handballmannschaft HC Hantem hat eine Tordifferenz von −96 Toren.
  ④ Deutschlands tiefste begehbare Landstelle liegt bei −3,54 m.
  ⑤ Die Zeitverschiebung von New York im Verhältnis zu Berlin beträgt −6 Stunden.

b) 👥 Wo kommen im Alltag negative Zahlen vor?
  Findet weitere Beispiele und präsentiert sie in eurer Klasse.

NACHGEDACHT
Liegt auch hier eine negative Zahl vor? Jana hat in der Deutscharbeit eine „3 minus" geschrieben.

2 Lies die Temperaturwerte ab.

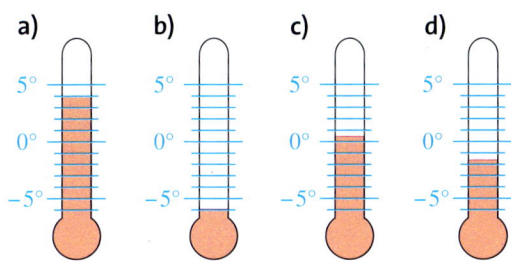

2 Lies die Temperaturwerte ab.

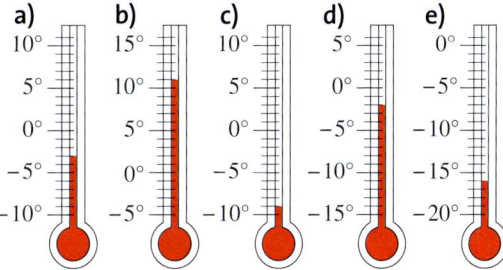

3 Welche Zahlen sind hier mit Buchstaben bezeichnet?

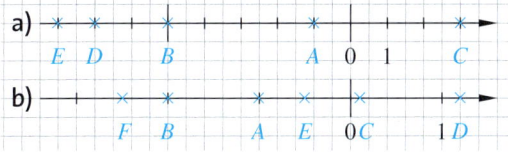

3 Welche Zahlen sind hier mit Buchstaben bezeichnet?

4 Zeichne eine Zahlengerade von −8 bis +8. Wähle pro Einheit zwei Kästchen.

a) Markiere diese Zahlen: −6; 3; 0; −2,5.

b) Markiere die Gegenzahlen zu den Zahlen aus a).

4 Markiere die Zahlen auf einer geeigneten Zahlengeraden.

a) $-6;\ 0;\ 3,5;\ -3\frac{1}{2};\ \frac{14}{2};\ -\frac{7}{7}$

b) die Gegenzahlen der Zahlen aus a)

5 Ergänze die Zahlenfolge nach links und nach rechts um jeweils vier Zahlen.

a) …; −7; −6; −5; −4; …

b) …; −1; −0,5; 0; 0,5; …

c) …; −1,2; −0,8; −0,4; 0; …

5 Ergänze die Zahlenfolge nach links und nach rechts um jeweils vier Zahlen.

a) …; −3; 0; 3; 6; …

b) …; −4,5; −3; −1,5; 0; …

c) …; $-1\frac{1}{2}$; −1; $-\frac{1}{2}$; 0; …

6 Welche Zahl könnte in der Mitte zwischen den beiden Zahlen liegen?
Prüfe an einer geeigneten Zahlengeraden.

a) −2; 4   b) −1,5; 4,5   c) $-\frac{1}{2};\ 1\frac{1}{2}$

d) $\frac{1}{2};\ -1\frac{1}{2}$ e) $\frac{1}{2};\ 3,5$ f) $-\frac{1}{2};\ -3,5$

6 Auf einer Zahlengeraden soll die Strecke von −0,6 bis 1,8 in vier gleich lange Teile zerlegt werden.
Zeichne die Strecke und zerlege sie.
Bei welchen Zahlen hast du die Strecke unterteilt?

NACHGEDACHT
Findet man bei zwei rationalen Zahlen (zwei ganzen Zahlen) immer eine in der Mitte liegende Zahl?

7 Gib den Betrag und die Gegenzahl an.

a) −4   b) +1,2   c) +5,7
d) −6   e) −3,5   f) −24,3
g) +3   h) −28,9   i) +3,7
j) −15   k) +20,2   l) −7,2

7 Zahlentrios

a) Wähle fünf verschiedene rationale Zahlen zwischen −0,21 und −0,24.
b) Gib zu jeder deiner Zahlen die Gegenzahl und den Betrag an.

8 Welche der beiden Zahlen ist kleiner?

a) 5; 8   b) −5; 8   c) −5; −8
d) −7; 0   e) 6; −8   f) 1; −4,5

8 Welche der beiden Zahlen ist kleiner?

a) $\frac{1}{2}$; −3   b) −9; −6   c) −14; −15
d) 0; 12   e) $-3\frac{1}{2}$; $\frac{14}{2}$ f) 85; −36

9 ♟♟ Welche Aussagen sind richtig? Begründet jeweils oder nennt ein Gegenbeispiel.

a) Der Betrag einer Zahl ist nie negativ.

b) Jede Zahl ist größer als ihre Gegenzahl.

c) Jede negative Zahl ist kleiner als jede positive.

d) Manche Zahlen sind größer als ihr Betrag.

e) Der Betrag einer Zahl ist die Zahl selbst oder ihre Gegenzahl.

f) Zahl und zugehörige Gegenzahl sind immer verschieden.

10 Setze im Heft ein: >, < oder =.

a) −2 ▦ 6   b) 3 ▦ −4
c) 0 ▦ −8   d) −7 ▦ 7
e) 0,5 ▦ 0,6   f) −0,5 ▦ −0,6
g) −0,75 ▦ 0,75   h) 3,6 ▦ 3,6
i) −3,2 ▦ −3,19   j) −5,01 ▦ −5,10

10 Ordne. Beginne mit der kleinsten Zahl. Zahlengeraden können dir dabei helfen.

a) −1; 0; 13; −3; −6; −4; 9; −5; 17
b) 0,5; −7; 3; 5; −2; −8; 7; −12; 12
c) −0,5; 3; $\frac{7}{10}$; $-\frac{2}{5}$; 5,5; 13; −3,75; $-\frac{7}{9}$
d) $\frac{1}{2}$; $-\frac{1}{3}$; $\frac{1}{4}$; $-\frac{1}{5}$; $-\frac{1}{6}$; $\frac{1}{7}$; $-\frac{1}{8}$; $\frac{1}{9}$

11 In dem Diagramm sind die monatlichen Durchschnittstemperaturen von Nuuk (Grönland) dargestellt.

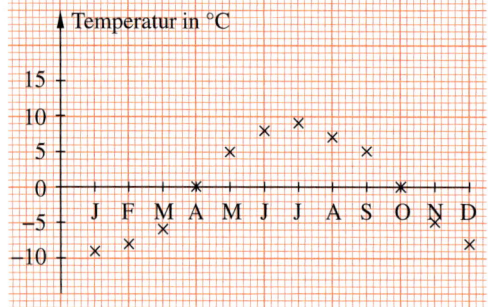

Lies die Durchschnittstemperaturen aus dem Diagramm ab und ergänze die Tabelle im Heft.

Jan	Feb	Mär	Apr	Mai	Jun
−9°C					

Jul	Aug	Sep	Okt	Nov	Dez

11 In der Tabelle sind die monatlichen Durchschnittstemperaturen von Jokkmokk (Schweden) angegeben.

Jokkmokk, Durchschnittstemperaturen in °C

Jan	Feb	Mär	Apr	Mai	Jun
−14,4	−13,4	−7,9	−1,5	5	11,3

Jul	Aug	Sep	Okt	Nov	Dez
14,8	12,3	6,8	−0,5	−7,1	−11,1

a) Runde die Werte von Jokkmokk auf ganze Zahlen.
   Gehe dabei so vor:
   1. Runde zuerst den Betrag der Zahl.
   2. Setze das ursprüngliche Vorzeichen vor den gerundeten Betrag.
   Beispiel Runden auf ganze Zahlen:
   $$-8,3 \approx -8$$
   $$-12,5 \approx -13$$

b) Zeichne für Jokkmokk ein Temperaturen-Diagramm mit den gerundeten Werten.

Methode: Rationale Zahlen im Koordinatensystem

Im Koordinatensystem schneiden sich zwei Zahlengeraden (*x*-Achse und *y*-Achse) im Punkt $P(0|0)$ senkrecht.

Der Punkt $P(0|0)$ heißt **Koordinatenursprung** oder **Nullpunkt**.

Die Lage des Punktes B wird so beschrieben:

$$B(-1,5|3)$$

x-Koordinate   *y*-Koordinate

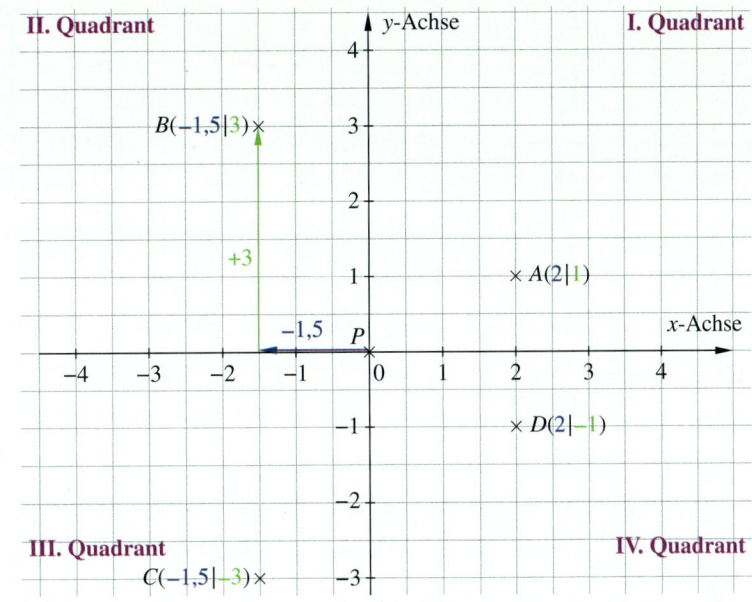

1 Koordinaten ablesen

Gib die Koordinaten der Eckpunkte aller eingezeichneten Figuren an.

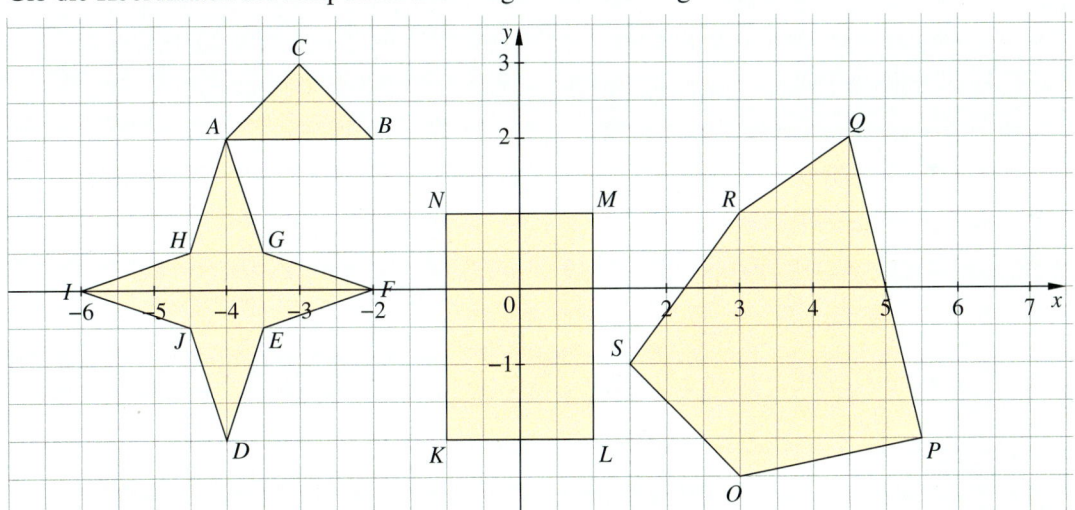

HINWEIS
zu Aufgabe 1
Schreibe z. B. so:
Dreieck: A (−4 | 2);
B (■ | ■); …

2 Dezimalbrüche als Koordinaten

Zeichne ein Koordinatensystem, das du für die Teilaufgaben a) und b) nutzen kannst.

a) Trage die folgenden Punkte ein:
$P_1(3,5|0)$; $P_2(-1|0)$; $P_3(0|4)$; $P_4(0|-5,5)$
Beschreibe, wie du vorgehst.

b) Verbinde die Punkte $A(2|1)$; $B(-1|1)$;
$C(-1|-2)$; $D(0|-1)$; $E(4|-4)$; $F(5|-3)$;
$G(1|0)$ und A.
Welche Figur ist entstanden?

3 Rechtecke ergänzen

Zeichne die Punkte in ein Koordinatensystem mit einem Abstand von 1 cm zwischen den ganzen Zahlen.

Ergänze einen Punkt D so, dass sich ein Rechteck ergibt.

a) $A(-4,5|1,5)$; $B(2,5|1,5)$; $C(2,5|3)$
b) $A(-2,5|0)$; $B(1|-1,5)$; $C(2,5|2)$
c) $A(3,5|0,5)$; $B(2|2)$; $C(-0,5|-0,5)$
d) $A(-2,5|-2,5)$;$B(0,5|-3)$; $C(1|0)$

12 Lies jeweils die Temperaturen ab und bestimme den Temperaturunterschied.

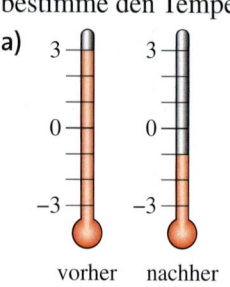

a) vorher nachher

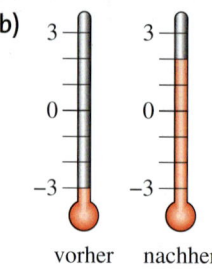

b) vorher nachher

12 Lies jeweils die Temperaturen ab und bestimme den Temperaturunterschied.

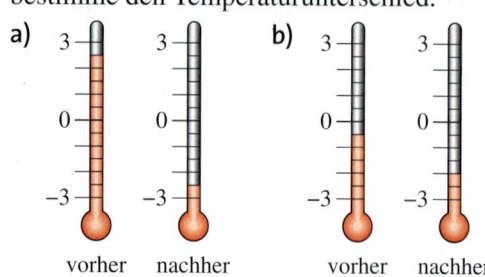

a) vorher nachher   b) vorher nachher

13 Ordne den Beschreibungen eine Darstellung an der Zahlengeraden zu und gib jeweils die Endtemperatur an.

a) Die Temperatur ist von +3°C um 6° gefallen.

b) Die Temperatur ist von −5°C um 4° gestiegen.

c) Die Temperatur ist von 0°C um 4° gefallen.

d) Beschreibe die fehlende Zahlengerade mit eigenen Worten.

14 Zeichne eine Zahlengerade von −8 bis +8. Löse die Aufgaben, indem du dich an der Zahlengeraden bewegst.

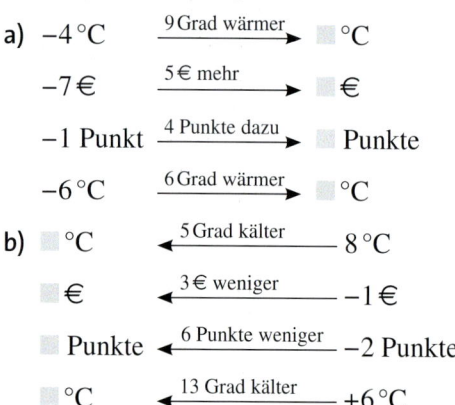

a) $-4\,°C$ $\xrightarrow{\text{9 Grad wärmer}}$ ■ °C

$-7\,€$ $\xrightarrow{\text{5 € mehr}}$ ■ €

-1 Punkt $\xrightarrow{\text{4 Punkte dazu}}$ ■ Punkte

$-6\,°C$ $\xrightarrow{\text{6 Grad wärmer}}$ ■ °C

b) ■ °C $\xleftarrow{\text{5 Grad kälter}}$ 8 °C

■ € $\xleftarrow{\text{3 € weniger}}$ −1 €

■ Punkte $\xleftarrow{\text{6 Punkte weniger}}$ −2 Punkte

■ °C $\xleftarrow{\text{13 Grad kälter}}$ +6 °C

14 Zeichne eine Zahlengerade von −8 bis +8. Löse die Aufgaben, indem du dich an der Zahlengeraden bewegst.

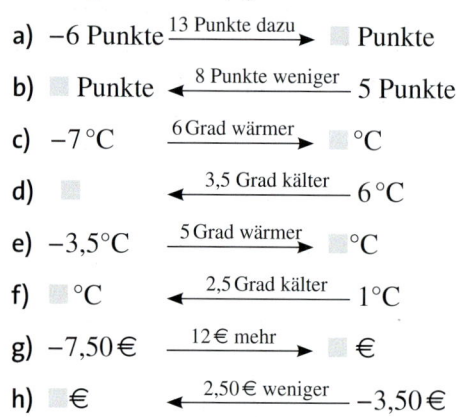

a) -6 Punkte $\xrightarrow{\text{13 Punkte dazu}}$ ■ Punkte

b) ■ Punkte $\xleftarrow{\text{8 Punkte weniger}}$ 5 Punkte

c) $-7\,°C$ $\xrightarrow{\text{6 Grad wärmer}}$ ■ °C

d) ■ $\xleftarrow{\text{3,5 Grad kälter}}$ 6 °C

e) $-3,5°C$ $\xrightarrow{\text{5 Grad wärmer}}$ ■ °C

f) ■ °C $\xleftarrow{\text{2,5 Grad kälter}}$ 1°C

g) $-7,50\,€$ $\xrightarrow{\text{12 € mehr}}$ ■ €

h) ■ € $\xleftarrow{\text{2,50 € weniger}}$ −3,50 €

15 Lies die Koordinaten der Punkte ab und teile sie den einzelnen Quadranten zu.

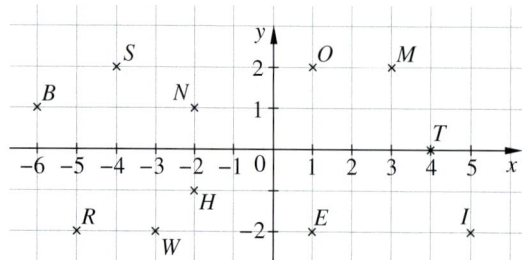

15 Zeichne folgende Punkte in ein Koordinatensystem.

$A(-2|1)$; $B(-5|-6)$; $C(-1|-4)$; $D(3|8)$;

$E(-2|-5)$; $F(6|-5)$; $G(3|-5)$; $H(6|4)$

a) In welchen Quadranten liegen die Punkte?

b) Nenne Beispiele für Punkte, die im II. bzw. im III. Quadranten liegen.

c) In welchem Quadranten liegt ein Punkt, dessen Koordinaten beide negativ sind?

Rationale Zahlen addieren und subtrahieren

Entdecken

1 𝕏 Spiel „Im Fahrstuhl" (für 2 bis 4 Personen)

Material: Spielplan (siehe Randspalte), zwei Würfel und eine Spielfigur pro Person

Vorbereitung: Beklebt einen Würfel so, dass drei Seiten ein „+" zeigen, die anderen ein „−". Beklebt den anderen Würfel so, dass die Seiten 1 und 6 eine „1" zeigen, die Seiten 2 und 5 eine „2" und die Seiten 3 und 4 eine „3".

Spielablauf: Zu Beginn stehen alle Figuren im Erdgeschoss auf der 0.
Man würfelt mit beiden Würfeln. Wirft man „+" und „2", fährt der Fahrstuhl zwei Stockwerke nach oben. Würfelt man „−", fährt der Fahrstuhl nach unten.
Gewonnen hat, wer nach drei Spielrunden dem Erdgeschoss am nächsten steht.

Schreibe jeden deiner Züge als Rechnung in dein Heft. Beachte das Beispiel:

Stockwerk alt	gewürfelt	Stockwerk neu	Rechnung
0	⊟ ②	−2	$0 - 2 = -2$
−2	⊞ ①	−1	$-2 + 1 = -1$

2 𝕏 Spiel „Gib weg!" (für 2 bis 4 Personen)
Vorbereitung: Erstellt 30 Spielkarten:
– fünf Aktionskarten mit „Gib weg (−)"
– fünf Aktionskarten mit „Nimm dazu (+)"
– je eine Karte mit blauer Zahl „−10; −9; −8; …; −1"
– je eine Karte mit roter Zahl „+10; +9; +8; …; +1"
Sortiert die Karten so, dass ihr zwei Stapel habt: einen mit „Aktionskarten" und einen mit „Zahlenkarten".
Dann mischt jeden Stapel.

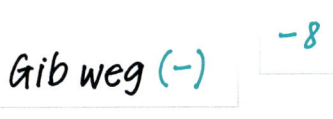

Spielablauf: Zu Beginn des Spiels zieht jeder drei Zahlenkarten und legt sie offen vor sich auf den Tisch.
Der jüngste Spieler zieht nun eine Aktionskarte:
– Zieht er eine „Gib weg"-Karte, gibt er eine seiner Karten einem Mitspieler.
– Zieht er eine „Nimm dazu"-Karte, zieht er vom Stapel mit den Zahlenkarten eine Karte.
Die Aktionskarte wird abgelegt. Dann ist der nächste Spieler dran.
Wer nach drei Spielrunden den höchsten Punktestand hat, gewinnt das Spiel.

Notiere in jeder Runde mit einer Rechnung, wie sich dein Punktestand verändert.
Beachte die Rechnungen in dem folgenden Beispiel.

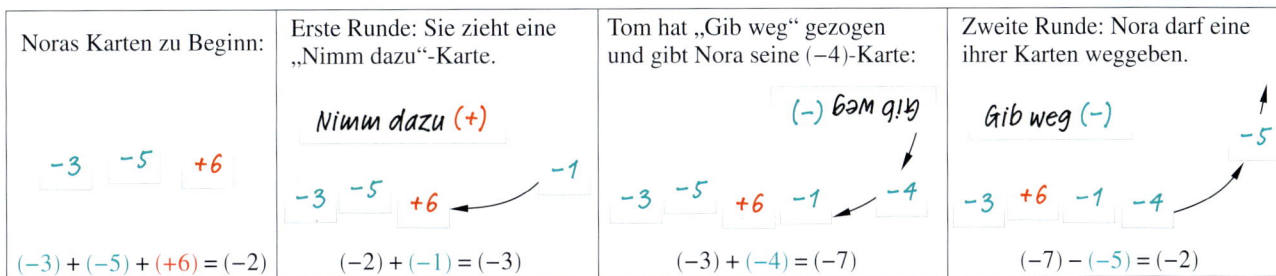

Verstehen

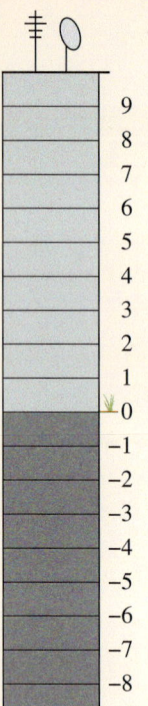

Maike, Lasse und Ingo fahren im Aufzug mehrere Stockwerke hoch und runter bis sie wieder im Erdgeschoss (Etage 0) ankommen.

Startetage	Veränderung	Zieletage
4	−5	−1
−1	−3	−4
−4	+4	0

Die Rechnungen können an einer Zahlengeraden veranschaulicht werden.

Beispiel 1

a) Anfangszustand: 4
   5 Schritte nach links
   Endzustand: −1

b) Anfangszustand: −1
   3 Schritte nach links
   Endzustand: −4

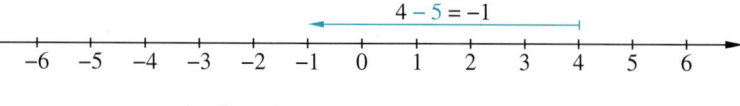

c) Anfangszustand: −4
   4 Schritte nach rechts
   Endzustand: 0

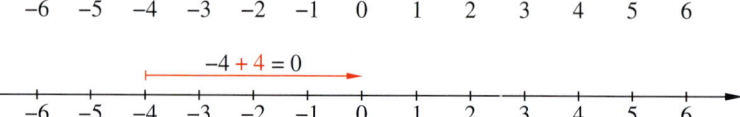

> **Merke** Man kann Veränderungen an einer Zahlengeraden veranschaulichen.
> Bei einer **Zunahme (+)** geht man nach **rechts**.
> Bei einer **Abnahme (−)** geht man nach **links**.

Addition rationaler Zahlen

1. Fall: Beide Zahlen haben das *gleiche* Vorzeichen.

Lena, Marc und Anna spielen das Spiel „Gib weg!".
Lena hat −1 Punkt und bekommt −3 Punkte dazu.
Sie rechnet: $(-1) + (-3) = (-4)$

Beispiel 2

a) $(+6) + (+2,7) = (+8,7)$

b) $(-16) + (-33) = (-49)$;
   Nebenrechnung: $16 + 33 = 49$;
   gemeinsames Vorzeichen: „−"

> **Merke** **Addieren bei *gleichen* Vorzeichen**
> Addiere die Zahlen ohne ihr Vorzeichen zu berücksichtigen.
> Das Ergebnis bekommt das gemeinsame Vorzeichen.

2. Fall: Die Zahlen haben *verschiedene* Vorzeichen.

Marc hat −3 Punkte und bekommt +8 Punkte dazu.
Er rechnet: $(-3) + (+8) = (+5)$

Beispiel 3

$(+5) + (-9,3) = (-4,3)$;
   Nebenrechnung: $9,3 - 5 = 4,3$;
   $|-9,3| > |+5|$, also Vorzeichen: „−"

> **Merke** **Addieren bei *verschiedenen* Vorzeichen**
> Subtrahiere ohne Vorzeichen: größerer Betrag *minus* kleinerer Betrag.
> Das Ergebnis bekommt das Vorzeichen der Zahl mit dem größeren Betrag.

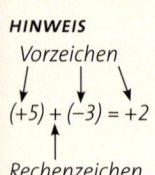

HINWEIS

Vorzeichen

$(+5) + (-3) = +2$

Rechenzeichen

Subtraktion rationaler Zahlen

Anna hat +3 Punkte und gibt −5 Punkte ab.
Sie rechnet: $(+3) - (-5) = (-2)$

Beispiel 4
a) $(-14) - (+4) = (-14) + (-4) = -18$
b) $(-2) - \left(-3\frac{1}{3}\right) = (-2) + \left(+3\frac{1}{3}\right) = +1\frac{1}{3}$

Merke Subtrahieren
Forme um: Statt die Zahl zu subtrahieren,
addierst du ihre Gegenzahl.

Sowohl bei der Addition als auch bei der Subtraktion dürfen positive Klammern und Vorzeichen
weggelassen werden.

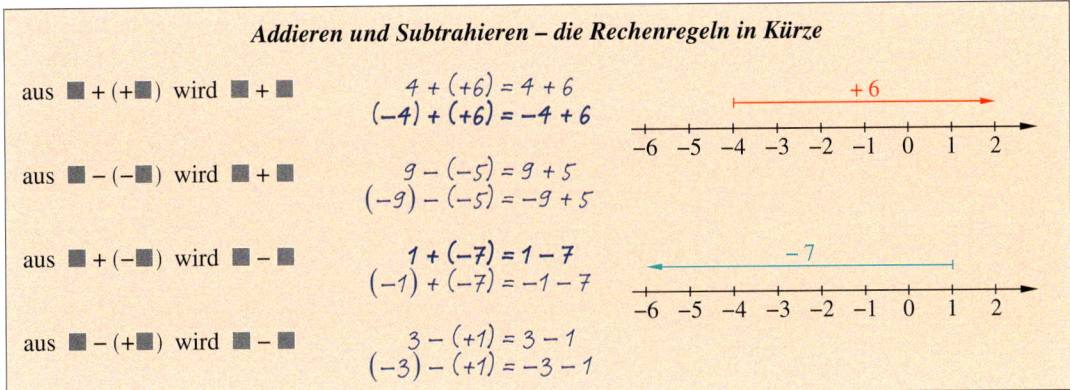

Addieren und Subtrahieren – die Rechenregeln in Kürze

aus ■ + (+■) wird ■ + ■
$4 + (+6) = 4 + 6$
$(-4) + (+6) = -4 + 6$

aus ■ − (−■) wird ■ + ■
$9 - (-5) = 9 + 5$
$(-9) - (-5) = -9 + 5$

aus ■ + (−■) wird ■ − ■
$1 + (-7) = 1 - 7$
$(-1) + (-7) = -1 - 7$

aus ■ − (+■) wird ■ − ■
$3 - (+1) = 3 - 1$
$(-3) - (+1) = -3 - 1$

Üben und anwenden

1 In welchen Stockwerken befinden sich Daniel und Lisa nach der Aufzugfahrt?
Notiere die Rechnung und berechne.
a) Daniel befindet sich im 7. Obergeschoss und fährt 9 Stockwerke nach unten.
b) Lisa befindet sich im 3. Untergeschoss, sie fährt 5 Stockwerke nach oben.

2 Ergänze die Tabelle im Heft.
Tipp: Eine Zahlengerade kann dir helfen.

alte Temperatur	Temperaturänderung	neue Temperatur
2 °C	4 Grad kälter	
−7 °C	8 Grad wärmer	
−3 °C	6 Grad kälter	
	4 Grad wärmer	2 °C

2 Dies sind Höchst- und Tiefsttemperaturen
an einem Wintertag. Wie groß war jeweils der
Temperaturunterschied?

Amsterdam	3 | −1	London	5 | 2
Athen	12 | 6	Moskau	−7 | −7
Berlin	0 | −9	Norderney	3 | −2
Brüssel	2 | −4	Rom	14 | 2
Dresden	−3 | −10	Sylt	2 | −2
Düsseldorf	1 | −6	Warschau	−2 | −10

3 Notiere Aufgaben und Ergebnisse.

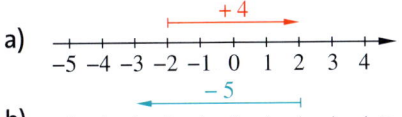

a)

b)

3 Berechne. Überlege zuvor, ob das Ergebnis
negativ oder positiv ist.
a) $12 - 8$
b) $8 - 12$
c) $-8 + 2$
d) $-10 + 3$
e) $-14 - 11$
f) $-18 + 12$
g) $-9 + 22$
h) $-34 - 16$

4 Welche Zahlen wurden jeweils addiert oder subtrahiert? Notiere die Rechnungen.

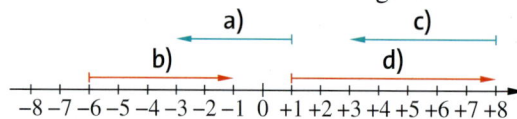

5 Berechne.

a) $-3 + 4$ b) $-3 - 4$ c) $3 - 4$

d) $-2 + 5$ e) $-2 - 5$ f) $2 - 5$

g) $-7 - 3$ h) $-7 + 3$ i) $7 + 3$

j) $-9 - 9$ k) $-9 + 9$ l) $9 + 9$

6 Berechne mithilfe einer Zahlengeraden.

a) $1,5 - 0,5$ b) $-0,5 + 1,5$

c) $-4,5 - 2$ d) $-4,5 + 2$

e) $3,5 - 1,5$ f) $-3,5 + 1,5$

7 Übertrage und ergänze die Tabelle im Heft.

altes Guthaben	Zahlungseingang oder Zahlungsausgang	neues Guthaben
$+19,50\,€$	$+23,50\,€$	
	$+23,00\,€$	$+\,6,00\,€$
$-7,50\,€$		$+12,00\,€$
$-15,00\,€$		$-\,2,60\,€$
	$-11,00\,€$	$+44,00\,€$
$-31,80\,€$	$-49,50\,€$	

8 Mache die Brüche zuerst gleichnamig. Berechne dann die Lösung.

Beispiel $\frac{1}{6} - \frac{1}{3} = \frac{1}{6} - \frac{2}{6} = -\frac{1}{6}$

a) $\frac{1}{6} - \frac{3}{6}$ b) $\frac{5}{9} + \frac{2}{3}$

c) $\frac{1}{2} - \frac{5}{4}$ d) $\frac{2}{5} + \frac{3}{5}$

e) $\frac{1}{2} - \frac{1}{4}$ f) $\frac{3}{6} - \frac{1}{3}$

g) $-\frac{2}{8} + \frac{1}{4}$ h) $-\frac{1}{9} - \frac{2}{3}$

9 Ergänze die Additionsmauern im Heft.

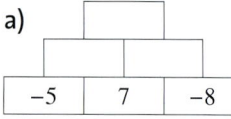 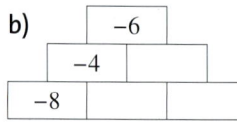

4 Schreibe kürzer und berechne.

a) $(-3) + (+5)$ b) $(-2) + (-3)$

c) $(-5) + (+2)$ d) $(-9) + (+3)$

e) $(-3) - (+5)$ f) $(+5) - (-7)$

g) $(+10) - (-9)$ h) $(-4) - (-4)$

5 Vereinfache und berechne.

a) $17 - (+21)$ b) $-922 + (+23)$

c) $-17 + (+19)$ d) $-777 - (-777)$

e) $237 + (-1\,000)$ f) $12 - 13$

g) $-9 + 12$ h) $-12 - 4$

6 Schreibe in Kurzform und berechne.

a) $2,81 - (+1,81)$ b) $-9,08 - (-9,08)$

c) $4,03 - (-5,03)$ d) $-7,4 + (-5,3)$

e) $-\frac{1}{2} + \left(+\frac{3}{2}\right)$ f) $1\frac{3}{4} - \left(-\frac{3}{4}\right)$

7 Welche Rechnungen gehören zu den Aufgaben?
Wie hoch ist der neue Kontostand?

a) Herr Hüser hatte auf seinem Konto $21,70\,€$ Guthaben. Heute hat er $30\,€$ abgehoben.

b) Frau Schmitz hatte $12,50\,€$ Schulden. Jetzt hebt sie $45\,€$ ab.

c) Maries Vater konnte von seinen $45,60\,€$ Schulden $18,90\,€$ Schulden zurückzahlen.

8 Addiere nacheinander die äußeren Zahlen zu $2\frac{1}{2}$ hinzu.

Beispiel

$2\frac{1}{2} + \left(-\frac{3}{4}\right) = 1\frac{3}{4}$

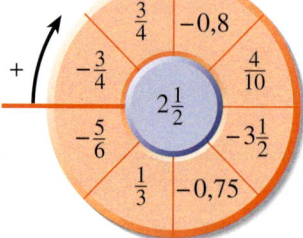

9 Welche Zahlen müssen ergänzt werden, damit die Rechnung stimmt. Was fällt dir auf?

a) $1,5 - \blacksquare = 0$ b) $-0,5 + \blacksquare = 0$

c) $-4,5 - \blacksquare = 0$ d) $\blacksquare + 2 = 0$

e) $\blacksquare - 1,5 = 0$ f) $\blacksquare + 1,5 = 0$

10 Ergänze im Heft. Die Lösungen stehen in den Luftballons in der Randspalte.

a) $-17 + \blacksquare = -25$ b) $-17 + \blacksquare = -9$ c) $-17 + \blacksquare = 5$ d) $-17 - \blacksquare = -17$

e) $-17 - \blacksquare = -16$ f) $-17 - \blacksquare = -11$ g) $-17 - \blacksquare = -6$ h) $-17 + \blacksquare = -19$

Rationale Zahlen multiplizieren und dividieren

Entdecken

1 Ben und Julia haben auf unterschiedliche Art eine Aufgabe berechnet.

a) Beschreibe beide Vorgehensweisen.
b) Schreibe die Aufgaben jeweils wie Ben und Julia und berechne sie.
   ① $-4-4$ ② $-2-2-2$ ③ $-5-5-5$ ④ $-3-3-3-3$
c) Notiere die Aufgabe zu der Zahlengeraden und gib die Lösung an.

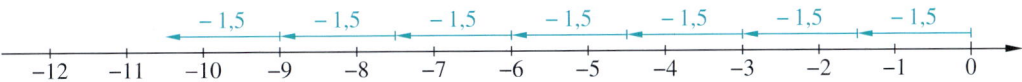

d) Wie wird das Produkt aus einer positiven und einer negativen Zahl gebildet?
   Formuliere deine Beobachtungen. Vergleicht eure Ergebnisse untereinander.

2 Löse die folgenden Aufgaben. Was fällt dir auf? Setze die Zahlenreihen fort.

①	②	③
$4 \cdot (-2) = -8$	$(-3) \cdot 4 = -12$	$3 \cdot (-0,5) =$
$3 \cdot (-2) = -6$	$(-3) \cdot 3 = -9$	$2 \cdot (-0,5) =$
$2 \cdot (-2) =$	$(-3) \cdot 2 =$	$1 \cdot (-0,5) =$
$1 \cdot (-2) =$	$(-3) \cdot 1 =$	$0 \cdot (-0,5) =$
$0 \cdot (-2) =$	$(-3) \cdot 0 =$	$(-1) \cdot (-0,5) =$
$(-1) \cdot (-2) =$	$(-3) \cdot (-1) =$	
$(-2) \cdot (-2) =$	$(-3) \cdot (-2) =$	④
$(-3) \cdot (-2) =$	$(-3) \cdot (-3) =$	$(-2) \cdot (-2) =$
$(-4) \cdot (-2) = 8$	$(-3) \cdot (-4) = 12$	$(-2) \cdot (-2) \cdot (-2) =$
		$(-2) \cdot (-2) \cdot (-2) \cdot (-2) =$

👥 Formuliert jeweils Regeln und vergleicht eure Ergebnisse in Kleingruppen:
a) Wie wird das Produkt aus zwei negativen Zahlen gebildet?
b) Wie wird das Produkt aus mehr als zwei negativen Zahlen gebildet?

3 Bearbeite diese Aufgabe erst, nachdem du in den Aufgaben 1 und 2 die Regeln für die Multiplikation erarbeitet hast. Jede Multiplikationsaufgabe hat zwei Umkehraufgaben:
Beispiel $4 \cdot 9 = 36$; Umkehraufgaben: $36 : 4 = 9$ und $36 : 9 = 4$
a) Löse die folgenden Aufgaben und gib jeweils die beiden Umkehraufgaben an:
   ① $3 \cdot 6$ ② $(-5) \cdot 7$ ③ $(-8) \cdot (-3)$ ④ $6 \cdot (-3)$ ⑤ $8 \cdot \frac{1}{4}$ ⑥ $6 \cdot \frac{1}{2}$
b) Sortiere die entstandenen zwölf Divisionsaufgaben, indem du gleichartige zusammenstellst.
   Überlege dir Regeln zur Division rationaler Zahlen. Vergleiche mit deinen Nachbarn.
c) Ergänze die Sätze: Das Ergebnis der Divisionsaufgabe ist positiv, wenn …
   Das Ergebnis der Divisionsaufgabe ist negativ, wenn …

NACHGEDACHT
Formuliere Merksätze zur Multiplikation mit 0, mit 1 und mit −1. Beginne jeweils so: Wenn man eine rationale Zahl mit ■ multipliziert, dann …

ERINNERE DICH
Umkehraufgaben:

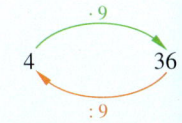

Verstehen

Güven findet auf dem Flohmarkt 3 CDs seines Lieblingsrappers, jede kostet $2\,€$.
Das Geld für die 3 CDs leiht er sich von seinem großen Bruder.

Güven hat nun bei seinem Bruder
$6\,€$ Schulden (also $-6\,€$), denn
$$-2 - 2 - 2 = -6$$

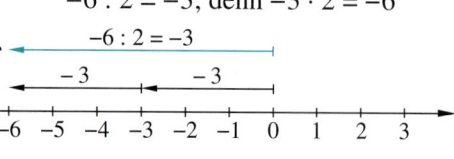

Die Schulden zahlt Güven in zwei
Raten zurück. Er rechnet:
$$-6 : 2 = -3;\ \text{denn}\ -3 \cdot 2 = -6$$

$-2 \cdot 3 = -6$

$-6 : 2 = -3$

Merke **Multiplizieren und Dividieren von rationalen Zahlen**
① Multipliziere bzw. dividiere beide Zahlen ohne Vorzeichen.
② Bestimme das Vorzeichen des Ergebnisses:
 – Das Vorzeichen ist negativ (–), wenn beide Zahlen verschiedene
  Vorzeichen haben.
 – Das Vorzeichen ist positiv (+), wenn beide Zahlen das gleiche
  Vorzeichen haben.

Kurz gesagt:
$+ \cdot + = +$
$- \cdot - = +$
$+ \cdot - = -$
$- \cdot + = -$
Gleiches gilt bei
der Division.

HINWEIS
*Graue Klammern
und „+"-Zeichen
dürfen wegge-
lassen werden.*

Beispiel 1 **Multiplikation**

a) $(-3) \cdot (+5) = $ ▨
 ① $3 \cdot 5 = 15$
 ② Vorzeichen verschieden, also „–"
 $(-3) \cdot (+5) = -15$

b) $(-2,5) \cdot (-4) = $ ▨
 ① $2,5 \cdot 4 = 10$
 ② Vorzeichen gleich, also „+"
 $(-2,5) \cdot (-4) = +10$

HINWEIS
*Denke an das
Kürzen.
Dadurch wird
die Rechnung
vereinfacht.*

c) $\left(+\frac{3}{5}\right) \cdot \left(-\frac{2}{3}\right) = $ ▨
 ① $\frac{3}{5} \cdot \frac{2}{3} = \frac{3 \cdot 2}{5 \cdot 3} = \frac{6}{15} = \frac{2}{5}$
 ② Vorzeichen ergänzen: $-\frac{2}{5}$
 $\left(+\frac{3}{5}\right) \cdot \left(-\frac{2}{3}\right) = -\frac{2}{5}$

Merke **Brüche** werden **multipliziert**,
indem man Zähler mit Zähler und
Nenner mit Nenner multipliziert.

d) Multipliziert man eine Zahl mit (-1), so erhält man ihre **Gegenzahl**, z. B. $(-3) \cdot (-1) = 3$.
e) Multipliziert man eine Zahl mit ihrem Kehrwert, so ist das Ergebnis 1.
 $5 \cdot \frac{1}{5} = 1$ oder $\left(-\frac{2}{5}\right) \cdot \left(-\frac{5}{2}\right) = 1$

Beispiel 2 **Division**

a) $(-72) : (-8) = $ ▨
 ① $72 : 8 = 9$
 ② Vorzeichen gleich, also „+"
 $(-72) : (-8) = +9$

b) $(+7,5) : (-2,5) = $ ▨
 ① $7,5 : 2,5 = 3$
 ② Vorzeichen verschieden, also „–"
 $(+7,5) : (-2,5) = -3$

Merke Man **dividiert** durch einen
Bruch, indem man mit seinem **Kehrbruch** multipliziert. Den Kehrbruch bildet man, indem man Zähler und Nenner
vertauscht.

c) $\left(-\frac{3}{2}\right) : \left(+\frac{2}{5}\right) = $ ▨
 ① $\frac{3}{2} : \frac{2}{5} = \frac{3}{2} \cdot \frac{5}{2} = \frac{15}{4} = 3\frac{3}{4}$
 ② Vorzeichen ergänzen: $-3\frac{3}{4}$
 $\left(-\frac{3}{2}\right) : \left(+\frac{2}{5}\right) = -3\frac{3}{4}$

Üben und anwenden

1 Multipliziere jeweils mit 2. Berechne im Kopf.

-10 5 -19 -8 -35

24 $-0,1$ $1,2$ $-0,5$ $\frac{1}{2}$

1 Bilde fünf Multiplikationsaufgaben mit jeweils einer Zahl aus dem linken und einer Zahl aus dem rechten Kästchen.

10 -5
$-\frac{1}{2}$ -125
25 -2
$-1,38$

-8 $-0,9$
-4 $\frac{3}{5}$
-88 -5
100

2 Übertrage ins Heft und setze das richtige Vorzeichen ein.

a) $(-2) \cdot 4 = \blacksquare 8$
b) $(-2,5) \cdot 2 = \blacksquare 5$
c) $\blacksquare 2 \cdot 3 = -6$
d) $\blacksquare 5 \cdot 4 = 20$
e) $(\blacksquare 8) \cdot 2 = -16$
f) $(+6) \cdot 8 = \blacksquare 48$
g) $8 \cdot \frac{1}{2} = \blacksquare 4$
h) $-20 \cdot \frac{1}{2} = \blacksquare 10$

2 Übertrage ins Heft und fülle die Lücken.

a) $-3 \cdot \blacksquare = -12$
b) $8 \cdot \blacksquare = -56$
c) $\blacksquare \cdot (-4) = 16$
d) $\blacksquare \cdot 7 = -28$
e) $\blacksquare \cdot (-7) = 77$
f) $-3 \cdot \blacksquare = 3$
g) $(-2) \cdot (-2) \cdot (-2) \cdot (-2) = \blacksquare$
h) $(-3) \cdot 8 \cdot (-2) = \blacksquare$

3 Berechne.
Welches Vorzeichen bekommt das Ergebnis?

a) $3 \cdot 4$
b) $-8 \cdot 3$
c) $5 \cdot 9$
d) $-6 \cdot 8$
e) $-2,5 \cdot 10$
f) $0,5 \cdot 18$

3 Berechne schriftlich.
Welches Vorzeichen bekommt das Ergebnis?

a) $2,5 \cdot (-6)$
b) $-0,4 \cdot (-4,5)$
c) $-0,5 \cdot (-3,5)$
d) $-0,7 \cdot 4,2$
e) $-0,02 \cdot (-8)$
f) $0,53 \cdot (-0,4)$

HINWEIS
Auch beim schriftlichen Multiplizieren und Dividieren gilt:
① *Rechne ohne Vorzeichen.*
② *Bestimme das Vorzeichen.*

4 Berechne jeweils das Produkt. Zwischen welchen ganzen Zahlen liegt das Ergebnis?

a) $\frac{1}{2} \cdot \frac{5}{3}$
b) $-\frac{1}{2} \cdot \frac{5}{3}$
c) $-\frac{5}{3} \cdot \frac{1}{2}$
d) $\frac{7}{9} \cdot \frac{1}{3}$
e) $\frac{2}{5} \cdot \frac{3}{7}$
f) $-\frac{3}{8} \cdot \frac{1}{7}$
g) $\frac{1}{6} \cdot \frac{1}{5}$
h) $\frac{9}{13} \cdot \frac{2}{5}$
i) $-\frac{5}{11} \cdot \frac{2}{3}$

4 Kürze und berechne die Produkte.

Beispiel $\frac{2}{9} \cdot \frac{3}{4} = \frac{2^1}{9_3} \cdot \frac{3^1}{4_2} = \frac{1}{6}$

a) $-\frac{5}{2} \cdot \frac{3}{5}$
b) $\frac{5}{2} \cdot \left(-\frac{5}{3}\right)$
c) $-\frac{12}{13} \cdot \left(-\frac{5}{6}\right)$
d) $\frac{12}{13} \cdot \frac{6}{5}$
e) $-\frac{8}{21} \cdot \frac{7}{2}$
f) $-\frac{28}{16} \cdot \frac{2}{7}$
g) $-\frac{16}{17} \cdot -\frac{3}{4}$
h) $-\frac{16}{17} \cdot \frac{4}{3}$
i) $\frac{2}{6} \cdot \frac{8}{9}$

5 In Trier ist es im Winter im Durchschnitt $-3°C$ kalt. In Sibirien kann es bis zu 17-mal so kalt sein.

5 Leonard kann im Schwimmbad 3,90 m tief tauchen, ohne Luft zu holen. Ein Apnoetaucher taucht im Meer bis zu 54-mal so tief.

6 Übertrage den Rechenbaum in dein Heft und fülle aus.

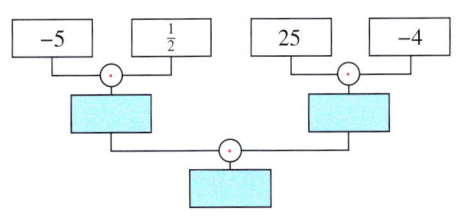

-5 $\frac{1}{2}$ 25 -4

6 Übertrage ins Heft und fülle aus.

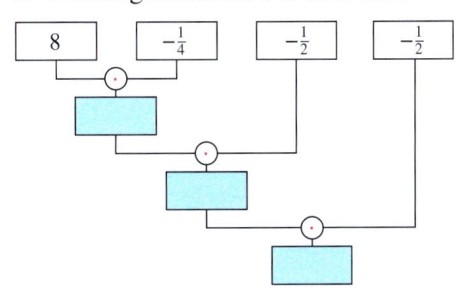

8 $-\frac{1}{4}$ $-\frac{1}{2}$ $-\frac{1}{2}$

7 Berechne im Kopf.
Überprüfe mit einer Probe.
a) $12 : 6$ b) $-36 : 12$
c) $-42 : 7$ d) $84 : 7$
e) $-56 : 8$ f) $-72 : 9$

7 Berechne im Kopf.
Überprüfe mit einer Probe.
a) $28 : 7$ b) $96 : 12$ c) $-48 : 12$
d) $-117 : 13$ e) $121 : (-11)$ f) $143 : (-13)$
g) $-12 : (-3)$ h) $-15 : (-5)$ i) $-56 : (-14)$

8 Ergänze die Tabelle im Heft.

:	5	15	9	3
90				
−45			−5	
−135				

8 Ergänze die Tabelle im Heft.

:	5	−15	9	
−405				
270				−90
			−105	

9 Berechne schriftlich.
Achte auf das Vorzeichen im Ergebnis.
a) $-72 : 2$ b) $-396 : 3$
c) $336 : 8$ d) $-441 : 9$
e) $812 : 7$ f) $-545 : 5$

9 Dividiere schriftlich.
Achte auf das Vorzeichen im Ergebnis.
a) $24{,}48 : (-7{,}2)$ b) $-24{,}2 : (-5{,}5)$
c) $13{,}44 : (-2{,}1)$ d) $-8{,}652 : 4{,}2$
e) $-6{,}825 : (-2{,}1)$ f) $10{,}08 : (-2{,}4)$

10 Bilde jeweils den Kehrwert.
Achte auf das Vorzeichen.
a) $\frac{2}{3}$ b) $\frac{1}{4}$ c) $\frac{5}{8}$ d) $\frac{7}{13}$
e) $-\frac{5}{9}$ f) $-\frac{4}{5}$ g) $-\frac{5}{12}$ h) $-\frac{3}{7}$

10 Multipliziere jeweils mit dem Kehrwert.
Was fällt dir auf?
a) $-\frac{4}{7}$ b) -9 c) $\frac{17}{35}$ d) $-\frac{21}{25}$
e) $-1\frac{1}{2}$ f) $2\frac{1}{4}$ g) $3\frac{3}{5}$ h) $-5\frac{4}{7}$

HINWEIS
Eine Erklärung zum Durchschnitt findest du im Stichwortverzeichnis

11 Die Klasse 7a misst im Skiurlaub jeden Tag die Außentemperaturen:

Mo.	Di.	Mi.	Do.	Fr.
$-8\,°C$	$+2\,°C$	$-3\,°C$	$+1\,°C$	$-7\,°C$

Wie viel Grad Celsius beträgt die durchschnittliche Außentemperatur?

11 Der Schulkiosk rechnet am Ende eines jeden Tages die Einnahmen zusammen. Manchmal passieren Fehler beim Kassieren, dann stimmen die Tageseinnahmen in der Kasse nicht mit dem Preis der verkauften Waren überein:

Mo.	Di.	Mi.	Do.	Fr.
$-2{,}55\,€$	$-0{,}34\,€$	$-1{,}22\,€$	$+2{,}71\,€$	$0\,€$

a) Was bedeuten hier „+" und „–"?
b) Wie viel € hat der Kiosk am Ende der Woche zu viel oder zu wenig eingenommen? Was ergibt das durchschnittlich pro Tag?

12 Bei Aufgaben mit mehreren Faktoren zählt man die negativen Faktoren:
– Ist die Anzahl der negativen Faktoren gerade, so ist das Ergebnis positiv.
– Ist die Anzahl der negativen Faktoren ungerade, so ist das Ergebnis negativ.
Beispiele $(-1) \cdot (-5) \cdot 10 = +50$ (es gibt zwei negative Faktoren)
           $(-2)^3 = (-2) \cdot (-2) \cdot (-2) = -8$ (es gibt drei negative Faktoren)
Entscheide nur, ob das Ergebnis bzw. der Wert der Potenz positiv oder negativ ist.
a) $-2 \cdot (-3) \cdot 4$ b) $-1 \cdot (-1) \cdot (-1)$ c) $-1 \cdot 2 \cdot 3$ d) $-2 \cdot (-2) \cdot 2 \cdot 2$
e) $-4 \cdot 8 \cdot (-2)$ f) $-1 \cdot (-2) \cdot (-10)$ g) $(-2)^3$ h) $(-3)^2$
i) $(-3)^4$ j) $(-2{,}3)^{15}$ k) $(-1)^{18}$ l) $(-6{,}4)^{26}$

Vorrangregeln beachten und vorteilhaft rechnen

Entdecken

1 Vergleiche die Rechenwege der drei Schüler beim Lösen der Aufgabe $(-4) \cdot 17 \cdot (-25)$.

Pascal	René	Dominik
$(-4) \cdot 17 \cdot (-25)$	$(-4) \cdot 17 \cdot (-25)$	$(-4) \cdot 17 \cdot (-25)$
	die Faktoren darf ich vertauschen	$-$ mal $+$ ist $-$,
$(-4) \cdot 17$ ist (-68)	$(-4) \cdot (-25) = 100$	dann mal $-$ ist $+$,
und $(-68) \cdot (-25)$	und $100 \cdot 17 = 1700$.	also ist das Vorzeichen positiv.
ist $\underline{1700}$.		$4 \cdot 17 = 68$,
		$68 \cdot 25 = 1700$, also $+1700$.

a) Welche der drei Vorgehensweisen gefällt dir am besten und warum?

b) Welche „Tricks" werden beim Lösen dieser Multiplikationsaufgabe angewendet?
Kennst du noch die mathematischen Fachbegriffe?

c) Wie würdest du vorgehen um $-2 \cdot (-137) \cdot (-50)$ zu berechnen?
👥 Vergleicht eure Vorgehensweisen zunächst zu zweit und dann in der Klasse.

d) 👥👥 Fasst die bisher gefundenen Rechengesetze in Merksätzen zusammen.

2 Katja und Michael machen in den Alpen eine Bergtour durch den Karwendel.
Rechts siehst du einen Auszug aus ihrem Wanderbuch.

Ort	Höhe	Temperatur
Lenggries	679 m	$-2\,°C$
Lenggrieser Hütte	1 338 m	$-2\,°C$
Tegernseer Hütte	1 650 m	$-4\,°C$
Buchstein Hütte	1 260 m	$-2\,°C$
Hirschberghaus	1 535 m	$-4\,°C$
Bad Wiessee	750 m	$-4\,°C$

a) Berechne die Durchschnittstemperatur.
👥 Vergleicht eure Ergebnisse und Vorgehensweise untereinander.

b) Auf der Birkkarspitze wurden an einem Tag $-4\,°C$ und $-6\,°C$ gemessen.
Mit welchen Rechnungen lässt sich daraus eine Durchschnittstemperatur bestimmen?
① $-4 - 6 : 2$ ② $-4 : 2 + (-6) : 2$ ③ $(-4 + (-6)) : 2$ ④ $-4 + (-6) : 2$

c) Vergleiche die beiden Rechnungen, die zur richtigen Lösung führen.
Erkennst du ein Rechengesetz wieder?

3 Vergleiche jeweils die beiden Rechenwege.

① $(-3{,}5 + 1{,}5) \cdot (-7)$ $(-3{,}5 + 1{,}5) \cdot (-7)$
$\quad = (-2) \cdot (-7)$ $\quad = (-3{,}5) \cdot (-7) + 1{,}5 \cdot (-7)$
$\quad = 14$ $\quad = 24{,}5 - 10{,}5$
$\qquad\qquad\qquad\qquad\qquad = 14$

② $23 \cdot (-4) + 17 \cdot (-4)$ $23 \cdot (-4) + 17 \cdot (-4)$
$\quad = -92 + (-68)$ $\quad = (23 + 17) \cdot (-4)$
$\quad = -160$ $\quad = 40 \cdot (-4)$
$\qquad\qquad\qquad\qquad\qquad = -160$

a) Welcher Rechenweg ist jeweils in deinen Augen leichter? Begründe.

b) Welches Rechengesetz wurde verwendet?

c) Berechne $26 \cdot (-17) - 16 \cdot (-17)$ und $(26 - 16) \cdot (-17)$.

Verstehen

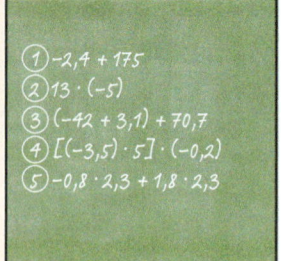

Die bekannten **Vorrangregeln** gelten auch beim Rechnen mit rationalen Zahlen.

> **Merke** 1. Werte in Klammern werden zuerst berechnet.
> 2. Punktrechnung geht vor Strichrechnung.
> Bei mehreren Klammern wird zuerst der Wert der
> *innersten* Klammer berechnet.

$$12 - (3 - 5) \cdot 3{,}1 = 12 - (-2) \cdot 3{,}1$$
$$= 12 - (-6{,}2)$$

$$7 - [5 \cdot (2 - 3)] = 7 - [5 \cdot (-1)]$$

Die folgenden **Rechengesetze** kann man oft zum vorteilhaften Rechnen nutzen.

HINWEIS
Gehe Katjas und Bens Rechenwege durch: Welche Rechenschritte findest du leichter?

Die Aufgaben ① bis ⑤ von der Tafel werden als Beispiele vorgerechnet: links mit Katjas Rechenweg „von links nach rechts" und rechts wie Ben, der Rechenvorteile nutzt.

Merke **Kommutativgesetz**
(Vertauschungsgesetz)
In einer Summe und in einem Produkt gilt:
Man darf die Zahlen vertauschen.
$$a + b = b + a$$
$$a \cdot b = b \cdot a$$

Beispiel 1   ① $-2{,}4 + 175$

$-2{,}4 + 175$	$= 175 + (-2{,}4)$
$= 172{,}6$	$=\ \ 172{,}6$

Beispiel 2   ② $13 \cdot (-5)$

$13 \cdot (-5) = -65$	$= (-5) \cdot 13 = -65$

Merke **Assoziativgesetz**
(Verbindungsgesetz)
In einer Summe und in einem Produkt gilt:
Die Zahlen dürfen beliebig durch Klammern zusammengefasst werden.
$$a + b + c = (a + b) + c = a + (b + c)$$
$$a \cdot b \cdot c = (a \cdot b) \cdot c = a \cdot (b \cdot c)$$

Beispiel 3   ③ $(-42 + 3{,}1) + 70{,}7$

$(-42 + 3{,}1) + 70{,}7$	$= -42 + (3{,}1 + 70{,}7)$
$= -38{,}9 \quad + 70{,}7$	$= -42 + \quad 73{,}8$
$= \qquad 31{,}8$	$= \quad 31{,}8$

Beispiel 4   ④ $[(-3{,}5) \cdot 5] \cdot (0{,}2)$
Betrachte die Rechenwege oben an der Tafel.

Merke **Distributivgesetz**
(Verteilungsgesetz)
Wird eine Summe (oder Differenz) mit einer Zahl multipliziert, kann man die Klammer folgendermaßen auflösen:
$$(a + b) \cdot c = a \cdot c + b \cdot c$$
$$(a - b) \cdot c = a \cdot c - b \cdot c$$
Das Gesetz gilt auch für die Division:
$$(a + b) : c = a : c + b : c$$
$$(a - b) : c = a : c - b : c$$

Beispiel 5
Einen Rechenvorteil bringt das Distributivgesetz, wenn man einen gemeinsamen Faktor ausklammern kann:
$$⑤ \quad -0{,}8 \cdot 2{,}3 + 1{,}8 \cdot 2{,}3$$

$-0{,}8 \cdot 2{,}3 + 1{,}8 \cdot 2{,}3$	$= (-0{,}8 + 1{,}8) \cdot 2{,}3$
$= -1{,}84 \ + \ 4{,}14$	$= \qquad 1 \quad \cdot 2{,}3$
$= \qquad 2{,}3$	$= \qquad 2{,}3$

Üben und anwenden

1 Denke an die Vorrangregeln.
a) $-12 + 8 \cdot 4$
b) $-12 - 8 \cdot 4$
c) $-12 + 8 : 4$
d) $-12 - 8 : 4$
e) $-12 - 8 - 4$
f) $-12 - 8 + 4$
g) $-12 \cdot 8 : 4$
h) $-12 \cdot (8 - 4)$
i) $(-12 + 8) : 4$
j) $-12 : (8 - 4)$

2 Berechne. Beachte die Vorrangregeln.
a) $[(-5) + (-4)] \cdot (-2)$
b) $(4 + 2 - 8) \cdot (-12)$
c) $[7 \cdot (-3) + 6] : 3$
d) $9 - (-3) \cdot 4 + 2 \cdot [5 + (-3)]$

3 Schreibe zuerst den Rechenbaum als Aufgabe, denke an die Klammern. Berechne anschließend.

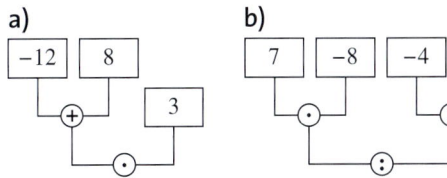

4 Würfle mit drei Würfeln. Setze vor jede Augenzahl ein Minus als Vorzeichen und bilde eine Aufgabe. Dabei darfst du alle Rechenzeichen und auch Klammern verwenden. Finde jeweils ein möglichst kleines und ein möglichst großes Ergebnis.

5 Stelle die Rechnung auf und berechne.
Tipp: Rechenbäume können helfen.
a) Multipliziere (-4) mit der Differenz aus 5 und 3.
b) Addiere zum Produkt der Zahlen (-5) und $(-2,5)$ die Zahl 1,5.
c) Dividiere die Summe der Zahlen 9 und 6 durch (-3).
d) Subtrahiere vom Produkt der Zahlen $\frac{3}{8}$ und (-8) die Zahl 5.

1 Setze Klammern so, dass das Ergebnis stimmt.
a) $3 + 2 \cdot 7 = 35$
b) $-12 : 4 - 2 = -6$
c) $-2 \cdot 4 - 5 + 1 = 3$
d) $4 - 2 - 7 = 9$
e) $23 - 8 : (-5) = -3$
f) $-13 + 2 \cdot 8 - 2 = -1$
g) $-14 : 2 + 5 = -2$
h) $7 - 12 \cdot 5 + 2 = -23$

2 Berechne. Beachte die Vorrangregeln.
a) $[19 + (-12) \cdot (-4)] : (-5)$
b) $(-20) : [8 \cdot 4 - (14 - 5 \cdot (-2))]$
c) $[27 - (13 + 54)] \cdot [144 : (-12)]$
d) $(-9) \cdot [4 \cdot 5 \cdot 6 + 72 \cdot (-2)]$

3 Rechenbäume:
Schreibe als Aufgabe und löse.

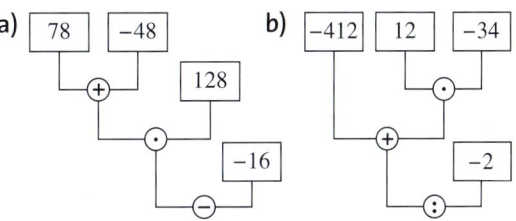

4 Fehler in Nadines Hausaufgaben
a) Finde jeweils heraus, was sie falsch gemacht hat, und korrigiere das Ergebnis.
① $2 - 6 \cdot 5 = -20$
② $14 - 21 : 7 = -1$
③ $-5 \cdot (7 - 14) = -49$
④ $(-48) : 4 \cdot 2 = -6$
⑤ $15 - 15 : 5 = 0$
⑥ $7 - 5 + 2 = 0$
b) Nadine behauptet, die Ergebnisse seien doch richtig, man müsse in den Aufgaben nur Klammern ergänzen oder weglassen. Ist das tatsächlich möglich?

5 Stelle die Rechnung auf und berechne.
Tipp: Rechenbäume können helfen.
a) Multipliziere die Summe aus -15 und -45 mit der Differenz der Zahlen 12 und -4.
b) Multipliziere die Differenz aus $-3,5$ und $-1,5$ mit dem Quotienten aus -75 und 25.
c) Dividiere das Produkt der Zahlen 5,8 und 9,4 durch $-0,5$.
d) Dividiere die Summe der Zahlen 1,8 und 1,2 durch die Differenz dieser Zahlen.

HINWEIS
Schlage die Begriffe im Mathelexikon nach.

6 Nutze Rechenvorteile.

a) $-5 + 19$ b) $-18 + 58$

c) $8 - 5 - 8$ d) $12 + 3 - 2$

e) $13 + 9 - 3 + 11$ f) $20 - 10 - 9 - 1$

g) $-9 + 3 + 17$ h) $-9 - 6,5 - 1$

i) $3 + 0,3 + 17$ j) $1,5 + 1,5 - 1,5 + 9$

6 Rechne vorteilhaft.

a) $47 + 15 - 37$ b) $-12 + 24 + 26$

c) $19 - 13 - 9$ d) $-68 + 134 - 18$

e) $-32 + 25 + 12$ f) $-13 + 21 - 7 + 29$

g) $5 + 15 - 29 + 25$ h) $-47 + 19 - 23$

i) $54 + 77 - 14 + 13$ j) $203 - 88 + 17 + 58$

7 Nutze Rechenvorteile.

a) $2 \cdot 3 \cdot (-5)$ b) $2 \cdot 5 \cdot (-7)$

c) $-9 \cdot 8 \cdot 5$ d) $-5 \cdot 16 \cdot 1,5$

e) $2 \cdot 0,5 \cdot 7$ f) $2 \cdot (-0,3) \cdot 2,5$

g) $-7 \cdot (-5) \cdot 0,1$ h) $2 \cdot (-3,5) \cdot (-0,5)$

7 Nutze Rechenvorteile.

a) $30 \cdot (-2) \cdot (-3) \cdot 7 \cdot (-5)$

b) $3 \cdot (-4) \cdot (-2) \cdot (-5)$

c) $2 \cdot (-3) \cdot (-0,4) \cdot 0,5$

d) $-8 \cdot 1,5 \cdot (-0,25) \cdot (-4)$

8 Jamal hat das Vertauschungsgesetz angewendet. Doch die Ergebnisse sind verschieden!

a) Was hat er falsch gemacht?

b) Wann gilt das Vertauschungsgesetz, wann nicht? Finde weitere Beispiele.

c) Was muss man beachten, wenn man das Vertauschungsgesetz bei Rechnungen wie oben in Aufgabe 6 anwendet?

d) Untersuche das Verbindungsgesetz auf gleiche Weise.

① $-16 + 7,2 - 6 = -14,8$
$-16 + 6 - 7,2 = -17,2$

② $-2,5 - 1,5 = -4$
$1,5 - (-2,5) = 4$

9 Rechne wie im Beispiel auf zwei verschiedenen Wegen.
Welchen Rechenweg findest du jeweils leichter? Begründe.

Beispiel $(-6 - 4) \cdot (-7)$

$= -6 \cdot (-7) - 4 \cdot (-7)$
$= \quad 42 \quad + \quad 28 \quad = 70$

$= (-10) \cdot (-7)$
$= \quad\quad 70$

a) $-6 \cdot (10 + 1)$ b) $-9 \cdot (-3 - 5)$

c) $-3 \cdot (-12 + 8)$ d) $(-36 + 35) \cdot (-3,5)$

e) $(-3,6 + 3,6) \cdot 10$ f) $(-21 + 33) : 2$

g) $(4,2 + 2,8) : (-7)$ h) $(-45 + 15) : (-5)$

NACHGEDACHT
$6 : 2 + 6 : 1 =$
$= 3 + 6 = 9,$
aber
$6 : (2 + 1) =$
$= 6 : 3 = 2.$
Betrachte beide Rechnungen. Warum kann man in der oberen Rechnung die „6" nicht ausklammern?

10 Welche Rechenausdrücke führen zum selben Ergebnis? Ordne richtig zu.

① $3 \cdot (-8) - 5 \cdot (-8)$

② $3 \cdot (-8) - 3 \cdot 5$

③ $3 \cdot (-8) + 3 \cdot 5$

④ $3 \cdot 8 - 3 \cdot 5$

⑤ $(-3) \cdot (-8) - (-3) \cdot 5$

⑥ $(-3) \cdot (-8) + 5 \cdot (-8)$

⑦ $(-3) \cdot 8 + (-3) \cdot 5$

A) $3 \cdot (-8 + 5)$

B) $-3 \cdot (-8 - 5)$

C) $(3 - 5) \cdot (-8)$

D) $3 \cdot (8 - 5)$

E) $3 \cdot (-8 - 5)$

F) $(-3 + 5) \cdot (-8)$

G) $-3 \cdot (8 + 5)$

10 Berechne die Aufgaben möglichst einfach, indem du ausklammerst.

a) $5 \cdot (-6) + 15 \cdot (-6)$ b) $-8 \cdot 27 + (-8) \cdot 27$

c) $4 \cdot 25 + 4 \cdot (-100)$ d) $-7 \cdot (-9) + 9 \cdot (-9)$

e) $\frac{1}{2} \cdot (-4) + \frac{1}{2} \cdot (-2)$ f) $3 \cdot (-12) - 5 \cdot (-12)$

g) $-10 : 4 - 18 : 4$ h) $23 : (-2) + 11 : (-2)$

i) $-2,5 : 7 + 32,5 : 7$ j) $4,7 : (-3) + 1,7 : (-3)$

11 👥 Vorrangregeln und Rechengesetze

Die Vorrangregeln *muss* man beachten.

Aber bei den Rechengesetzen darf man wählen, ob man sie nutzt oder nicht.

Warum ist das so?
Begründet anhand mehrerer Beispiele mit unterschiedlichen Rechenarten.
Erstellt ein Plakat und präsentiert eure Ergebnisse in der Klasse.

Thema: **Zahlbereiche**

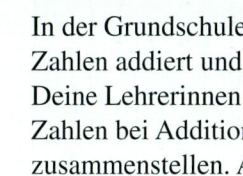

Schon im Kindergarten hast du Dinge gezählt und dabei ganz natürlich die Zahlen
0; 1; 2; 3; … verwendet.
Das sind die **natürlichen Zahlen** (kurz ℕ).

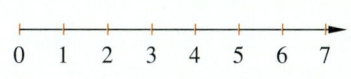

In der Grundschule hast du dann natürliche Zahlen addiert und subtrahiert.
Deine Lehrerinnen und Lehrer konnten die Zahlen bei Additionsaufgaben beliebig zusammenstellen. Aber bei Subtraktionsaufgaben mussten sie aufpassen.

1 Warum war die Subtraktion natürlicher Zahlen nicht immer möglich?

2 Begründe, weshalb du jetzt natürliche Zahlen beliebig subtrahieren kannst.

Die Menge der **ganzen Zahlen** (kurz ℤ) ist eine **Erweiterung** der natürlichen Zahlen:
Sie enthält alle natürlichen Zahlen und *zusätzlich* auch ihre negativen Gegenzahlen.

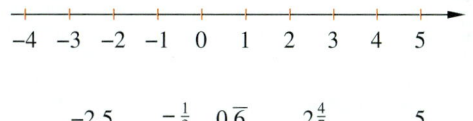

Die Menge der **rationalen Zahlen** (kurz ℚ) ist eine **Erweiterung** der ganzen Zahlen:
Sie enthält alle ganzen Zahlen und *zusätzlich* alle positiven und negativen Bruchzahlen.

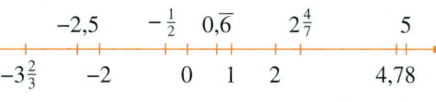

HINWEIS
$0,\overline{6} = 0,6666...$
(sprich: 0 Komma Periode 6)

3 Warum ist es *mathematisch* notwendig, auch die rationalen Zahlen einzuführen?

4 Nenne für beide Zahlbereichserweiterungen Beispiele aus dem Alltag.

5 Nele fragt: „Welche Bruchzahlen meinen die denn bei den rationalen Zahlen: solche wie 2,34 oder wie $\frac{12}{7}$?" Lea meint: „Das ist doch dasselbe." Was meinst du?

6 Nenne jeweils drei Beispiele.
a) natürliche Zahl **b)** Bruchzahl **c)** negative Zahl **d)** positive Zahl
e) ganze Zahl **f)** positive rationale Zahl **g)** negative rationale Zahl

7 Betrachte die Grafik rechts und erkläre, was sie darstellt.
Zeichne die Grafik ab (zeichne die Bereiche größer als hier dargestellt).
Trage folgende Zahlen korrekt in deine Zeichnung ein:
a) 295; −19; $\frac{1}{3}$; −$\frac{17}{12}$; 0,$\overline{3}$; 5$\frac{2}{3}$; −12$\frac{1}{8}$
b) $\frac{8}{1}$; −$\frac{8}{1}$; $\frac{-5}{1}$; $\frac{-1}{5}$; $\frac{2}{2}$; $\frac{2}{-1}$; −5,00

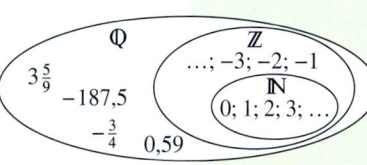

8 Josua findet in einem Mathematikbuch eine andere Definition der rationalen Zahlen.
Vergleiche mit der Definition von oben.
Stimmen die Definitionen überein?
Begründe.

> *Die rationalen Zahlen ℚ sind die Zahlen, die sich als Bruch zweier ganzer Zahlen schreiben lassen.*

Klar so weit?

→ Seite 10

Ganze Zahlen und rationale Zahlen

1 Welche Zahlen sind auf der Zahlengeraden markiert?

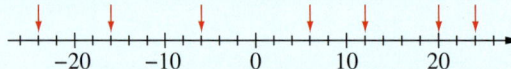

1 Welche Zahlen sind auf der Zahlengeraden markiert?

2 Zeichne jeweils eine geeignete Zahlengerade. Markiere dort die Zahlen und ihre Gegenzahlen.
a) −5; +6; 0; −8; +3; −2
b) −2,5; −2,7; −2,1

2 Zeichne jeweils eine geeignete Zahlengerade. Markiere dort die Zahlen und ihre Gegenzahlen.
a) −0,1; 1,5; 0,3; −0,8; 2,1; −2,2
b) −12,5; −12,7; −12,1; −11,8; −11,6

3 Übertrage ins Heft und setze das passende Zeichen ein (>, < oder =).
a) 3 ■ 0   b) −5 ■ 2   c) −5 ■ −8
d) |5| ■ −4   e) 0 ■ −1   f) |−6| ■ 6
g) −9 ■ −7   h) 9 ■ |−7| i) −11 ■ −12

3 Setze im Heft das passende Zeichen ein.
a) 3,5 ■ −3,51   b) |−23| ■ |23|
c) −15,2 ■ −7,5   d) 0,79 ■ 1,1
e) $-\frac{1}{2}$ ■ −0,5   f) 0,8 ■ $-\frac{4}{5}$
g) |−2,31| ■ 2,099   h) −64 ■ (-2^6)

4 Koordinatensystem
a) Gib die Koordinaten der Eckpunkte des Fünfecks an.
b) In welchem Quadranten liegen die Punkte?

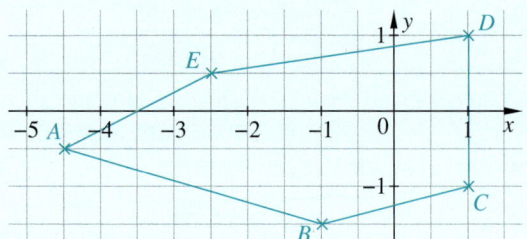

→ Seite 16

Rationale Zahlen addieren und subtrahieren

5 Notiere die Rechnung und löse.
Morgens betrug die Temperatur minus 5 °C, mittags war es 3 Grad wärmer.

5 Notiere die Rechnung und löse.
Leonie leiht sich von ihrer Schwester 12 €. Ihrem Bruder muss sie noch 5 € wiedergeben.

6 Berechne.
a) −2 − 3   b) 8 − 9
c) −5 + 3   d) −1 + 15
e) 24 − 40   f) −13 − 27

6 Schreibe in Kurzform und berechne.
a) 1,5 − (−2,5)   b) −(−5,25) − 3,5
c) −3,5 − (+1,25)   d) 57 + (−3,4)
e) −8,75 − (−2,3)   f) 42,125 + (−32,25)

7 Ergänze die Tabellen im Heft.
a)

+	0,5	2	2,5	4	4,2
−2,5					
−3,2					

b)

−	0,1	0,5	0,7	1,3	2,8
−0,9					
−2,3					

7 Ergänze die Tabellen im Heft.
a)

+	−1	10		−3	
−5			2		
	−7				9

b)

−	3	−12	−24	−0,5	2,7
1,5					
$-\frac{3}{4}$					

Rationale Zahlen multiplizieren und dividieren

→ Seite 20

8 Multipliziere.
Achte auf das richtige Vorzeichen.
a) $-8 \cdot 9$ b) $-12 \cdot 7$ c) $-3 \cdot 5$
d) $-17 \cdot 14$ e) $-9 \cdot 15$ f) $-15 \cdot 9$
g) $11 \cdot (-11)$ h) $-8 \cdot 22$ i) $-3 \cdot (-39)$

8 Überschlage zuerst das Ergebnis.
Rechne dann schriftlich.
a) $205 \cdot (-19)$ b) $-98 \cdot (-21)$
c) $18 \cdot (-508)$ d) $-189 \cdot 11$
e) $1\,050 \cdot 1\,990$ f) $-52 \cdot 49$

9 Übertrage die Rechendreiecke in dein Heft
und ergänze sie.
a)

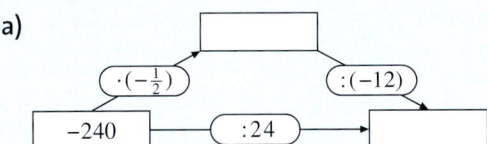

b)

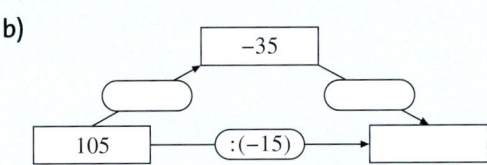

9 Übertrage die Rechendreiecke in dein Heft
und ergänze sie.
a)

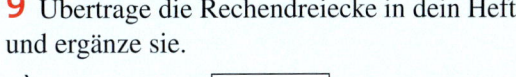
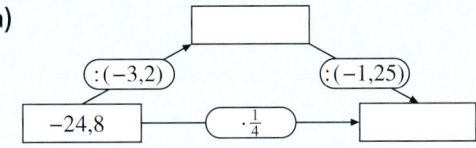

b)

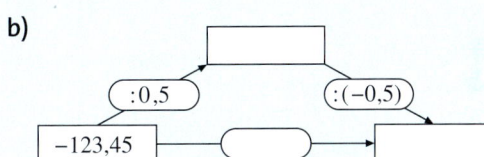

Vorrangregeln beachten und vorteilhaft rechnen

→ Seite 24

10 Was wurde hier falsch gemacht?
Berechne auch das richtige Ergebnis.
a) $-75 + 5 \cdot (-5) = 350$
b) $70 - 10 : 2 = 30$
c) $(-56) : 7 - (-21) = -29$
d) $-15 - 3 \cdot (-2) = -24$
e) $-12 : (-4) - 2 = 2$

10 Was wurde hier falsch gemacht?
Berechne auch das richtige Ergebnis.
a) $85 - (43 - 12) \cdot 4 = 120$
b) $17 - (-3) \cdot (-5) + 7 = 40$
c) $24 - 12 : 4 + 2 = 2$
d) $-14 - 28 : 7 - 5 = -7$
e) $(15 - 21) \cdot (-3) + 5 = -12$

11 Schreibe als Aufgabe und berechne.
a) Dividiere die Summe der Zahlen
   -15 und -45 durch 12.
b) Multipliziere die Differenz der Zahlen
   $-3{,}5$ und $-1{,}5$ mit $0{,}5$.
c) Subtrahiere vom Produkt der Zahlen
   12 und -8 die Summe der Zahlen
   12 und -8.

11 Schreibe als Aufgabe und berechne.
a) Multipliziere die Summe der Zahlen
   6 und $-3{,}5$ mit der Differenz der Zahlen
   $-\frac{1}{2}$ und $1\frac{1}{2}$.
b) Dividiere den Quotienten der Zahlen -306
   und 17 durch das Produkt aus 27 und $-\frac{2}{3}$.
c) Addiere zum Fünffachen von -17 das
   Dreifache der Summe aus -34 und -47.

12 Berechne möglichst vorteilhaft.
a) $13 - 7 + 4$
b) $-7 \cdot (-3) + 24 \cdot (-3)$
c) $-5 \cdot (-8) + 4 \cdot (-8)$
d) $124 - 29 + 5$

12 Berechne möglichst vorteilhaft.
a) $2{,}5 \cdot 15{,}6 \cdot 4$
b) $9 \cdot (-12{,}7) + 9 \cdot 13{,}7$
c) $-14 : (-2{,}5) + (-36) : 2{,}5$
d) $0{,}25 : (-0{,}05) - (-1{,}25) : (-0{,}05)$

Vermischte Übungen

1 Welche Zahlen sind markiert?

2 Finde jeweils die nächstgrößere ganze Zahl.
a) 5,8; 2,1; 12,9; 0,001; −5,8; −2,1
b) $−\frac{1}{3}$; $|−4,33|$; $−2\frac{1}{4}$; −7; $−5\frac{3}{8}$; −0,87

3 Ordne die Zahlen der Größe nach. Beginne mit der kleinsten Zahl.
a) 1,7; −3,7; 5; −2,1; 0; −1,8; −2,3; 1,1
b) 0; −5; 35; −13; −10,5; 2; −12; −3,5
c) 6; −5; −4,5; −2; 0; 3; 0,8; −0,8; −1

4 Zeichne die Punkte in ein Koordinatensystem, verbinde sie der Reihe nach.
$A(−1|−3)$; $B(0|3)$; $C(2|1)$; $D(1|3)$; $E(0|4)$; $F(−1|4)$; $G(−2|0,5)$; $H(−5|−1)$; $I(−5,5|4)$; $J(−6|−3)$

5 Die Temperatur ist von +3 °C um 6° gefallen. Danach ist sie wieder um 4° gestiegen. Berechne die neue Temperatur.

6 Notiere eine passende Rechnung und gib das Ergebnis an.

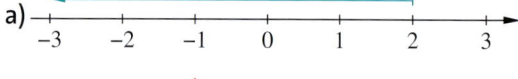

7 Zeichne eine Zahlengerade von −14 bis 14 und löse daran die Aufgaben.
a) −3 + 10   b) 5 − 6 − 7
c) 6 − 7   d) −5 − 7
e) −12 − 2   f) −14 + 5 − 2

8 Erfinde eine passende Sachsituation zur Aufgabe und gib die Lösung an.
a) −9 + 14 = ▧
b) −39 − 25 = ▧

1 Welche Zahlen sind markiert?

2 Welche Zahl liegt auf der Zahlengeraden in der Mitte zwischen den beiden Zahlen?
a) 2; 4   b) −0,5; 3,5   c) −3,5; 4,5
d) −4; −1   e) −2; 5   f) −7; −3

3 Ordne. Beginne mit der kleinsten Zahl.
a) −8; 0; 2,2; −3,5; −2; −5; −2,5; −4
b) $−\frac{1}{2}$; −4; 3; 8; $−\frac{1}{4}$; $−1\frac{1}{2}$; 16; $−3\frac{3}{4}$
c) $\frac{1}{4}$; −1; 0; $−\frac{1}{3}$; −0,25; 2; −0,8; −2; $−2\frac{1}{2}$

4 Verbinde die Punkte in einem Koordinatensystem: $A(−4|1)$; $B(−3|1)$; $C(−3|0)$; $D(−2|0)$; $E(−2|−1)$; $F(−1|−1)$.
Setze das Muster fort. Gib die Koordinaten der vier folgenden Punkte an.

5 Marta steigt in der 2. Etage in einen Fahrstuhl ein. Sie fährt 9 Etagen nach oben, anschließend 13 Etagen nach unten und wieder 8 Etagen hinauf. Wo steigt sie aus?

6 Notiere eine passende Rechnung und gib das Ergebnis an.

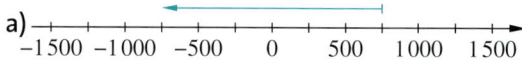

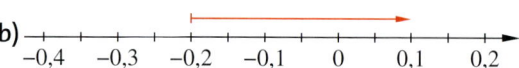

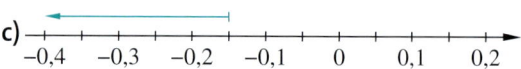

7 Berechne.
a) $(+7) − (+16)$ b) $(+15) − (−21)$
c) $(+18,5) − (−6,6)$ d) $(−29) + (+14,9)$
e) $(−3,1) − (−8,9)$ f) $(−7,4) − (+6,4)$
g) $(+12,3) + (−4,5)$ h) $(−7,75) + (−7,75)$

8 Fülle die Lücken aus, sodass die Gleichung stimmt. Erfinde eine passende Sachsituation zur Aufgabe.
a) −9 + 3 + ▧ = −8   b) 125 − ▧ = 152

9 Herr Gärtner hat auf seinem Konto ein Guthaben von 840 €. Es werden nacheinander folgende Beträge gebucht:
+200 €; −600 €; +150 €; −550 €;
−280 €; −320 €; +120 €.
a) Wie lautet der Kontostand nach der letzten Buchung?
b) Wie viel Geld müsste eingezahlt werden, um das Konto auszugleichen?

9 Herr Zeitz kann auf seinem Kontoauszug eine Zeile nicht mehr lesen.

Kontoauszug		Sparkasse Kleckersdorf
Alter Kontostand:		−117,80 €
Datum:	Vorgang:	Betrag:
21.04.	Kartenzahlung	− 30,27 €
22.04.	Überweisung	− 262,23 €
23.04.	Zahlungseingang	+ 50,00 €
24.04.	XXXXXXXXXX	XXXXXX
Kontostand am 25.04.2017		−344,73 €

10 Überprüfe, ob dies magische Quadrate der Addition sind. Begründe.

a)
−2	−9	−4
−7	−5	−3
−6	−1	−8

b)
0	0,2	0,2
0,4	−0,1	−0,3
−0,4	0,3	0,1

10 Übertrage ins Heft und ergänze zu magischen Quadraten der Addition.

a)
−0,5		
	0,7	−0,9
		1,9

b)
0		1
	$\frac{1}{4}$	
$-\frac{1}{2}$		

ERINNERE DICH
*In einem **magischen Quadrat der Addition** haben die Summen der Zahlen in jeder Zeile, in jeder Spalte und in jeder der Diagonalen den gleichen Wert.*

11 Berechne.
a) $11 - 9$
b) $-1 + 15$
c) $-5 + 6 + 7$
d) $-4 + 12 - 7 + 9$
e) $0,8 - 1,2$
f) $-9,4 - 7,4$
g) $-5 + \frac{3}{4}$
h) $\frac{9}{4} - 3$
i) $9 - (-3)$
j) $-9 - (-3)$

11 Schreibe in Kurzform und berechne.
a) $-\frac{7}{2} + \left(-\frac{3}{4}\right)$
b) $-\frac{2}{3} - \left(-\frac{1}{12}\right)$
c) $29 - (-13) + (-4)$
d) $-1,8 - 2,1 - (+5)$
e) $6 - \frac{1}{2} + (+12,5) - (-36)$
f) $75 + (-35) - (-12) + (-28)$
g) $1,25 - \frac{3}{4} - (-1,5) - \frac{1}{4} + 0,5^2$

12 Wähle die angegebene Startzahl und durchlaufe den Rechenkreis.
Gib das Endergebnis im Heft an.
a) −3   b) −7   c) 0,3   d) −8,2

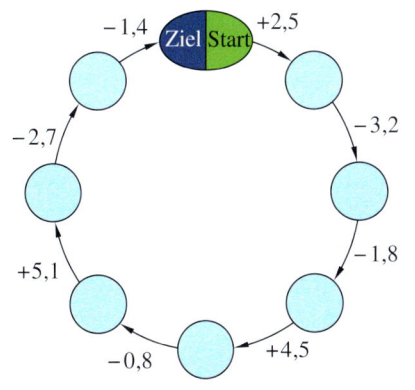

12 Immer im Kreis
a) Mit welcher Startzahl zwischen −5 und 5 erhält man als Endergebnis −12?
b) Sollte man für ein positives Endergebnis eine positive oder eine negative Startzahl verwenden?

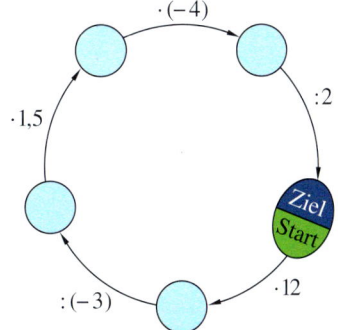

13 👥 Erfindet eine Additionsmauer …
a) … mit der Zahl −87 an der Spitze.
c) … mit genau einer positiven Zahl.
Präsentiert eure Mauern in der Klasse.

b) … mit genau zwei Nullen.
d) … mit genau zwei negativen Zahlen.

14 👥 Würfelspiel: Es wird mit zwei verschiedenfarbigen Würfeln gespielt.
Die Augenzahl des grünen Würfels wird als positive Zahl aufgefasst,
die Augenzahl des roten Würfels als negative Zahl.
Die beiden geworfenen Zahlen werden addiert.
Beispiel $(+5) + (-2) = +3$
a) Spielt zu zweit oder in kleinen Gruppen einige Runden.
b) Mit welchen Augenzahlen erzielt man die höchste Punktzahl?
c) Mit welchen Augenzahlen erzielt man die niedrigste Punktzahl?
d) Mit welchen Würfen erzielt man die Punktzahl +3? Mit welchen Würfen erzielt man −1?

15 Berechne.
a) $-8 \cdot 7$
b) $-15 \cdot 3$
c) $24 : 3$
d) $-25 : 5$
e) $12 \cdot 0{,}5$
f) $-36 \cdot \frac{1}{3}$
g) $-1{,}8 : 9$
h) $2 : \frac{1}{2}$

15 Berichtige falsche Lösungen im Heft.
a) $-12 \cdot 3{,}5 = 42$
b) $17 \cdot (-3) = -51$
c) $-19 \cdot (-8) = 152$
d) $-1{,}3 \cdot 6 = 78$
e) $-63 : (-9) = -7$
f) $84 : 12 = -7$
g) $45 : \left(-\frac{1}{5}\right) = -9$
h) $-\frac{3}{4} : 25 = 0{,}03$

BEISPIEL
$-16 = (-4) \cdot 4$

16 👥 Spielt zu zweit oder zu mehreren:
Findet jeweils möglichst viele Zahlenpaare, deren Produkt die angegebene Zahl ergibt.
a) 32
b) −16
c) 0,36
d) −1,2

| 8 | −16 | −8 | 0,6 | 4 | −0,6 | −4 | 0,6 | 2 | 0,18 | −2 | −0,18 | 16 | 0,04 |

| −0,04 | 0,12 | 9 | −0,12 | −9 | 3 | 0,4 | −3 | −0,4 | 0,3 | 0,9 | −0,3 | −0,9 | −0,6 |

17 Schreibe als Aufgabe und berechne.
a) Bilde das Produkt aus (−12) und 6.
b) Bilde die Divisionsaufgabe aus −64 und der Gegenzahl von −8.
c) Dividiere die Summe von −8 und 12 durch 4.
d) Welche Zahl muss man mit 12 multiplizieren, um −72 zu erhalten?
e) Das Produkt einer Zahl und 8 ergibt das Vierfache von −16.

17 Schreibe als Aufgabe und berechne.
a) Welche Zahl muss man durch 7 dividieren, um −6 zu erhalten?
b) Welche Zahl muss man durch −8 dividieren, um 11 zu erhalten?
c) Welche Zahl muss man durch −200 dividieren, um −5 zu erhalten?
d) Welche Zahl muss man durch −4 dividieren, um die Summe aus −14 und −18 zu erhalten?

ZU AUFGABE 19

$-3\frac{3}{4}$ E

$-\frac{14}{25}$ E

$7\frac{1}{5}$ R

$\frac{2}{5}$ T

$-\frac{4}{9}$ I

$1\frac{7}{8}$ U

2 A

−3 H

−45 S

18 Lisa leiht sich von ihrer Oma 160 € für ihre Reise. Sie zahlt jeden Monat 20 € zurück.
Schreibe als Aufgabe mit einer negativen Zahl und berechne.

18 Leon bringt 20 Pfandflaschen zurück zum Supermarkt. Auf seinem Kassenbon steht −2 €.
Stelle eine sinnvolle Frage und beantworte sie.

19 Berechne und schreibe das Ergebnis als ganze Zahl.
a) $\frac{-15}{5}$
b) $\frac{-6}{-3}$
c) $\frac{-24}{8}$
d) $\frac{-18}{9}$
e) $\frac{77}{-11}$
f) $\frac{-51}{17}$
g) $\frac{48}{-24}$
h) $\frac{-135}{-45}$
i) $\frac{720}{-60}$
j) $\frac{-170}{85}$
k) $\frac{-78}{-39}$
l) $\frac{-91}{-13}$

19 Berechne. Die Lösungen stehen in der Randspalte, sie ergeben ein Lösungswort.
a) $-\frac{1}{3} : \frac{1}{9}$
b) $-\frac{1}{2} : \left(-\frac{1}{4}\right)$
c) $-\frac{3}{4} : \left(-\frac{2}{5}\right)$
d) $\frac{2}{3} : \left(-\frac{1}{6}\right)$
e) $-\frac{1}{5} : \left(-\frac{1}{2}\right)$
f) $-\frac{1}{9} : \frac{1}{4}$
g) $\frac{2}{5} : \left(-\frac{5}{7}\right)$
h) $-\frac{1}{5} : \left(-\frac{1}{6}\right)$
i) $\frac{5}{8} : \left(-\frac{1}{6}\right)$

20 Clara, Leni und Nils verkaufen auf einem Adventsbasar selbstgebastelte Dinge. Sie hatten Materialkosten von 17,70 €. Außerdem müssen sie noch 12,50 € Standmiete bezahlen. Clara hat 9,40 € eingenommen, Leni 7,70 € und Nils 8,90 €. Der Gesamtbetrag wird gleichmäßig aufgeteilt.
a) Wie viel Gewinn oder Verlust bleibt für jeden?
b) Clara bemerkt, dass sie die Einnahmen aus ihrem Gewinnspiel noch gar nicht verteilt haben. Sie haben 27 Lose zu 20 ct verkauft.

21 Berechne. Denke an die Vorrangregeln.
a) $-2 \cdot 3 + 6 \cdot (-5)$
b) $(8 - 9 + 2) - 2 \cdot 3$
c) $12 : 6 - 3 \cdot 7$
d) $3 \cdot (-6) + 7 - 9 \cdot (-5)$
e) $15 + 9 \cdot (-2) : 3$

22 Setze in die Kästchen alle Vorzeichen-kombinationen ein, die möglich sind. Löse die jeweils entstehenden vier Aufgaben. Was fällt dir auf?
a) $(\square 3) + (\square 7)$ b) $(\square 3) - (\square 7)$
c) $(\square 9) + (\square 9)$ d) $(\square 57) - (\square 34)$

20 Nathalie bekommt monatlich 15 € Taschengeld. Davon bezahlt sie auch ihre Handykosten. Bei ihrem Tarif kostet ein MB mobiles Internet 0,24 € und ein Telefonat 0,11 € pro Minute.
a) Nathalie verbraucht täglich drei MB und telefoniert monatlich 15 Minuten. Reicht Nathalies Taschengeld aus?
b) Hast du ein Handy? Was würde Nathalie bei deinem Tarif bezahlen?
c) Wie viele MB und Telefonminuten kann sich Nathalie monatlich maximal leisten?

21 Berechne. Denke an die Vorrangregeln.
a) $3 \cdot (-7) + 8 - 5 \cdot 2$
b) $(4 + 8 \cdot 2 - 36) : 2$
c) $3 + 5 \cdot 2 - 20 + 8 : 2 + 100$
d) $15 \cdot (-3) + 7 - 4 + 32 : 8 - 20$
e) $23 + 7 \cdot [7 - (3 + 6 : 2)]$

22 Setze für die Variable x die Zahlen -3; $0,5$ und -11 ein und berechne. Denke an die Vorrangregeln.
a) $4 \cdot x + (-7)$ b) $(9 - x) \cdot 3$
c) $-5 \cdot x - (-0,5)$ d) $(x - 2) \cdot (-5 - x)$
e) $(x + 3) \cdot (0,5 - x) \cdot (-11 - x)$

23 Zahlbereiche

a) Sind folgende Aussagen richtig oder falsch? Begründe.
  ① Jede ganze Zahl ist positiv.
  ② Jede Dezimalzahl ist eine rationale Zahl.
  ③ Zwischen zwei rationalen Zahlen liegt immer eine ganze Zahl.
  ④ Jede natürliche Zahl ist auch eine rationale Zahl.
b) Überlege dir ähnliche wahre und falsche Aussagen.
  👥 Gib sie einer Partnerin oder einem Partner zum Lösen.

c) 👥 Erklärt auf einem Plakat den Unterschied zwischen der Menge der ganzen Zahlen, der Menge der rationalen Zahlen und der Menge der negativen Zahlen. Stellt auch Beispiele aus dem Alltag dar.

24 Zwei Radprofis trainieren in der Nähe des Toten Meeres. Sie notieren das Streckenprofil.

Start: 200 m ü. NN;   3 km: 50 m u. NN;   10 km: 20 m u. NN;
20 km: 120 m u. NN;   40 km: 300 m ü. NN;   60 km: 30 m u. NN;
80 km: 10 m ü. NN

ü. NN = über Normalnull (über dem Meeresspiegel)
u. NN = unter Normalnull (unter dem Meeresspiegel)

a) Zeichne das Streckenprofil wie im Beispiel rechts in ein Koordinatensystem. (10 km ≙ 1 cm auf der x-Achse; 40 Höhenmeter ≙ 1 cm auf der y-Achse)
b) Berechne, wie viele Höhenmeter einer der Radprofis insgesamt bergauf gefahren ist.

25 Tiere im Meer

Die Meeresbewohner halten sich in verschiedenen Tiefen auf. Auf der Suche nach Beute oder zum Atmen verändern sie ihre Tauchtiefe.

Tier	abgelesene Tiefe	Veränderung	neue Tiefe
Delfin	−100 m	150 m ⇓	

a) Betrachte die Meeresgrafik ganz unten: In welcher Tiefe befinden sich die Meerestiere in diesem Moment? Erstelle eine Tabelle wie links gezeigt und trage die Namen und Werte ein.

b) Im Laufe der folgenden Stunde schwimmen manche Tiere weiter nach oben, manche tauchen noch tiefer. Berechne ihre neuen Tiefen und trage sie in die Tabelle ein.

150 m ⇓   50 m ⇑   170 m ⇑   250 m ⇓   1 050 m ⇑

c) Notiere für jedes Tier die Veränderung als Rechenaufgabe.

26 Die Forscher des Weißen Hais

In der Grafik sind auch drei Forschungs-U-Boote mit ihrer jeweiligen Tauchtiefe markiert. Die Forscher untersuchen, wie tief Weiße Haie tauchen. Sobald sie einen Hai sichten, notieren sie die Uhrzeit und den Höhenunterschied des Raubfisches zum Boot.

a) Betrachte die Beobachtungsprotokolle: Woran kann man ablesen, ob sich der Hai oberhalb oder unterhalb des jeweiligen Bootes befand?

b) Berechne zu jeder Beobachtung die ungefähre Tauchtiefe des Hais. Runde sinnvoll.

c) Gib Minimum, Maximum und Spannweite der beobachteten Tauchtiefen der Haie an.

d) Stelle die Tauchtiefen der Haie mit der Uhrzeit der Beobachtungen in einer geeigneten Grafik dar.

11:00
−185 m

12:00
+56 m

14:30
+175 m

17:00
−108 m

Wasserlinie

Delfin
Kaiserpinguin
Seehund
Riesenkalmar
Pottwal

0
−100 m
−200 m
−300 m
−400 m
−500 m
−600 m
−700 m
−800 m
−900 m
−1000 m
−1100 m
−1200 m
−1300 m
−1400 m
−1500 m
−1600 m

Zusammenfassung

→ Seite 10

Ganze Zahlen und rationale Zahlen

Die Menge der **ganzen Zahlen** ($\mathbb{Z}$) enthält alle natürlichen Zahlen und ihre **Gegenzahlen**.

Der Abstand einer Zahl zur Null heißt **Betrag**.

Die Menge der **rationalen Zahlen** ($\mathbb{Q}$) enthält alle ganzen Zahlen und alle positiven und negativen Bruchzahlen.

$$\mathbb{Z} = \{\ldots;\ -3;\ -2;\ -1;\ 0;\ 1;\ 2;\ 3;\ \ldots\}$$

-2 und 2 sind Gegenzahlen zueinander.

$$|-3,5| = 3,5 \qquad |+132,13| = 132,13$$

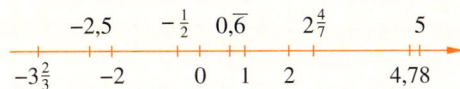

Rationale Zahlen addieren und subtrahieren

→ Seite 16

Man kann Veränderungen an einer Zahlengeraden veranschaulichen:
Bei einer **Zunahme** ($+$) geht man nach **rechts**.
Bei einer **Abnahme** ($-$) geht man nach **links**.

$$-4 + 4 = 0$$
$$-2 - 4 = -2$$

Addition
Gleiche Vorzeichen: Addiere die Zahlen ohne ihr Vorzeichen zu berücksichtigen. Das Ergebnis bekommt das gemeinsame Vorzeichen.

$$(+6) + (+2,7) = +8,7$$
$$(-16) + (-33) = -49$$

Verschiedene Vorzeichen: Subtrahiere ohne Vorzeichen: größerer Betrag *minus* kleinerer Betrag. Das Ergebnis bekommt das Vorzeichen der Zahl mit dem größeren Betrag.

$$(-2) + (+12) = +10$$
$$(+5) + (-9,3) = -4,3$$

Subtraktion
Forme um: Statt die Zahl zu subtrahieren, addierst du ihre Gegenzahl.

$$(-14) - (+4) = (-14) + (-4) = -18$$
$$(-2) - \left(-3\tfrac{1}{3}\right) = (-2) + \left(+3\tfrac{1}{3}\right) = +1\tfrac{1}{3}$$

Rationale Zahlen multiplizieren und dividieren

→ Seite 20

Rationale Zahlen werden zuerst ohne Vorzeichen **multipliziert** (bzw. **dividiert**). Das Ergebnis ist positiv ($+$), wenn beide Faktoren das *gleiche* Vorzeichen haben, bei *verschiedenen* Vorzeichen ist das Ergebnis negativ ($-$).

$$(+3) \cdot (-1,5) = -4,5 \qquad (-4) : (+8) = -0,5$$
$$(-3) \cdot (+1,5) = +4,5 \qquad (-4) : (-8) = +0,5$$
$$(-9) \cdot \left(-\tfrac{2}{3}\right) = +6 \qquad \left(-\tfrac{3}{2}\right) : \left(-\tfrac{2}{5}\right) = +3\tfrac{3}{4}$$
$$\left(-\tfrac{3}{5}\right) \cdot \tfrac{2}{3} = -\tfrac{2}{5} \qquad \tfrac{3}{2} : \left(-\tfrac{2}{5}\right) = -3\tfrac{3}{4}$$

Vorrangregeln beachten und vorteilhaft rechnen

→ Seite 24

Die **Vorrangregeln** gelten auch bei negativen Zahlen:
1. Werte in Klammern zuerst berechnen.
2. Punkt- geht vor Strichrechnung.

Für Addition und Multiplikation gelten:
– **Kommutativgesetz**
– **Assoziativgesetz**
Außerdem gilt das **Distributivgesetz**.

Teste dich!

2 Punkte

1 Zahlengerade

a) Welche Zahlen sind rot markiert?

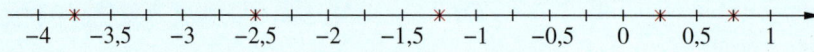

b) Markiere die angegebenen Zahlen *und* ihre Gegenzahlen auf einer Zahlengeraden. Verwende eine geeignete Einteilung.

$$0,7; \ -1,6; \ 0,1; \ -0,8; \ -0,25; \ 1\tfrac{1}{2}$$

3 Punkte

2 Zeichne ein Koordinatensystem.
Trage die Punkte $A(-1,5|-2)$; $B(3,5|-2)$; $C(3,5|3)$ in das Koordinatensystem ein.
Verbinde $A-B-C-A$. Was für eine Figur entsteht?

8 Punkte

3 Übertrage die Tabellen ins Heft und trage die Lösungen in die Tabellen ein. Zeichne bei a) eine Zahlengerade von -12 bis +12 und löse die Aufgaben mithilfe der Zahlengerade.

a)

alte Temperatur	Temperatur-änderung	neue Temperatur
4 °C	6 Grad kälter	
	9 Grad wärmer	6 °C
−6 °C		−11 °C
	8 Grad kälter	−2 °C

b)

Kontostand alt	Kontostand neu	Bewegung
−17 €	+36 €	
−156 €		+39 €
	−44 €	−67 €
	−18 €	+55 €

8 Punkte

4 Berechne im Kopf.

a) $-68 + 9$ b) $-34 - 70$ c) $15 \cdot (-8)$ d) $-99 : (-3)$

e) $-1,25 \cdot 4$ f) $-0,75 : (-0,25)$ g) $-\tfrac{3}{4} + \tfrac{1}{2}$ h) $-1\tfrac{1}{4} - \tfrac{3}{8}$

6 Punkte

5 Berichtige falsch gelöste Aufgaben im Heft.

a) $12 - 7 \cdot 4 = 20$ b) $12 - (8 - 25) = 29$

c) $12 : (-4) - 121 : (-11) = 14$ d) $-7 \cdot (100 + 9) = -637$

e) $(98 - 120) : \left(-\tfrac{1}{2}\right) = -11$ f) $\left(-\tfrac{1}{4} - \tfrac{1}{8}\right) : \left(-\tfrac{1}{8}\right) = 3$

6 Punkte

6 Setze > oder < richtig ein.

a) $3 \cdot (-7) \ \blacksquare \ -20$ b) $-8 + 15 \ \blacksquare \ -22$

c) $-4 \cdot (-8) \ \blacksquare \ -7 \cdot (-5)$ d) $3 \cdot (-8) \ \blacksquare \ (-7) \cdot 6 - (-5) \cdot 6$

e) $27 : (-3) \ \blacksquare \ -19 \cdot (-8 + 7)$ f) $-4 \cdot (-4) \ \blacksquare \ 28 : (-2)^2$

4 Punkte

7 Der Wasserspiegel des Toten Meeres liegt bei −423 m (423 m unter Normalnull).

a) Sam wandert mit seinem Vater vom Ufer des Toten Meeres auf den Gipfel des Har Meron. Wie groß ist der Höhenunterschied, den sie dabei bewältigen?

b) Das Tote Meer ist bis zu 381 m tief. Wie viel Meter unter Normalnull liegt die tiefste Stelle des Sees?

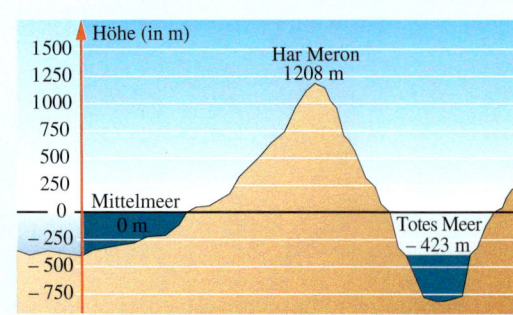

3 Punkte

8 Gib jeweils zwei passende Beispiele an.

a) positive rationale Zahlen b) negative ganze Zahlen c) Zahlen mit demselben Betrag

Gold: 45–50 Punkte, Silber: 37–44 Punkte, Bronze: 30–36 Punkte Lösungen ab Seite 188

Dreiecke

Obwohl das Dreieck eine der einfachsten geometrischen
Flächen darstellt, gibt es erstaunlich viele Formen.
Dieses Bild zeigt jede Menge unterschiedlicher Dreiecke.
Du kannst sie nach der Länge der Seiten,
der Winkelgröße oder der Farbe unterscheiden.
Findest du zwei absolut gleiche Dreiecke?

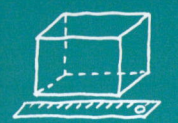

Noch fit?

Einstieg

1 Winkelarten
Ergänze die Lücken im Heft.
a) Ein rechter Winkel hat eine Größe von ■.
b) Ein Winkel, der kleiner als 90° ist, heißt ■.
c) Ein Winkel α mit $90° < \alpha < 180°$ heißt ■.
d) Ein überstumpfer Winkel ist größer als ■.
e) Ein 180°-Winkel heißt ■.

2 Winkel messen
a) Miss die Größe der Winkel α, β und γ.
b) Gib die jeweilige Winkelart an.

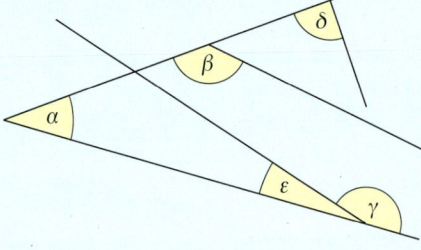

3 Winkel zeichnen
Zeichne zu jeder Winkelart einen Winkel.
Gib seine genaue Größe an.
a) spitzer Winkel
b) rechter Winkel
c) stumpfer Winkel
d) überstumpfer Winkel

4 Dreiecke zeichnen
Zeichne die Punkte in ein Koordinatensystem.
Verbinde sie zu einem Dreieck ABC.
Gib jeweils ohne zu messen an, welche Winkelarten innerhalb des Dreiecks vorkommen.
a) $A(2|1)$; $B(6|1)$; $C(4|5)$
b) $A(1|2)$; $B(7|1)$; $C(4|3)$

5 Winkelgrößen bestimmen
Gib jeweils ohne zu messen die Größe des Winkels α an.
a)

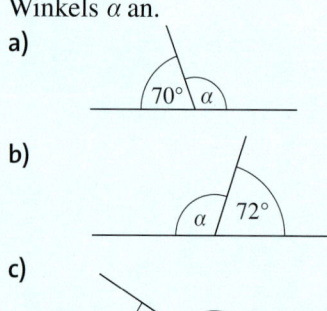

b)

c)

Aufstieg

1 Winkelarten
Schreibe in deinem Heft alle Winkelarten und ihre Eigenschaften auf.
Zeichne jeweils ein Beispiel.

2 Winkel messen
a) Schätze zunächst die Größe aller Winkel.
b) Miss dann ihre Größe, gib die Winkelart an.

3 Winkel zeichnen
Zeichne die Winkel in dein Heft.
Gib jeweils die Winkelart an.
a) $\alpha = 90°$
b) $\beta = 52°$
c) $\gamma = 127°$
d) $\delta = 232°$

4 Dreiecke zeichnen
Verbinde die Punkte $A(2|2)$; $B(6|4)$; $C(3|4)$ im Koordinatensystem zum Dreieck ABC.
a) Welche Winkelarten kommen darin vor?
b) Zeichne im Koordinatensystem ein Dreieck mit drei spitzen Winkeln und gib die Koordinaten der Eckpunkte an.

5 Winkelgrößen bestimmen
Gib ohne zu messen jeweils die Größe der Winkel an.
a)   b)

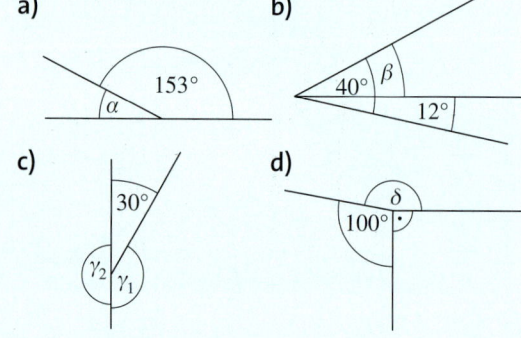

c)   d)

Lösungen ab Seite 188

Dreiecksarten erkennen und beschreiben

Entdecken

1 In Giebeln und Dachgauben findet man oft Fenster mit unterschiedlichen Formen.

a) Aus welchen geometrischen Formen bestehen die Fenster?
b) Welche Vorteile hat es, nicht nur rechteckige Fenster im Giebel einzubauen?
c) Entwirf ein eigenes Fenster für einen Dachgiebel.

2 👥 Arbeitet zu zweit oder in Kleingruppen.
Betrachtet die folgenden Dreiecke.

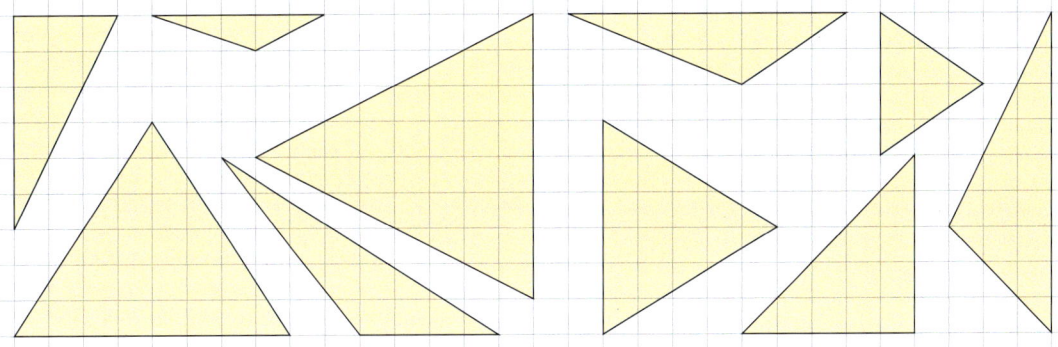

a) Zeichnet die Dreiecke auf Kästchenpapier und schneidet sie aus.
b) Überlegt gemeinsam, nach welchen geometrischen Merkmalen ihr die Dreiecke sortieren
könnt. Sortiert die Dreiecke dann nach ihren Eigenschaften.
c) Erstellt ein Plakat, auf das ihr die verschiedenen Dreiecke geordnet aufklebt.
Vielleicht könnt ihr den einzelnen Dreiecksformen schon Bezeichnungen geben.

3 Du hast fünf Strohhalme in den nebenstehenden Längen
zur Verfügung, aus denen du unterschiedliche Dreiecke
bilden kannst.

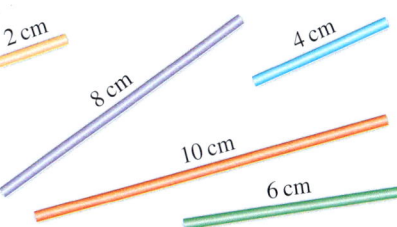

a) Lege drei Möglichkeiten, bei denen ein Dreieck zu-
stande kommt. Schreibe jeweils die Längen der drei
verwendeten Stücke in dein Heft
b) Lege drei Möglichkeiten, bei denen ein Deieck *nicht*
gebildet werden kann. Schreibe jeweils die Längen der
drei verwendeten Stücke in dein Heft
c) Finde heraus, wann eine Dreiecksbildung möglich ist
und wann nicht.
Schreibe deine Vermutung auf.

HINWEIS
*Du kannst auch
Holzstäbchen
verwenden.*

39

Verstehen

Aus farbigen Strohhalmen legen Justin, Celina und Eric verschiedene Dreiecksformen.

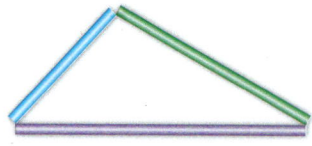

Meine Schenkel sind gleich lang.

Merke Dreiecke können nach ihren **Seitenlängen** eingeteilt werden:

Unregelmäßige Dreiecke haben drei verschieden lange Seiten.

Gleichschenklige Dreiecke haben zwei gleich lange Seiten. Im gleichschenkligen Dreieck gibt es besondere Bezeichnungen.

Gleichseitige Dreiecke haben drei gleich lange Seiten.

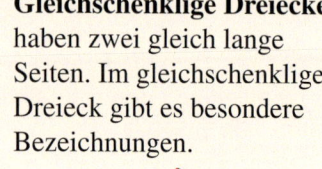

Es gibt auch andere Möglichkeiten, wie Dreiecke eingeteilt werden können.

Merke Dreiecke können nach ihren **Winkelgrößen** eingeteilt werden:

Spitzwinklige Dreiecke haben drei spitze Winkel.

Rechtwinklige Dreiecke haben einen rechten Winkel.

Stumpfwinklige Dreiecke haben einen stumpfen Winkel.

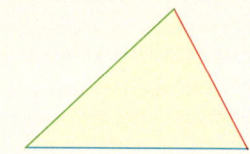
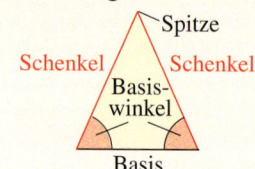
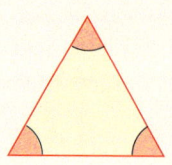

In der Mathematik werden die Eckpunkte, die Seiten und die Winkel eines Dreiecks immer gleich bezeichnet.

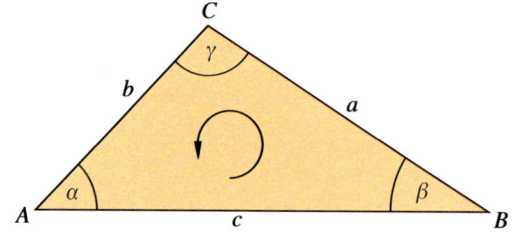

Die **Eckpunkte** werden (entgegen dem Uhrzeigersinn) mit Großbuchstaben bezeichnet.

Die **Seiten** werden mit Kleinbuchstaben bezeichnet: die Seite a liegt dem Punkt A gegenüber, die Seite b dem Punkt B, die Seite c dem Punkt C.

Die **Winkel** werden mit kleinen griechischen Buchstaben bezeichnet: der Winkel α gehört zum Eckpunkt A, der Winkel β zum Eckpunkt B, der Winkel γ zum Eckpunkt C.

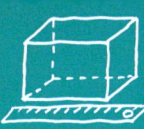

Üben und anwenden

1 Was ist falsch beschriftet?

a)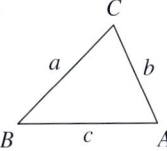

b)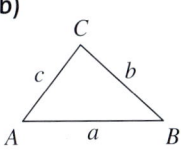

c)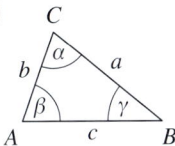

d)

1 Zeichne die Dreiecke ab und vervollständige die Beschriftungen zu △ABC.

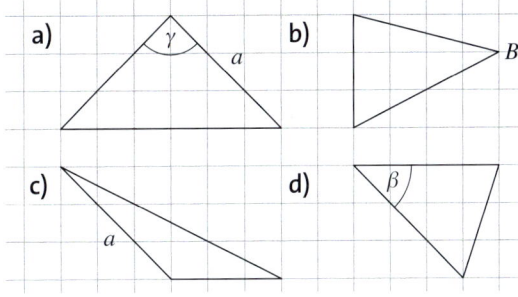

a) b) c) d)

2 Betrachte die Dreiecke. Fülle die Tabelle ohne zu messen im Heft aus.

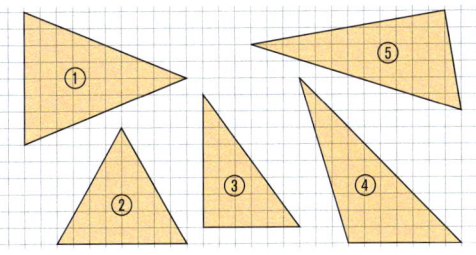

	①	②	③	④	⑤
spitzwinklig	✓				
rechtwinklig	–				
stumpfwinklig	–				
gleichschenklig					
gleichseitig					
unregelmäßig					

3 Schreibe jeweils die Dreiecksart nach Seiten *und* nach Winkeln auf.

Beispiel
Dreieck 1: unregelmäßig, rechtwinklig

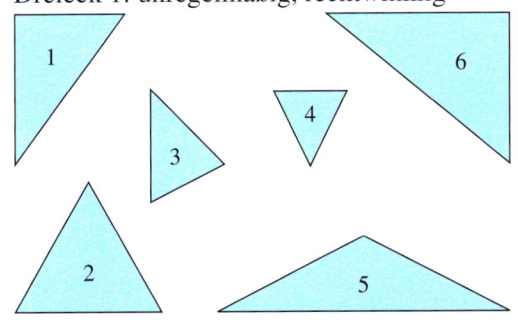

3 Finde Dreiecke in dieser Figur.

a) Notiere jeweils zwei gleichschenklige und zwei unregelmäßige Dreiecke.

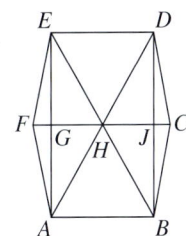

Beispiel
gleichschenkliges Dreieck: △ABH

b) Notiere jeweils zwei spitzwinklige, zwei rechtwinklige und zwei stumpfwinklige Dreiecke.

4 Zeichne die Figuren ab und spiegele sie an der Spiegelachse (blaue Linie).
Betrachte die durch die Spiegelung entstandenen Dreiecke.
Welche Sonderformen erkennst du?

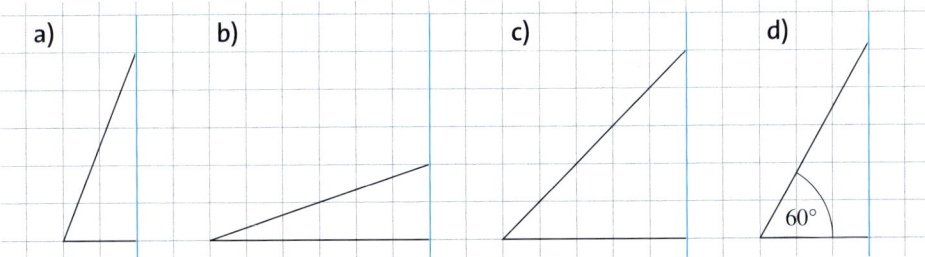

a) b) c) d)

60°

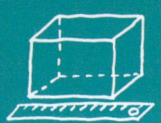

ERINNERE DICH
*Die Symmetrie-
achse (Spiegel-
gerade) zerlegt
eine Figur in
zwei Teile, die
man deckungs-
gleich überein-
anderklappen
kann.*

5 Übertrage das
Dreieck in dein Heft
und zeichne die
Symmetrieachsen
ein.

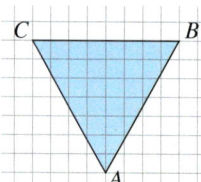

5 Übertrage die Dreiecke in ein Koordinatensystem. Trage alle Symmetrieachsen ein.
a) $A(2|1)$; $B(8|2,5)$; $C(3,5|7)$
b) $A(3|8,5)$; $B(1|4,5)$; $C(5|2,5)$
c) $A(9,5|3)$; $B(8|6,5)$; $C(4,5|8)$

6 Durch Falten eines gleichschenkligen
Dreiecks kann man die Symmetrieachse
finden.
Beschreibe die beiden Dreiecke, die dabei entstehen.

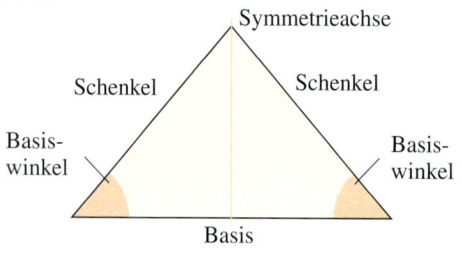

6 Suche Dreiecke in der Figur.
a) Wie viele gleichseitige (gleichschenklige,
unregelmäßige) Dreiecke gibt es?
b) Wie viele spitzwinklige (rechtwinklige,
stumpfwinklige) Dreiecke findest du?

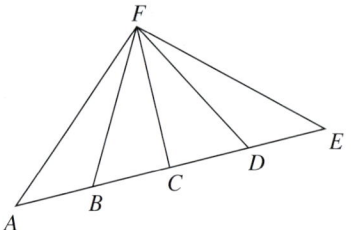

7 In der Tabelle sind Dreiecke nach ihren Symmetrieeigenschaften geordnet.
Übertrage die Tabelle ins Heft und fülle die Tabelle mit den entsprechenden Dreiecken aus.

Form \ Winkelart	spitzwinklig	rechtwinklig	stumpfwinklig	Anzahl der Symmetrieachsen
gleichseitig		–	–	3
gleichschenklig		(Dreieck)		1
unregelmäßig			(Dreieck)	keine

8 🔴 Stellt auf dem Schulhof die
verschiedenen Dreiecksformen dar.
Überlegt euch vorher, welche Hilfsmittel ihr benötigt, damit die Dreiecke
möglichst exakt werden.
Fotografiert die verschiedenen
Dreiecksformen.

9 👥 Welche Behauptung ist richtig, welche falsch? Prüfe jeweils zeichnerisch.
a) Ein rechtwinkliges Dreieck kann auch zwei rechte Winkel haben.
b) Ein Dreieck mit drei gleich langen Seiten hat auch drei gleich große Winkel.
c) Wenn ein Dreieck zwei gleich große Winkel hat, dann ist es gleichschenklig.

Dreiecke zeichnen (ohne Zirkel)

Entdecken

1 Claudio möchte die nebenstehende Aufgabe auf der
Rätselseite in seiner Zeitung lösen.
Dazu misst er alle Seitenlängen und alle Winkelgrößen aus.
a) Wie würdest du die Aufgabe angehen?
b) 👥 Zu welcher Lösung gelangst du?
   Tausche dich über dein Ergebnis mit deinem Sitznach-
   barn oder deiner Sitznachbarin aus.

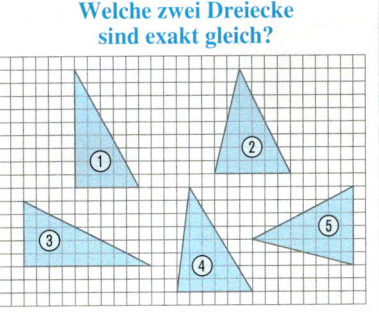

**Welche zwei Dreiecke
sind exakt gleich?**

2 👥 Celina und Linus sollen ein Dreieck nach den vorgeschriebenen Angaben an der Tafel
zeichnen. Celina beginnt ihre Zeichnung mit Seite *b*, Linus fängt mit Seite *c* an.

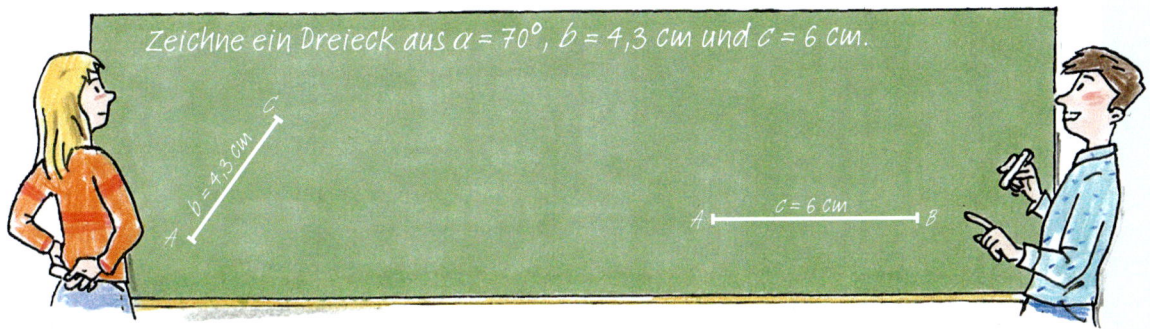

Zeichne ein Dreieck aus $\alpha = 70°$, $b = 4{,}3\ cm$ und $c = 6\ cm$.

Zeichnet das Dreieck nach beiden Ansätzen ins Heft und diskutiert, ob es Vorteile für den einen
oder anderen Weg gibt.

3 👥 Zeichne auf ein leeres Blatt Papier ein
beliebiges Dreieck und gib es deinem Partner als
Vorlage.
Dein Partner misst das Dreieck aus und zeichnet
es in sein Heft.
Tipp: Zur Kontrolle kannst du das Originaldrei-
eck ausschneiden und auf die Zeichnung legen.
Oder lege zur Kontrolle beide Zeichnungen aufeinander und halte sie gegen das Licht.

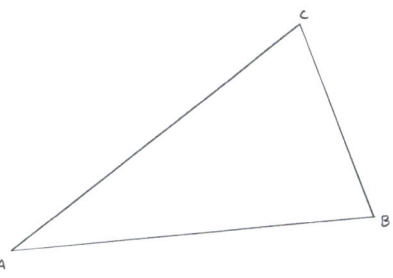

4 Marie soll als Hausaufgabe ein Dreieck zeichnen.
Da sie in der letzten Mathestunde gefehlt hat und es allein nicht schafft, lässt sie sich von ihrer
Freundin Susan per Telefon die Konstruktion genau beschreiben.

Zuerst musst du Strecke $\overline{AB}$ mit 6,5 cm zeichnen. Dann in Punkt A den Winkel $\alpha = 42°$ antragen.
Zeichne jetzt die Seite b mit 4,7 cm. Dann musst du die
Punkte C und B verbinden und du bist fertig. Denke
daran das Dreieck zu beschriften.

a) Skizziere das Dreieck und markiere darin die gegebenen Größen.
b) Zeichne das Dreieck nach Susans Beschreibung ins Heft.

Verstehen

Claudio möchte wissen, ob die Dreiecke gleich sind. Dazu schneidet er sie zuerst aus. Dann versucht er, sie durch Drehen, Verschieben und Umklappen übereinander zu legen.
Passen sie genau, nennt man die Dreiecke **deckungsgleich** oder **kongruent**.

> **Merke** Wenn Dreiecke in den drei Seitenlängen und der Größe ihrer drei Winkel übereinstimmen, dann nennt man sie **zueinander kongruent** (Zeichen: ≅).

HINWEIS
*Eine **Planfigur** ist eine einfache Zeichnung. Die gegebenen Stücke werden farbig hervorgehoben, auf genaue Maße darf man verzichten.*

Um Dreiecke **eindeutig** zeichnen zu können, müssen nicht alle drei Seitenlängen und alle drei Winkelgrößen gegeben sein.

Beispiel 1 Im ΔABC sind $a = 5{,}3$ cm, $b = 3{,}7$ cm und $\gamma = 105°$ gegeben.

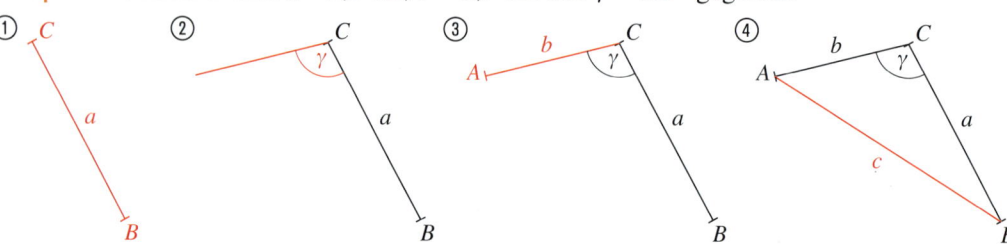

Zeichne $a = 5{,}3$ cm. | Zeichne in C an a den Winkel $\gamma = 105°$ an. | Verlängere den Schenkel von γ auf $b = 3{,}7$ cm. Endpunkt ist A. | Verbinde A und B.

> **Merke** Wenn Dreiecke in zwei Seiten und dem eingeschlossenen Winkel übereinstimmen, dann sind sie kongruent (**Kongruenzsatz SWS = S**eite-**W**inkel-**S**eite).

Auch bei drei anderen Bestimmungsstücken kann das Dreieck **eindeutig** konstruiert werden.

Beispiel 2 Im ΔABC sind $c = 4{,}8$ cm, $\alpha = 40°$ und $\beta = 70°$ gegeben.

PLANFIGUR

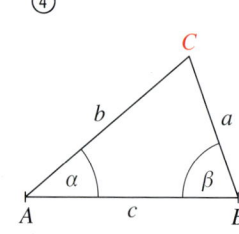

Zeichne $c = 4{,}8$ cm mit den Eckpunkten A und B. | Zeichne in A an c den Winkel $\alpha = 40°$ an. | Zeichne in B an c den Winkel $\beta = 70°$ an. | Schnittpunkt der beiden Schenkel a und b ist C.

Alle Dreiecke, die nach diesen drei Angaben gezeichnet sind, haben gleiche Form und Größe. Auch die übrigen drei Bestimmungsstücke (a, b, γ) sind in diesen Dreiecken gleich groß.

> **Merke** Wenn Dreiecke in einer Seite und den beiden anliegenden Winkeln übereinstimmen, dann sind sie kongruent (**Kongruenzsatz WSW = W**inkel-**S**eite-**W**inkel).

Üben und anwenden

1 Welche Dreiecke sind kongruent?
Miss drei geeignete Größen.

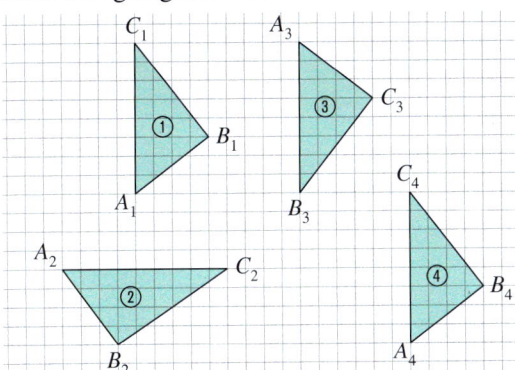

2 Ordne folgende Angaben den Planskizzen
① bis ⑥ zu. Eine Planskizze bleibt übrig.
a) $a = 3{,}6\,\text{cm}$; $\gamma = 90°$; $\beta = 60°$
b) $b = 5\,\text{cm}$; $\beta = 50°$; $\gamma = 45°$
c) $a = b = c = 4{,}3\,\text{cm}$
d) $\alpha = \gamma = 65°$; $c = 7\,\text{cm}$
e) $\alpha = 25°$; $\beta = 111°$; $\gamma = 34°$

 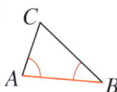 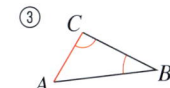

3 Zeichne das Dreieck ABC.
Fertige zunächst eine Planskizze an.
a) $a = 4\,\text{cm}$; $\gamma = 60°$; $\beta = 85°$
b) $c = 6\,\text{cm}$; $\alpha = 45°$; $\beta = 76°$
c) $a = 8\,\text{cm}$; $\gamma = 92°$; $\beta = 27°$
d) $b = 6{,}7\,\text{cm}$; $\alpha = 80°$; $\gamma = 50°$

4 Zeichne das Dreieck ABC und beschreibe,
wie du vorgegangen bist.
a) $c = 4\,\text{cm}$; $\alpha = 90°$; $\beta = 60°$
b) $a = 2{,}4\,\text{cm}$; $\beta = \gamma = 80°$
c) $b = 7\,\text{cm}$; $\alpha = 35°$; $\gamma = 95°$

5 Zeichne die Figur aus einem Quadrat und
vier zueinander kongruenten Dreiecken ab.
Die folgenden Bestimmungsstücke der gelben
Dreiecke sind gegeben:
  $c = 5{,}3\,\text{cm}$; $\alpha = 59°$; $\beta = 31°$.
a) Beschreibe, wie du beim Zeichnen vorgegangen bist.
b) Gibt es eine möglichst geschickte Lösung?
   Vergleicht eure Ergebnisse untereinander.

1 Übertrage $\triangle ABC$ und den Punkt C' in dein
Heft.

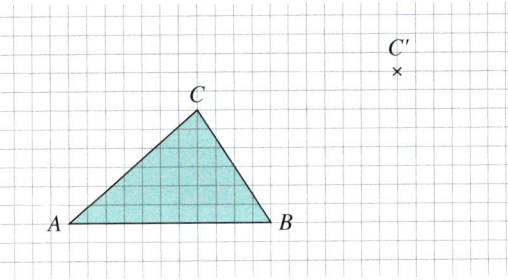

Verschiebe so, dass C auf C' liegt und das
neue $\triangle A'B'C'$ kongruent zu $\triangle ABC$ ist.

2 Erstelle Planskizzen.
Um welche besonderen Dreiecke handelt es
sich jeweils?
a) $a = 6\,\text{cm}$; $a = b = c$
b) $b = 5{,}9\,\text{cm}$; $\alpha = 40°$; $\alpha = \gamma$
c) $\gamma = 90°$; $a = 5\,\text{cm}$; $c = 7\,\text{cm}$
d) $b = c = 4{,}5\,\text{cm}$; $\gamma = 55°$

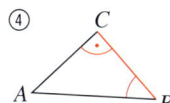 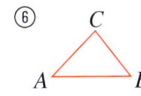

3 Zeichne das Dreieck ABC.
Fertige zunächst eine Planskizze an.
a) $c = 3{,}9\,\text{cm}$; $\alpha = 52°$; $\beta = 82°$
b) $c = 4{,}2\,\text{cm}$; $\alpha = 100°$; $\beta = 45°$
c) $a = 6{,}2\,\text{cm}$; $\beta = 37°$; $\gamma = 74°$
d) $b = 5{,}4\,\text{cm}$; $\alpha = 65°$; $\gamma = 79°$

4 Zeichne das Dreieck ABC und beschreibe,
wie du vorgegangen bist.
a) $a = 3{,}5\,\text{cm}$; $\beta = 123°$; $\gamma = 23°$
b) $b = 5{,}9\,\text{cm}$; $\gamma = 55°$; $\alpha = 55°$
c) $c = 6{,}5\,\text{cm}$; $\alpha = 43°$; $\beta = 57°$

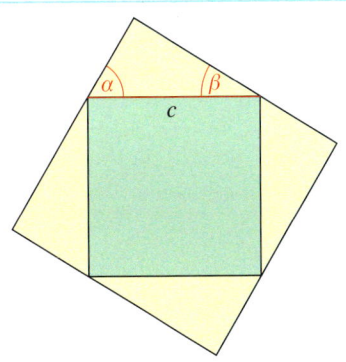

HINWEIS
*Auf Seite 53
erfährst du, wie
man eine
Konstruktions-
beschreibung
erstellt.*

6 Zeichne das Dreieck *ABC*.
a) $b = 6,5\,cm$; $c = 9,3\,cm$; $\alpha = 83°$
b) $a = 3,5\,cm$; $c = 4,2\,cm$; $\beta = 57°$
c) $b = 2,1\,cm$; $c = 6,2\,cm$; $\alpha = 79°$
d) $a = 3,4\,cm$; $b = 3,9\,cm$; $\gamma = 65°$

6 Zeichne das Dreieck *ABC*.
a) $a = 2,7\,cm$; $c = 7,5\,cm$; $\beta = 15°$
b) $b = 5,4\,cm$; $c = 5,4\,cm$; $\alpha = 45°$
c) $a = 5,6\,cm$; $b = 2,8\,cm$; $\gamma = 60°$
d) $a = b = 4\,cm$; $\alpha = \beta = 60°$

ZUR INFORMATION
Zu einer kompletten geometrischen Lösung gehören:
– Planfigur
– Zeichnung
– Konstruktionsbeschreibung

7 Zeichne das gleichschenklige Dreieck.
a) $c = 4,9\,cm$; $\alpha = 71°$; es gilt $a = b$
b) $a = 6,3\,cm$; $\gamma = 48°$; es gilt $c = b$
c) $b = 5,2\,cm$; $\alpha = 35°$; es gilt $a = c$
d) $b = 6,1\,cm$; $\alpha = 25°$; es gilt $b = c$
e) $a = 5,6\,cm$; $\gamma = 50°$; es gilt $a = b$
f) $c = 4,9\,cm$; $\alpha = 67°$; es gilt $b = c$

7 Zeichne das Dreieck *ABC* und gib eine Konstruktionsbeschreibung an.
a) $b = 3,8\,cm$; $c = 4,4\,cm$; $\alpha = 60°$
b) $b = 5,2\,cm$; $c = 6,1\,cm$; $\alpha = 90°$
c) $a = 3,5\,cm$; $c = 6,4\,cm$; $\beta = 37°$
d) $a = 2\,cm$; $b = 5\,cm$; $\gamma = 115°$
e) $a = 33\,mm$; $b = 36\,mm$; $\gamma = 85°$

8 Das Dreieck *ABC* soll gezeichnet werden.
a) Bringe die Konstruktionsschritte in die richtige Reihenfolge.

① Kreisbogen um *C* mit $\overline{BC} = a = 5,2\,cm$ zeichnen.

② $\overline{AC} = b = 4\,cm$ zeichnen.

③ *A* und *B* verbinden.

④ Winkel $\gamma = 33°$ in Punkt *C* an Seite *b* antragen.

b) Konstruiere das Dreieck.
c) Miss alle Seiten und Winkel.

8 Zeichne diese Figur, die aus acht rechtwinkligen Dreiecken besteht. Beginne mit dem kleinsten Dreieck. Bei genauer Konstruktion muss die längste Seite im größten Dreieck 3 cm lang sein. Prüfe, wie genau du konstruiert hast.

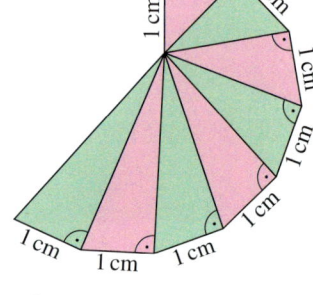

ERINNERE DICH
Der Maßstab 1:10 bedeutet: 1 cm im Bild sind 10 cm in Wirklichkeit.

9 Wie weit sind die beiden Messlatten voneinander entfernt? Löse die Aufgabe mit einer maßstabsgerechten Zeichnung.

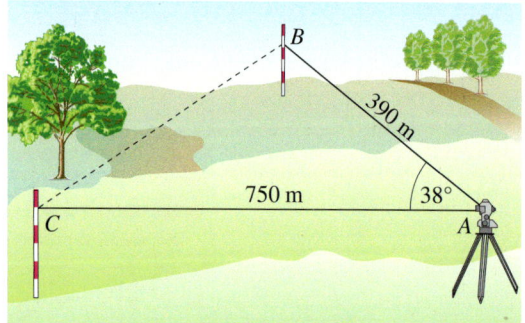

9 Die Schenkel einer aufklappbaren Leiter sind jeweils 2,20 m lang. Klappt man die Leiter auf und stellt sie hin, beträgt der Öffnungswinkel zwischen den Schenkeln 60°.
a) Zeichne zuerst eine Planfigur.
b) Wie hoch reicht die Leiter?
c) Wie weit stehen die Füße auseinander?

10 Die Klasse 7b erhält die Aufgabe, aus $\alpha = 37°$, $\beta = 82°$ und $\gamma = 61°$ ein Dreieck zu zeichnen. Beim Vergleichen mit seinen Nachbarn stellt Noah fest, dass jeder ein anderes Dreieck gezeichnet hat.
a) Zeichnet ein Dreieck nach den Angaben und vergleicht untereinander.
b) 👥 Sucht eine Begründung für die unterschiedlichen Lösungen.

Dreiecke konstruieren (mit Zirkel)

Entdecken

1 ⁛ Das „Sommerdreieck" ist bei uns ab Juli am Sternenhimmel gut sichtbar.
Bereits kurz nach Sonnenuntergang kann man das Dreieck aus den Sternen Wega, Deneb und Atair am südlichen Himmel erkennen.
Beratet zu zweit, wie man das „Sommerdreieck" ohne Geodreieck, nur mit Zirkel und Lineal, möglichst exakt ins Heft übertragen kann. Probiert eure Lösung anschließend aus.

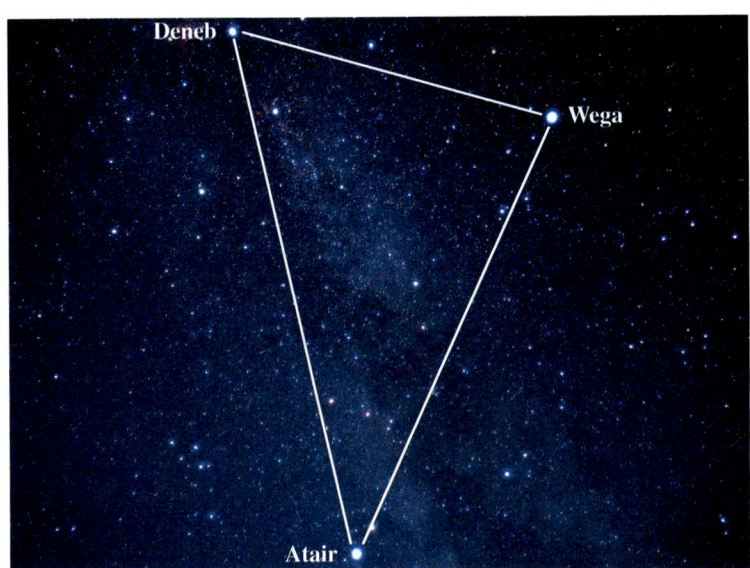

2 Die Konstruktionsbeschreibung für das Dreieck ist durcheinander geraten.
Bringe die Kärtchen in die richtige Reihenfolge und konstruiere aus den Angaben ein Dreieck mit den Seitenlängen 4 cm, 5 cm und 7 cm.
⁛ Vergleiche dein Ergebnis mit deiner Nachbarin oder deinem Nachbarn.
Was fällt euch auf?

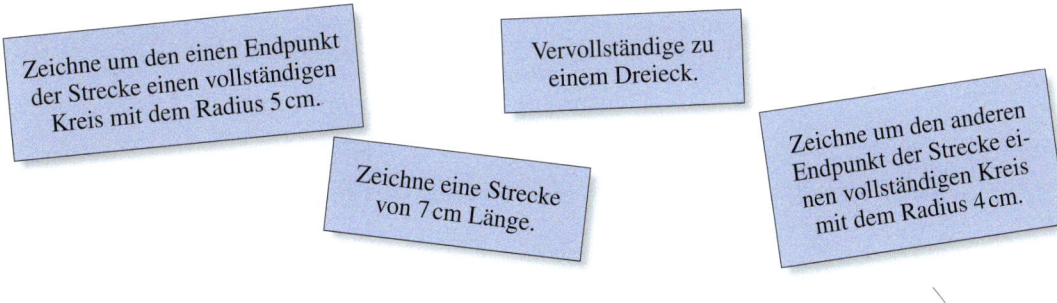

3 Zeichne zwei Punkte M_1 und M_2 mit einem Abstand von 5 cm zueinander ins Heft.
a) Ziehe um beide Mittelpunkte M_1 und M_2 jeweils einen Kreis mit dem Radius 4 cm.
b) Wiederhole die Zeichnung, aber dieses Mal mit dem Radius 2,5 cm und dann mit dem Radius 1,5 cm.
Was fällt dir auf?

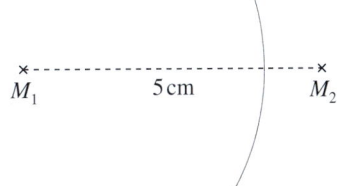

Verstehen

Henry möchte eine Landkarte von Hessen maßstäblich abzeichnen.

Er beginnt mit der Lage von drei großen Städten zueinander und misst die Verbindungslinien der Städte: $\overline{WK} = 4{,}6\,\text{cm}$; $\overline{KF} = 2{,}4\,\text{cm}$; $\overline{FW} = 3{,}3\,\text{cm}$.

Aus den drei Längen kann er das Städtedreieck zeichnen, denn zur Konstruktion dieses Dreiecks genügen drei Angaben.

Beispiel 1

PLANSKIZZE

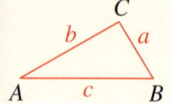

Im $\triangle ABC$ sind $a = 1{,}6\,\text{cm}$; $b = 2{,}9\,\text{cm}$ und $c = 3{,}9\,\text{cm}$ gegeben.

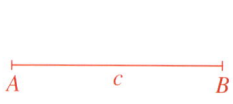 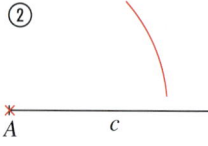 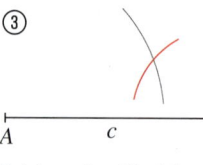

①	②	③	④
Zeichne $c = 3{,}9\,\text{cm}$ mit den Eckpunkten A und B.	Zeichne den Kreisbogen um A mit dem Radius $b = 2{,}9\,\text{cm}$.	Zeichne den Kreisbogen um B mit dem Radius $a = 1{,}6\,\text{cm}$.	Schnittpunkt der beiden Kreisbögen ist C. Verbinde A mit C und B mit C und beschrifte die Seiten.

Alle Dreiecke, die nach diesen drei Angaben gezeichnet sind, haben gleiche Form und Größe. Auch die übrigen drei Bestimmungsstücke (α, β, γ) sind in diesen Dreiecken gleich groß.

> **Merke** Wenn Dreiecke in allen drei Seiten übereinstimmen, dann sind sie kongruent (**Kongruenzsatz SSS = S**eite-**S**eite-**S**eite).

Auch aus folgenden drei Bestimmungsstücken kann das Dreieck eindeutig konstruiert werden.

Beispiel 2

PLANSKIZZE

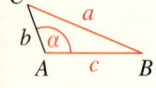

Im $\triangle ABC$ sind $c = 3{,}2\,\text{cm}$; $\alpha = 30°$ und $a = 3{,}5\,\text{cm}$ gegeben.

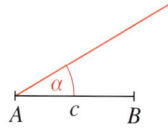 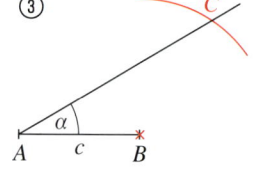 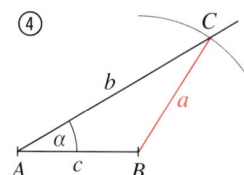

①	②	③	④
Zeichne $c = 3{,}2\,\text{cm}$ mit den Eckpunkten A und B.	Zeichne in A an c den Winkel $\alpha = 30°$.	Zeichne den Kreisbogen um B mit dem Radius $a = 3{,}5\,\text{cm}$. Schnittpunkt des Kreisbogens mit dem Schenkel von b ist C.	Verbinde B mit C und beschrifte die Seiten.

HINWEIS
*Bei der Abkürzung **SsW** wird die kürzere Seite mit dem kleinen „s" bezeichnet.*

> **Merke** Wenn Dreiecke in zwei Seiten und dem Winkel übereinstimmen, der der längeren Seite gegenüber liegt, dann sind sie kongruent (**Kongruenzsatz SsW = S**eite-**S**eite-**W**inkel).

Üben und anwenden

1 Konstruiere das Dreieck ABC.
Wie bist du dabei vorgegangen?
a) $a = 7\,cm$; $b = 4\,cm$; $c = 5\,cm$
b) $a = 6\,cm$; $b = 4\,cm$; $c = 8\,cm$
c) $a = 5{,}4\,cm$; $b = 3{,}7\,cm$; $c = 6{,}5\,cm$
d) $a = 6{,}1\,cm$; $b = 6{,}5\,cm$; $c = 4{,}4\,cm$

2 Konstruiere das Dreieck ABC. Betrachte
die Seitenlängen und gib die Dreiecksart an.
a) $a = 8\,cm$; $b = c = 5\,cm$
b) $a = c = 6\,cm$; $b = 5\,cm$
c) $a = b = c = 4\,cm$
d) $a = 10\,cm$; $b = 5\,cm$; $c = 7\,cm$

3 Konstruiere die Dreiecke ABC und ABD
nach der Konstruktionsbeschreibung.
1. Zeichne $c = 4{,}5\,cm$.
2. Zeichne um A einen Kreis ($b = 6\,cm$).
3. Zeichne um B einen Kreis ($a = 3\,cm$).
4. Die Kreise schneiden sich in C und D.
5. Verbinde C mit A und mit B, ebenso D.

4 Zeichne das Windrad in dein Heft. Das Windrad
besteht aus acht zueinander kongruenten Dreiecken.
1. Beginne mit den grünen Flächen.
2. Ergänze anschließend die gelben Flächen.

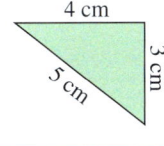

5 Zeichne den Stern in dein Heft.
Beginne so:
Zeichne das
gleichseitige
Dreieck ABC mit
$\overline{AB} = 12\,cm$ und
dann das gleich-
seitige Drei-
eck DEF mit
$d = 4\,cm$.

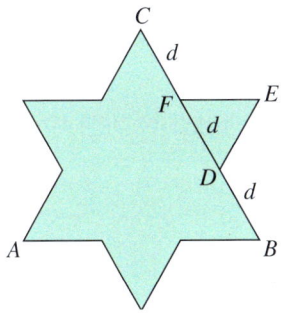

6 Versuche das Dreieck ABC mit $a = 6\,cm$,
$b = 3\,cm$ und $c = 2\,cm$ zu konstruieren.
Beginne mit der längsten Seite.
a) Warum ist dies nicht möglich?
b) Wie muss die Seitenlänge von a geändert
   werden, damit sich ein Dreieck ergibt?
c) Was muss für die längste Seite gelten,
   damit sich ein Dreieck aus drei Seitenlängen konstruieren lässt?

1 Konstruiere das Dreieck ABC und gib eine
Konstruktionsbeschreibung an.
a) $a = 4{,}5\,cm$; $b = 3{,}5\,cm$; $c = 5{,}5\,cm$
b) $a = 7{,}1\,cm$; $b = 5{,}2\,cm$; $c = 42\,mm$
c) $a = 22\,mm$; $b = 6{,}7\,cm$; $c = 7{,}3\,cm$
d) $a = 48\,mm$; $b = 5{,}2\,cm$; $c = 0{,}5\,dm$

2 Konstruiere das Dreieck ABC.
Was für ein Dreieck entsteht jeweils?
a) $a = b = 6{,}2\,cm$; $c = 4{,}6\,cm$
b) $a = c = 3{,}7\,cm$; $b = 5{,}9\,cm$
c) $a = b = c = 5{,}3\,cm$
d) $a = 4{,}8\,cm$; $b = 6\,cm$; $c = 3{,}6\,cm$

3 Konstruiere das Dreieck ABC nach dieser
Kurzbeschreibung:
1. $\overline{AC} = 4{,}5\,cm$ zeichnen
2. Kreisbogen um A mit $c = 5\,cm$
3. Kreisbogen um C mit $a = 4{,}2\,cm$
4. Schnittpunkt ist B
5. ABC verbinden

5 Zeichne den Stern in dein Heft.
Beginne so:
Zeichne die Gera-
den g und h ($g \perp h$).
Zeichne dann das
Dreieck ABC mit
$\overline{AC} = 5{,}1\,cm$,
$\overline{AB} = 2{,}4\,cm$ und
$\overline{BC} = 3{,}8\,cm$.

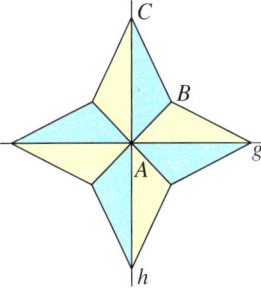

6 Versuche das Dreieck ABC mit den Seiten
$a = 2{,}7\,cm$, $b = 3{,}3\,cm$ und $c = 7{,}2\,cm$ zu
konstruieren.
a) Warum kann kein Dreieck entstehen?
b) Formuliere, was erfüllt sein muss, damit
   man aus drei Seitenangaben ein Dreieck
   zeichnen kann.
c) Ändere beim Dreieck ABC eine Seitenlänge, sodass sich ein Dreieck ergibt.

ZUM WEITERARBEITEN
Notiere in deinem
Merkheft häufig
verwendete Kons-
truktionsbefehle
mit einer passen-
den Zeichnung.

NACHGEDACHT
Zeichne ein
gleichseitiges
Dreieck mit
$a = 5\,cm$ in dein
Heft.
Hast du genü-
gend Bestim-
mungsstücke ge-
geben? Begründe.

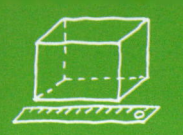

Methode: Dreiecke mit dem Computer konstruieren

Mithilfe eines Computerprogramms kann man ebenso wie auf Papier geometrische Konstruktionen ausführen. Das dazu benötigte Programm ist eine dynamische Geometrie-Software, entsprechend der Anfangsbuchstaben abgekürzt DGS.

Die Arbeit mit einer dynamischen Geometrie-Software bietet Vorteile: Figuren können schnell und genau konstruiert werden, aber auch bewegt und dynamisch verändert werden.

Die fertigen Zeichnungen können gespeichert und ausgedruckt werden.

1 Grundwerkzeuge

Mache dich mit den Werkzeugen des Programms vertraut. Zeichne einige Grundelemente wie Strecke, Kreis oder Dreieck.

Bei einigen Programmen erhältst du, wenn du auf den Rand der Werkzeug-Schaltfläche klickst, weitere Werkzeuge. Probiere die einzelnen Werkzeuge aus.

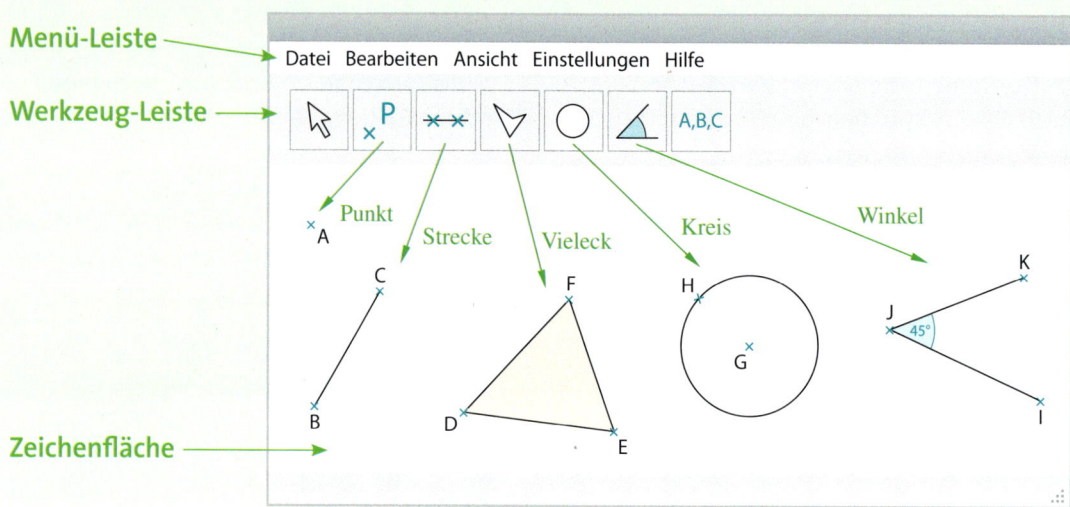

BEACHTE
Bei der Eingabe von Dezimalbrüchen musst du bei einigen Programmen statt des Kommas einen Punkt eingeben.
Beispiel
Für 2,75 cm schreibt man 2.75 in das Dialogfenster.

2 Konstruktion verschiedener Dreiecksarten

a) Führe die Konstruktionsschritte wie im Bild für ein rechtwinkliges Dreieck aus. Notiere in einem Merkheft, welche Werkzeuge des Programms du benutzt hast.

b) Konstruiere ein gleichseitiges und ein gleichschenkliges Dreieck. Notiere jeweils, welche Schritte du im Programm ausgeführt hast.

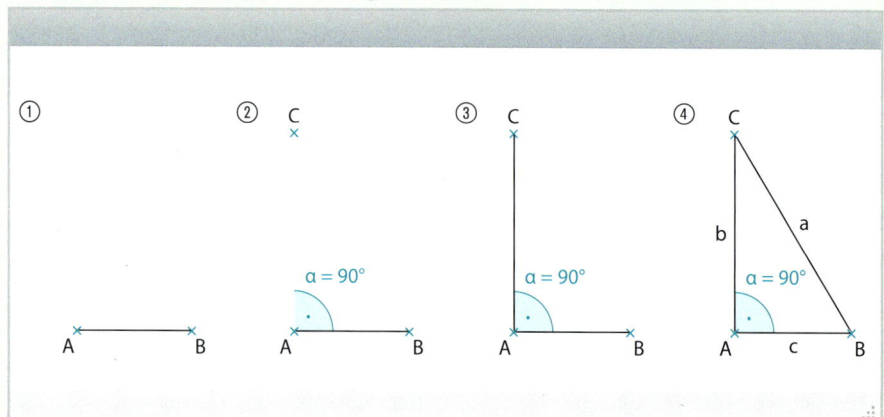

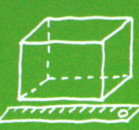

3 Koordinatensystem und Gitterlinien

Auf der Zeichenfläche kann man ein Koordinatensystem und Gitterlinien einblenden.

a) Zeichne das nebenstehende Dreieck über die Eckpunkte ab.
Welche Dreiecksform ist entstanden?

b) Zeichne weitere Dreiecke mithilfe ihrer Eckpunkte.
Beschreibe jeweils ihre Form.

① $\triangle ABC$ mit
$A(-4|-2)$, $B(1|3)$, $C(-2|6)$

② $\triangle DEF$ mit
$D(2|3)$, $E(-2|-5)$, $F(6|-5)$

③ $\triangle GHI$ mit
$G(6|4)$, $H(-6/0)$, $I(-1|-1)$

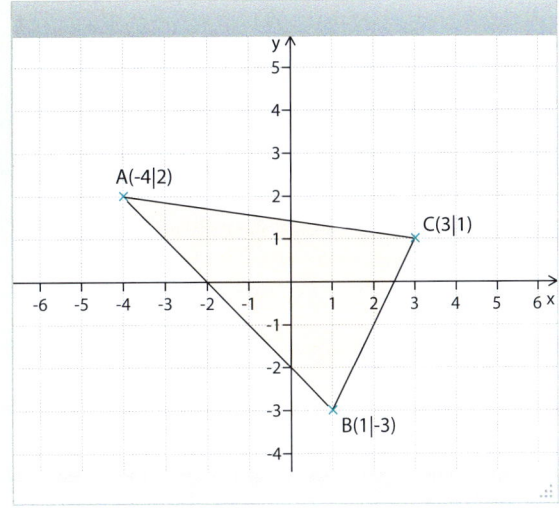

4 Mit dem Zirkel arbeiten

Konstruiere folgende Dreiecke.

a) $a = 4\,\text{cm}$,
$b = 5\,\text{cm}$,
$c = 7\,\text{cm}$

b) $a = b = 4,5\,\text{cm}$,
$c = 6,3\,\text{cm}$

c) $a = b = c = 5,3\,\text{cm}$

d) $a = b = 4,5\,\text{cm}$,
$c = 10\,\text{cm}$
Was fällt dir auf?

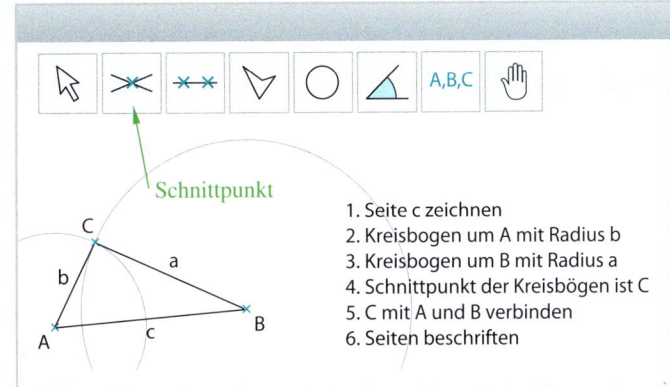

Schnittpunkt

1. Seite c zeichnen
2. Kreisbogen um A mit Radius b
3. Kreisbogen um B mit Radius a
4. Schnittpunkt der Kreisbögen ist C
5. C mit A und B verbinden
6. Seiten beschriften

5 Ergebnisse ausdrucken

a) Konstruiere das Dreieck nachfolgender Kurzbeschreibung und drucke die Zeichnung aus.

① $\overline{AC} = 4,7\,\text{cm}$
② in Punkt A Winkel $\alpha = 41°$
③ von A aus Strahl durch Endpunkt des Schenkels
④ in Punkt C Winkel $\gamma = 70°$
⑤ von C aus Strahl durch Endpunkt des Schenkels
⑥ Schnittpunkt der beiden Strahlen ist B
⑦ Dreieck beschriften (siehe 6)

b) Nach welchem Kongruenzsatz ist das Dreieck konstruiert?

6 Konstruktionen beschriften

a) Konstruiere das Dreieck, beginne mit $\overline{BC}$.
Benutze das Werkzeug zur Beschriftung, um die Bestimmungsstücke zu benennen.

b) Zeichne und beschrifte das folgende Dreieck:
$b = 4,2\,\text{cm}$,
$a = 6\,\text{cm}$,
$\alpha = 43°$

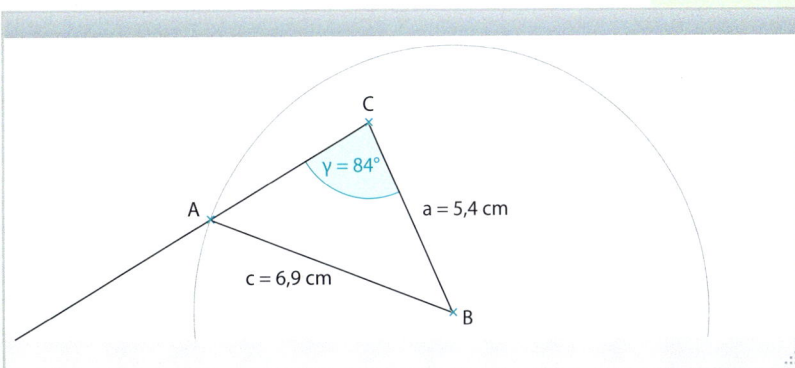

7 👥 Fertigt jeweils eine Planskizze an.
Welcher Winkel muss angegeben werden, damit eine Kongruenz nach SsW vorliegt?
a) $a = 3,6\,cm$; $c = 4,8\,cm$
b) $b = 8,9\,cm$; $c = 6,7\,cm$
c) $b = 3,4\,cm$; $a = 11,3\,cm$
d) $a = 6,3\,cm$; $c = 6,5\,cm$

8 Konstruiere das Dreieck ABC mit $b = 6\,cm$, $c = 4\,cm$ und $\beta = 95°$.
Beachte die Planskizze.
Erstelle eine Konstruktionsbeschreibung.

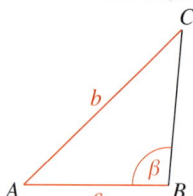

8 Prüfe, ob der Winkel gegeben ist, der der größeren Seite gegenüberliegt. Falls ja, konstruiere das Dreieck.
Fertige zu einem Dreieck eine Konstruktionsbeschreibung an.
a) $a = 7\,cm$; $b = 4,8\,cm$; $\beta = 73°$
b) $c = 4,3\,cm$; $a = 6,9\,cm$; $\alpha = 37°$
c) $b = 3,4\,cm$; $c = 11,3\,cm$; $\beta = 104°$
d) $a = 6,3\,cm$; $c = 6,5\,cm$; $\gamma = 54°$

9 Zeichne das Dreieck ABC.
a) $a = 3,8\,cm$; $c = 5,4\,cm$; $\gamma = 70°$
b) $a = 3,9\,cm$; $b = 6,4\,cm$; $\beta = 54°$
c) $b = 4,2\,cm$; $c = 4,7\,cm$; $\gamma = 40°$

9 Zeichne das Dreieck ABC.
a) $a = 2,8\,cm$; $c = 2\,cm$; $\alpha = 87°$
b) $b = 33\,mm$; $c = 40\,mm$; $\gamma = 66°$
c) $a = 50\,mm$; $c = 91\,mm$; $\gamma = 122°$

10 Betrachte die Angaben des Dreiecks ABC. Entscheide, ob es eindeutig konstruierbar ist. Falls ja, konstruiere das Dreieck ABC.
a) $a = 3,7\,cm$; $c = 4,9\,cm$; $\gamma = 72°$
b) $c = 4,8\,cm$; $b = 5,2\,cm$; $\gamma = 55°$
c) $b = 4,5\,cm$; $a = 3,7\,cm$; $\beta = 68°$
d) $a = 3,5\,cm$; $c = 5,6\,cm$; $\alpha = 30°$
e) $b = 6,3\,cm$; $c = 3,7\,cm$; $\beta = 95°$
f) $c = 6,3\,cm$; $a = 4,7\,cm$; $\alpha = 27°$

10 Konstruiere nur die Dreiecke, die eindeutige Angaben nach SsW haben.
a) $b = 1,7\,cm$; $c = 2,5\,cm$; $\beta = 38°$
b) $a = 4,5\,cm$; $b = 8\,cm$; $\beta = 26°$
c) $a = 3,2\,cm$; $c = 5,4\,cm$; $\alpha = 31°$
d) $a = 1,4\,cm$; $c = 2,8\,cm$; $\gamma = 58°$
e) $b = 51\,mm$; $c = 64\,mm$; $\gamma = 69°$
f) $a = 79\,mm$; $c = 34\,mm$; $\alpha = 144,5°$

11 Auf welcher Höhe befindet sich die Bergstation der Seilbahn?
Konstruiere ein Dreieck im Maßstab 1 : 100 000 und lies die Höhe ab.
Entnimm alle Angaben der Zeichnung unten.
Tipp:
Beim Maßstab 1 : 100 000 entspricht 1 cm in der Zeichnung 1 km in Wirklichkeit.

11 Aachen liegt am Dreiländereck, an dem Deutschland an Belgien und die Niederlande grenzt. Auf dem „Dreilandenpunkt" steht der Baudouinturm, von dem man Aachens Dom und Universitätsklinik sehen kann.
In der Karte bilden die Luftlinien vom Turm zum Klinikum und zum Dom einen 41°-Winkel. Klinikum

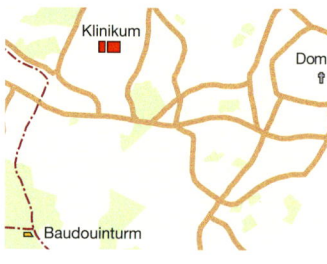

und Dom sind 10,5 km voneinander entfernt, Turm und Klinikum 9 km.
Zeichne das Dreieck verkleinert im Maßstab von 1:100 000 ins Heft und bestimme die Entfernung vom Aussichtsturm zum Dom.

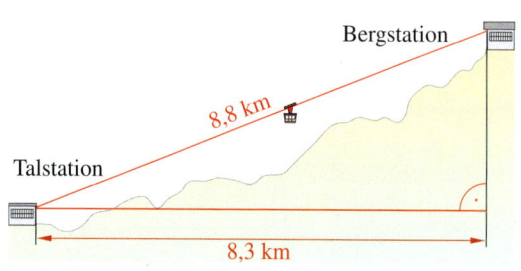

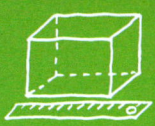

Thema: Satz des Thales

Konstruiert man ein Dreieck aus dem
Durchmesser eines Halbkreises
(dem **Thaleskreis**) und einem weiteren Punkt
auf diesem Halbkreis, so erhält man immer
ein **rechtwinkliges Dreieck**.

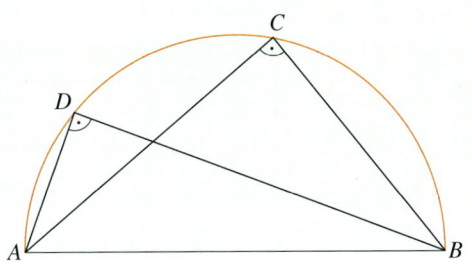

Diese Erkenntnis nennt man den **Satz des Thales**.

Mithilfe des Thaleskreises kann man zu einer gegegebenen Grundseite Dreiecke zeichnen,
die im gegenüberliegenden Eckpunkt einen rechten Winkel haben.

Beispiel
Konstruktion eines rechtwinkligen Dreiecks mit $c = 3\,cm$ und $b = 2,5\,cm$

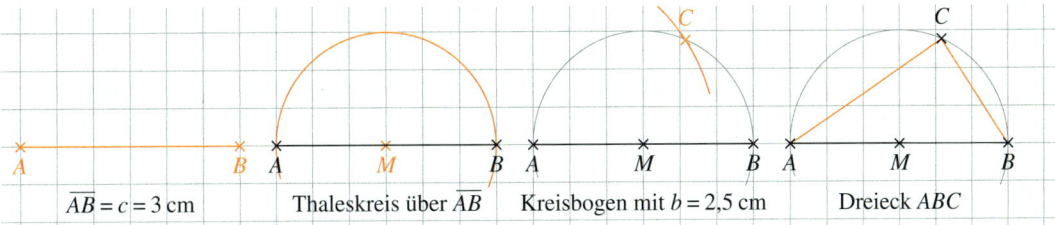

| $\overline{AB} = c = 3\,cm$ | Thaleskreis über $\overline{AB}$ | Kreisbogen mit $b = 2,5\,cm$ | Dreieck ABC |

1 Ist das Dreieck nach dem Satz des Thales
rechtwinklig? Begründe.

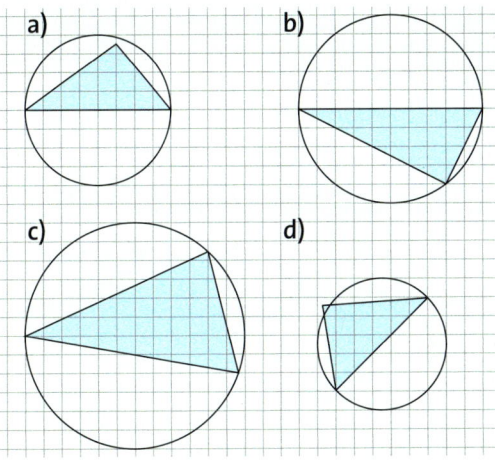

a)

b)

c)

d)

2 Übertrage die Zeichnung in dein Heft.

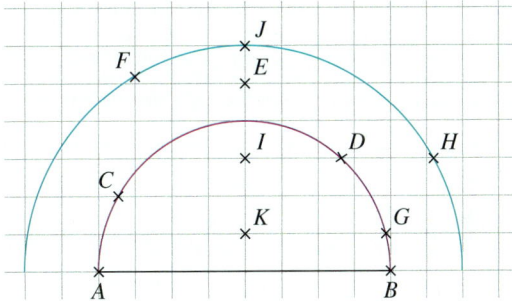

a) Dreieck ABC ist rechtwinklig. Begründe.
b) Welche Punkte bilden zusammen mit der
Strecke $\overline{AB}$ ein rechtwinkliges Dreieck?
c) Vergleiche die Dreiecke ABI und ABE.
Was stellst du fest?

3 Konstruiere mithilfe des Satzes von Thales die rechtwinkligen Dreiecke.
Übertrage die Tabelle ins Heft und ergänze die fehlenden Größen.

	Seite c	Seite a	Seite b	α	β	γ	$\alpha + \beta + \gamma$
a)	6 cm	2 cm				90°	
b)	8 cm		4 cm			90°	
c)	7,5 cm	6,5 cm				90°	
d)	9,3 cm	2,8 cm				90°	
e)	5,8 cm		4,2 cm			90°	

Klar so weit?

→ Seite 40

Dreiecksarten erkennen und beschreiben

1 Betrachte die Dreiecke. Übertrage die Tabelle in dein Heft und kreuze für jedes Dreieck an, welche Eigenschaften es besitzt.

	①	②	③	④
spitzwinklig				
rechtwinklig				
stumpfwinklig				
gleichschenklig				
gleichseitig				
unregelmäßig				

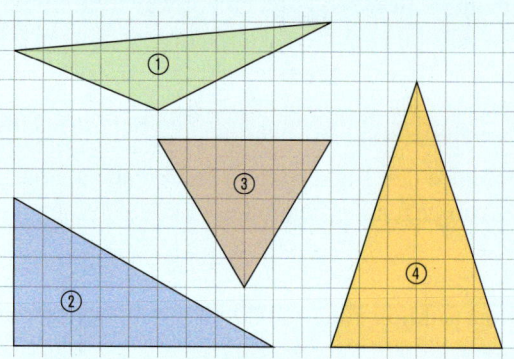

2 Übertrage die gleichschenkligen Dreiecke in dein Heft.

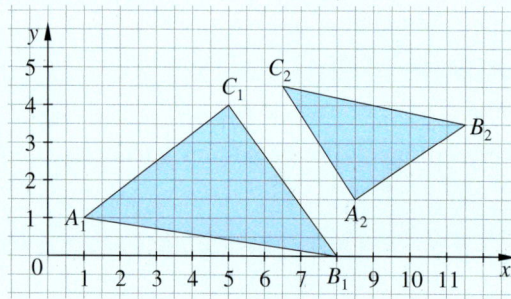

a) Zeichne jeweils die Symmetrieachse ein.

b) Welche Seiten sind Schenkel, welche Seiten sind Basis? Färbe die Basis rot.

3 Zeichne die Vierecke ① und ② in dein Heft und verbinde zwei gegenüberliegende Eckpunkte durch eine Diagonale.
Welche Dreiecksformen entstehen jeweils?
① ein Quadrat mit 7 cm Seitenlänge
② ein beliebiges Rechteck

2 Zeichne das Dreieck ABC in ein Koordinatensystem. Prüfe, ob das Dreieck ABC gleichschenklig ist. Zeichne gegebenenfalls die Symmetrieachse ein.

a) $A(2|1);$
   $B(8|2);$
   $C(3|7)$

b) $A(3|8,5);$
   $B(1|4,5);$
   $C(5,5|2,5);$

c) $A(1|0);$
   $B(4,5|2);$
   $C(1|4)$

3 Übertrage die Vierecke in dein Heft und verbinde zwei gegenüberliegende Eckpunkte durch eine Diagonale.
Welche Dreiecksarten entstehen? Benenne nach Seiten und Winkeln. Was ändert sich, wenn du die andere Diagonale betrachtest?

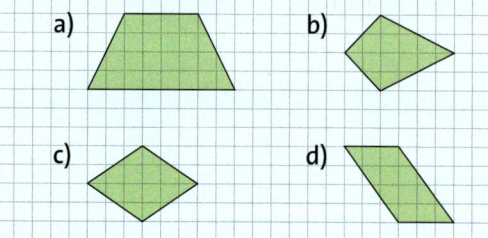

Dreiecke zeichnen (ohne Zirkel)

→ Seite 44

4 Zeichne das Dreieck ABC.
a) $a = 4\,cm$; $\beta = 27°$; $\gamma = 140°$
b) $b = 6,8\,cm$; $\gamma = 42°$; $\alpha = 80°$

5 Zeichne das Dreieck ABC und beschreibe, wie du vorgegangen bist.
a) $b = 3,8\,cm$; $c = 4,4\,cm$; $\alpha = 60°$
b) $a = 3,5\,cm$; $c = 6,4\,cm$; $\beta = 35°$

4 Zeichne das Dreieck ABC.
a) $c = 4,9\,cm$; $\alpha = 61°$; $\beta = 46°$
b) $b = 5,2\,cm$; $\gamma = 23°$; $\alpha = 126°$

5 Zeichne das Dreieck ABC und beschreibe, wie du vorgegangen bist.
a) $a = 33\,mm$; $b = 3,6\,cm$; $\gamma = 87°$
b) $b = c = 5,4\,cm$; $\alpha = 45°$

6 Zeichne die Figur exakt. Beginne mit Punkt *A*. Miss zum Schluss die Größe von Winkel *γ*.

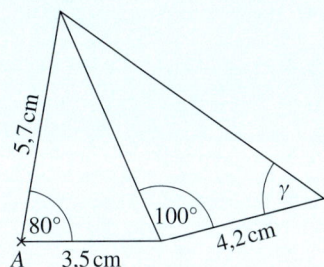

6 Zeichne die Figur und miss zum Schluss die Länge von Seite *x*.

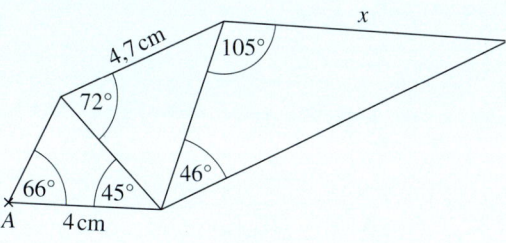

7 Welche Dreiecke sind eindeutig konstruierbar, welche nicht? Begründe.

a) $α = 70°$; $β = 39°$; $γ = 71°$

b) $α = 97°$; $b = 5,7\,cm$; $c = 9\,cm$

c) $β = 150°$; $a = 7,3\,cm$; $γ = 85°$

Dreiecke konstruieren (mit Zirkel)

→ Seite 48

8 Konstruiere das Dreieck *ABC* und gib eine Konstruktionsbeschreibung an.
a) $a = 4,7\,cm$; $b = 5,2\,cm$; $c = 3,9\,cm$
b) $a = 2,8\,cm$; $b = 5,9\,cm$; $c = 4,5\,cm$
c) $a = 5,5\,cm$; $b = 3,3\,cm$; $c = 3,6\,cm$

8 Konstruiere das Dreieck *ABC* und gib eine Konstruktionsbeschreibung an.
a) $a = 2,4\,cm$; $b = 7\,cm$; $c = 7,4\,cm$
b) $a = 4,8\,cm$; $b = 5,7\,cm$; $a = c$
c) $a = b = c = 3,6\,cm$

9 Zeichne das Dreieck *ABC*. Fertige zunächst eine Planskizze an.
a) $c = 3\,cm$; $a = 4,2\,cm$ und $α = 72°$
b) $c = 3,5\,cm$; $b = 5,5\,cm$ und $β = 135°$

9 Zeichne das Dreieck *ABC*. Fertige zunächst eine Planskizze an.
a) $a = 2,7\,cm$; $c = 5,1\,cm$ und $γ = 101°$
b) $b = 4,7\,cm$; $a = 3,3\,cm$ und $β = 73°$

10 Konstruiere nur die Dreiecke, die eindeutig konstruierbar sind. Eine Planskizze hilft.
a) $a = 6,3\,cm$; $b = 4,2\,cm$; $γ = 63°$
b) $c = 4,5\,cm$; $b = 9,7\,cm$; $a = 5,1\,cm$
c) $α = 39°$; $c = 6,7\,cm$; $a = 4,4\,cm$
d) $b = 5,1\,cm$; $c = 6,9\,cm$; $γ = 98°$

10 Konstruiere das Dreieck *ABC* mit $c = 4\,cm$, $a = 5,5\,cm$ und $α = 50°$.
a) Ändere die Länge der Seite *a* so, dass zwei Dreiecke konstruiert werden können.
b) Mit welchen Längen für *a* ist das Dreieck gar nicht konstruierbar?

11 Zeichne die Figuren ins Heft. Alle erkennbaren Dreiecke sind gleichseitig.
a) $\overline{AB} = 6\,cm$,
$\overline{AD} = 3\,cm$,
$\overline{BE} = 3\,cm$

b) $\overline{AB} = 4\,cm$,
$\overline{AD} = 3\,cm$,
$\overline{BE} = 3\,cm$

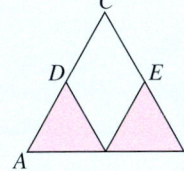

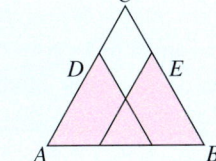

11 Das Dreieck *ABC* ist gleichseitig. Die Dreiecke *ABD*, *BCE* und *AFC* sind kongruent und gleichschenklig. Zeichne die Figur, beginne mit dem Dreieck *ABC* mit $c = 6\,cm$. Weiter gilt $\overline{AD} = 3,3\,cm$.

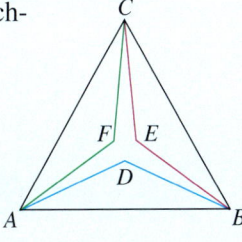

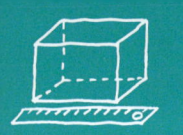

Vermischte Übungen

1 Betrachte die Dreiecke.
a) Sortiere sie nach Winkeln.
b) Sortiere sie nach Seiten.

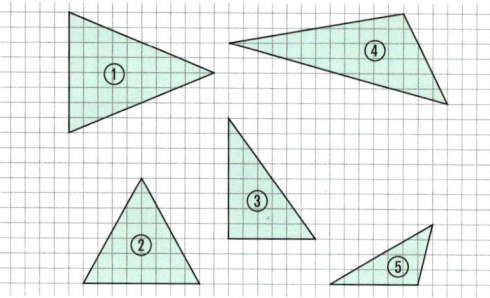

1 Zeichne ein Dreieck, wenn möglich.
Wenn nicht, begründe, warum es nicht geht.

a) gleichschenklig, spitzwinklig

b) gleichschenklig, stumpfwinklig

c) gleichseitig, spitzwinklig

d) gleichseitig, rechtwinklig

e) gleichseitig, stumpfwinklig

f) gleichschenklig, rechtwinklig

2 Konstruiere jeweils das Dreieck ABC.
Fertige zu einem Dreieck eine Konstruktionsbeschreibung an.
a) $a = 3\,cm;\ b = 6\,cm;\ c = 5\,cm$
b) $c = 5,3\,cm;\ \alpha = 43°;\ \beta = 62°$
c) $b = 2,9\,cm;\ c = 5,3\,cm;\ \alpha = 36°$
d) $a = 4\,cm;\ b = 6\,cm;\ \gamma = 47°$
e) $a = 5,1\,cm;\ c = 4,5\,cm;\ \alpha = 55°$
f) $a = b = c = 4,8\,cm$

2 Überprüfe zunächst, dass bei der Konstruktion tatsächlich ein Dreieck entsteht.
Zeichne dann das Dreieck ABC ins Heft.
a) $c = 4,2\,cm;\ \alpha = 100°;\ \beta = 45°$
b) $a = 2,4\,cm;\ b = 4,7\,cm;\ c = 3,5\,cm$
c) $a = 3,9\,cm;\ b = 4,5\,cm;\ \gamma = 54°$
d) $c = 4\,cm;\ b = 5,1\,cm;\ \beta = 85°$
e) $a = 6,5\,cm;\ \alpha = 83°;\ \beta = 54°$
f) $a = 3,7\,cm;\ b = 5,8\,cm;\ c = a$

3 Damit eine Stufenleiter sicher steht, darf der Winkel α nicht größer als 70° sein.
Wie lang muss die Leiter dann mindestens sein, damit sie an einer Hauswand bis in eine Höhe von 4,5 m reicht?
Zeichne 2 cm für 1 m.

3 Damit eine Stufenleiter sicher steht, darf der Winkel α nicht größer als 70° sein.
Im Fachhandel werden Leitern in den Längen 4 m, 5 m und 6 m angeboten.
Fertige maßstabsgerechte Zeichnungen an, mit deren Hilfe du bestimmen kannst, bis in welche Höhe jede Leiter bei dem größtmöglichen Neigungswinkel reicht.

4 Das Land Guyana liegt in Südamerika.
Die Flagge dieses Landes enthält gleichschenklige Dreiecke.
Zeichne diese Flagge mit den angegebenen Maßen.
$a = 3\,cm;\ \alpha_1 = 61°;\ \alpha_2 = 74°$

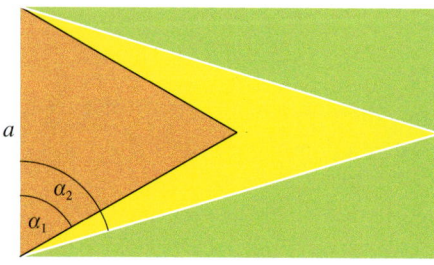

4 Ein Schiff wird von den beiden Orten Juist und Norderney gleichzeitig gesichtet, beide Orte liegen 12 km voneinander entfernt.

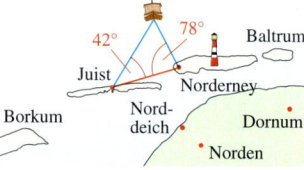

Entnimm die Winkelgrößen der Zeichnung und konstruiere ein entsprechendes Dreieck im Maßstab 1 : 100 000.
Bestimme so, wie weit das Schiff in diesem Moment von den beiden Orten entfernt war.

5 Die Höhe eines Bürogebäudes soll vermessen werden.
Dazu wird ein Winkelmessgerät, ein sogenannter Theodolit, in 50 m Entfernung vom Gebäude aufgestellt. Die Messung ergibt einen Winkel von $\alpha = 35°$.

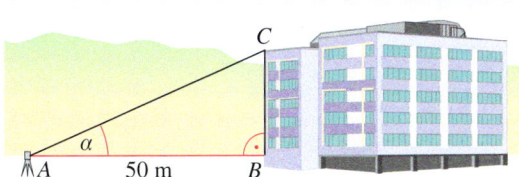

a) Fertige nach der Skizze eine verkleinerte Zeichnung im Maßstab 1 : 500 an.
b) Bestimme aus der Zeichnung die Höhe des Bürogebäudes. Beachte dabei den Hinweis zur Augenhöhe in der Randspalte.

6 Eine Eisenbahngesellschaft plant eine neue Strecke mit einem Tunnel (gestrichelte Linie) durch bergiges Gelände.
Fertige eine maßstabsgetreue Zeichnung an (1 cm entspricht 100 m).
Miss wie lang der Tunnel ist.

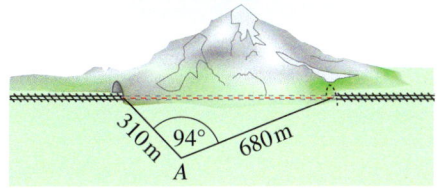

7 Ergänze die dritte Angabe, sodass nach dem angegebenen Kongruenzsatz ein Dreieck eindeutig konstruierbar ist.
a) nach SsW $a = 5,4\,cm$; $c = 6,9\,cm$
b) nach SSS $a = 4,3\,cm$; $b = 8,9\,cm$
c) nach WSW $\alpha = 47°$; $\gamma = 47°$
d) nach SsW $b = 4\,m$; $c = 7,5\,m$

5 Die Höhe eines Kirchturms soll bestimmt werden. Dazu wurden zwei geeignete Punkte A und B im Gelände gewählt.

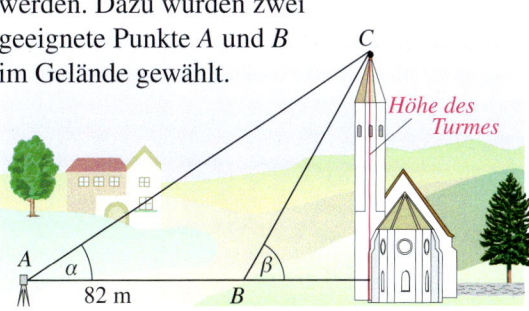

Höhe des Turmes

Die Entfernung der Punkte A und B beträgt 82 m. Von A und von B aus wird die Kirchturmspitze angepeilt. Die Messungen ergeben $\alpha = 27°$ und $\beta = 57°$.
Fertige eine verkleinerte Zeichnung im Maßstab 1 : 1 000 und bestimme mithilfe der Zeichnung die Höhe des Turms in Wirklichkeit. Beachte die Augenhöhe.

6 Eine Segelregatta führt vom Hafen um zwei Bojen herum zurück zum Ausgangspunkt. Die Bojen sind 4,9 km voneinander entfernt. Fertige eine maßstabsgetreue Zeichnung an und bestimme die Länge der gesamten Regattastrecke.

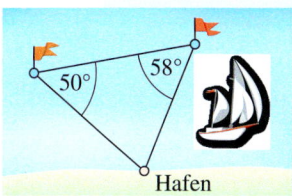

Hafen

7 Begründe mithilfe der Kongruenzsätze, welche Dreiecke zueinander kongruent sind.
① Dreieck $A_1B_1C_1$:
   $a_1 = 4\,cm$; $c_1 = 2\,cm$; $\alpha_1 = 100°$
② Dreieck $A_2B_2C_2$:
   $a_2 = 4\,cm$; $c_2 = 2\,cm$; $\beta_2 = 100°$
③ Dreieck $A_3B_3C_3$:
   $a_3 = 2\,cm$; $b_3 = 4\,cm$; $\gamma_3 = 100°$
④ Dreieck $A_4B_4C_4$:
   $a_4 = 4\,cm$; $b_4 = 2\,cm$; $\beta_4 = 100°$
⑤ Dreieck $A_5B_5C_5$:
   $b_5 = 2\,cm$; $c_5 = 4\,cm$; $\gamma_5 = 100°$

HINWEIS

*Ein **Theodolit** misst Winkel und wird in der Landvermessung eingesetzt. Er ist auf einem Stativ in einer Höhe von 1,50 m über dem Boden (Augenhöhe) befestigt.*

8 Begründe durch einen Kongruenzsatz oder widerlege durch ein Gegenbeispiel, ob die folgenden Aussagen stimmen. Zwei Dreiecke sind kongruent, wenn sie …
a) in allen Winkelgrößen übereinstimmen.   b) den gleichen Umfang haben.
c) in allen Seitenlängen übereinstimmen.   d) den gleichen Flächeninhalt haben.
e) in einer Seitenlänge und zwei Winkelgrößen übereinstimmen.
f) in einer Winkelgröße und einer Seitenlänge übereinstimmen.
g) in zwei Seitenlängen und einer Winkelgröße übereinstimmen.

9 Briefmarken aus aller Welt

Die meisten Briefmarken sind viereckig, es gibt aber auch Ausnahmen. Schon seit Beginn des vorigen Jahrhunderts werden auch dreieckige Marken herausgegeben.
Bei Sammlern sind solche Marken besonders beliebt, weil sie so selten sind.

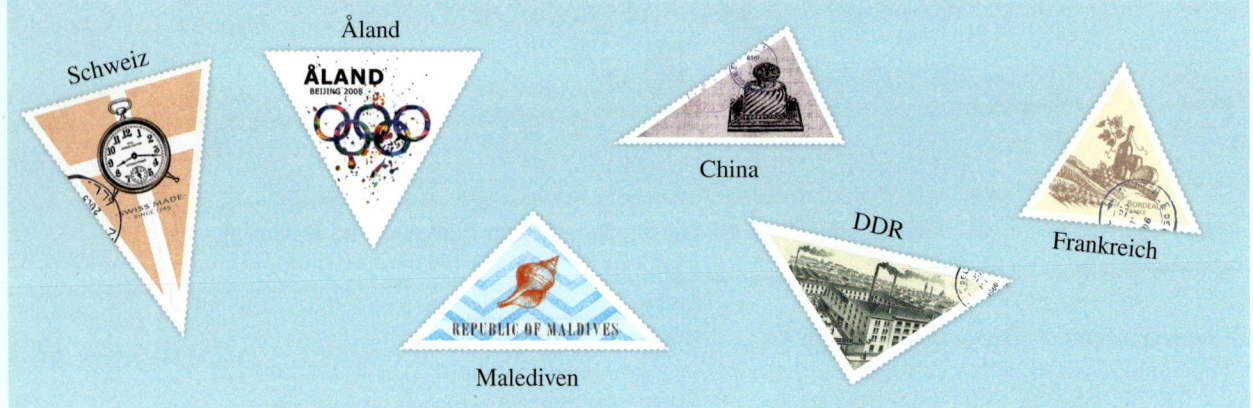

a) Vergleiche die abgebildeten Briefmarken. Bestimme jeweils die genaue Dreiecksform.
b) Zeichne die Umrisse der Marken ab. Überlege vorher, welche Maße du benötigst.
c) Briefmarken werden nicht einzeln, sondern auf Bogen gedruckt.
   Das ist bei rechteckigen Marken einfach (siehe rechts).
   Wie aber können die dreieckigen Marken auf einem Druckbogen angeordnet werden?
   Überlege dir eine Anordnung, sodass möglichst viele Marken auf einen Bogen passen und möglichst wenige Lücken entstehen.
   Die Briefmarkenbogen sollen rechteckig sein und 20 cm mal 15 cm messen.
   ① Beginne mit der Malediven-Marke.
   ② Skizziere auch Bogen mit den Marken aus der Schweiz und aus Åland.

HINWEIS
Entnimm die Maße aus der Abbildung.

10 Flaggen verschiedener Nationen

Auf den Flaggen zahlreicher Länder sind dreieckige Flächen zu finden.

①  ②  ③

a) Für welche Länder stehen die abgebildeten Flaggen?
b) Bestimme jeweils die Dreiecksformen, die in den Flaggen vorkommen.
c) Welche Dreiecksflächen sind zueinander kongruent?
d) Zeichne die Flaggen ab. Verwende dazu das Rechteckmaß 6 cm × 4 cm.
e) Suche im Internet weitere Flaggen mit Dreiecksflächen.
f) Gestalte selbst im gleichen Format eine Flagge mit Dreiecksformen.
   Stellt eure selbstentworfenen Flaggen aus.

Zusammenfassung

Dreiecksarten erkennen und beschreiben

→ Seite 40

Dreiecke können nach ihren **Seiten** oder **Winkeln** unterschieden werden.

Eigenschaften nach Seiten			Eigenschaften nach Winkeln		
unregelmäßig: drei verschieden lange Seiten	**gleichschenklig:** zwei gleich lange Seiten	**gleichseitig:** drei gleich lange Seiten	**spitzwinklig:** drei spitze Winkel	**rechtwinklig:** ein rechter Winkel	**stumpfwinklig:** ein stumpfer Winkel

Dreiecke zeichnen (ohne Zirkel)

→ Seite 44

Wenn Dreiecke in den drei Seitenlängen und der Größe ihrer drei Winkel übereinstimmen, dann haben sie die gleiche Form und die gleiche Größe. Die Dreiecke sind deckungsgleich. Man nennt sie **zueinander kongruente** Dreiecke (Zeichen: ≅).

Nach den **Kongruenzsätzen** benötigt man jeweils nur **drei Bestimmungsstücke** zum eindeutigen Zeichnen des Dreiecks.

WSW
Eine Seite und die beiden anliegenden Winkel müssen gegeben sein.

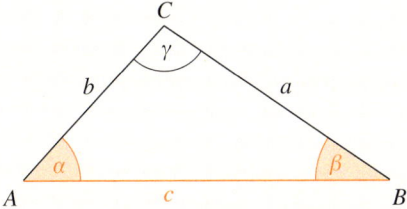

SWS
Zwei Seiten und der eingeschlossene Winkel müssen gegeben sein.

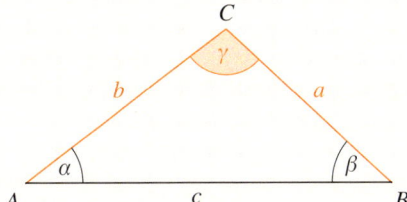

Dreiecke konstruieren (mit Zirkel)

→ Seite 48

SSS
Drei Seiten müssen gegeben sein.

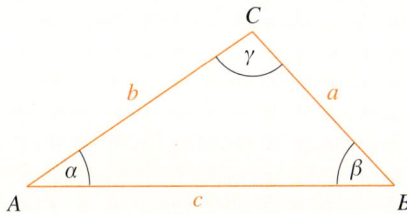

SsW
Zwei Seiten und der Winkel, der der längeren Seite gegenüberliegt, müssen gegeben sein.

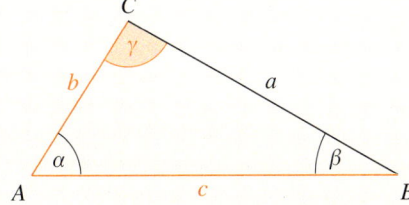

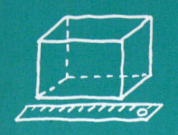

Teste dich!

3 Punkte

1 Betrachte die Skizze des Dreiecks.

a) Zeichne das Dreieck mit den vorgegebenen Maßen in dein Heft.

b) Beschrifte das Dreieck vollständig.

c) Miss alle fehlenden Größen.

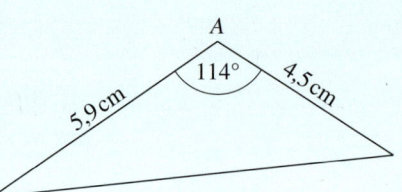

3 Punkte

2 Berechne die fehlenden Winkel.

a)

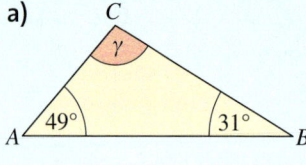

b)

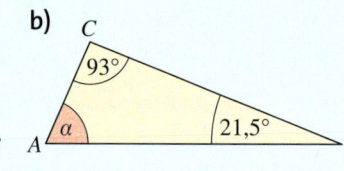

c)

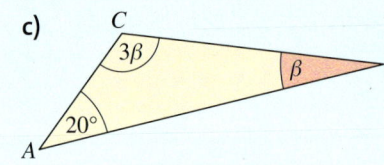

4 Punkte

3 Wahr oder falsch? Entscheide anhand einer Zeichnung.

a) In jedem gleichseitigen Dreieck sind auch alle drei Winkel gleich groß.

b) Jedes spitzwinklige Dreieck ist gleichschenklig.

c) Jedes unregelmäßige Dreieck ist stumpfwinklig.

d) In einem gleichschenkligen Dreieck sind mindestens zwei Winkel gleich groß.

7 Punkte

4 Zeichne das Dreieck ABC.

a) Führe folgende Konstruktionsbeschreibung aus:

 1. Zeichne $\overline{AB} = c = 7\,cm$.

 2. Zeichne je einen Kreisbogen um A und B mit dem Radius $r = 7\,cm$.

 3. Bezeichne den Schnittpunkt der beiden Kreisbogen mit C.

 4. Verbinde C mit A und C mit B.

 5. Halbiere alle drei Seiten des Dreiecks ABC und markiere jeweils den Halbierungspunkt.

 6. Verbinde die drei Halbierungspunkte miteinander.

b) Benenne die entstandenen Dreiecksformen.

12 Punkte

5 Konstruiere die Dreiecke.
Erstelle zuerst eine Planskizze und gib an, welcher Kongruenzsatz vorliegt.

a) $c = 6{,}3\,cm$;
 $b = 4{,}5\,cm$;
 $\alpha = 84°$

b) $a = 4{,}8\,cm$;
 $\beta = 24°$;
 $\gamma = 120°$

c) $a = 5{,}1\,cm$;
 $b = 5{,}5\,cm$;
 $c = 3{,}4\,cm$

d) $a = 4{,}2\,cm$;
 $c = 5{,}5\,cm$;
 $\gamma = 46°$

3 Punkte

6 Begründe, warum nach den folgenden Angaben keine kongruenten Dreiecke gezeichnet werden können.

a) $a = 4{,}2\,cm$;
 $b = 5{,}5\,cm$;
 $\alpha = 46°$

b) $\alpha = 51°$;
 $\beta = 102°$;
 $\gamma = 27°$

c) $a = 9{,}2\,cm$;
 $b = 5{,}5\,cm$;
 $c = 3{,}4\,cm$

2 Punkte

7 In einer Parkanlage wurde der See vermessen.
Wie weit sind die Messstäbe an den beiden
Ufern des Sees voneinander entfernt?
Ermittle die Entfernung zeichnerisch.
Zeichne 1 cm für 10 m.

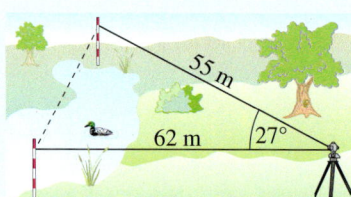

Zuordnungen

Zuordnungen findest du überall in deiner Umwelt.
Auf diesem Bild siehst du nummerierte, amerikanische Briefkästen.
Die Nummern werden benötigt, damit jeder Briefträger genau weiß,
welcher Briefkasten zu welchem Haushalt gehört.
Somit kann jedem Briefkasten ein Haushalt zugeordnet werden.

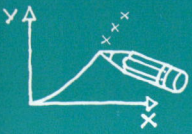

Noch fit?

Einstieg

1 Zahlenreihen
Ergänze die Zahlenreihen um sechs Zahlen.
a) 2; 4; 6; 8; …
b) 7; 14; 21; 28; …
c) 3; 7; 11; 15; …
d) 105; 99; 93; 87; …

2 Paare von Werten ablesen
Erkläre die Einträge in der Tabelle.
a) Mathematikbücher wurden zu einem Turm gestapelt. Die Höhe des Turmes wurde mehrmals gemessen.

Anzahl der Bücher	0	1	10	20
Turmhöhe (in cm)	0	1,2	12	24

b) Nach der Geburt eines Babys wurde die durchschnittliche Schlafzeit pro Tag in einer Tabelle notiert.

Alter (in Monaten)	0	1	3	6
Schlafzeit (in Stunden)	18	17	15	12

3 Sachaufgaben
Berechne und schreibe einen Antwortsatz.
a) Ein Stück Kuchen kostet 1,20 €.
Wie viel kosten drei Stücke Kuchen?
b) An der Kinokasse zahlen drei Schüler zusammen 13,50 €.
Wie viel müssen vier Schüler bezahlen?
c) 5 € pro Monat sind so viel wie ■ pro Jahr.
d) Ein Paket wiegt 450 g. Die Verpackung wiegt 55 g. Wie schwer ist der Inhalt?

4 Punkte im Koordinatensystem
a) Lies jeweils den Mittelpunkt der beiden Kreise ab.
Gib die Koordinaten der Punkte an.
b) Übertrage das Koordinatensystem ins Heft. Zeichne die Punkte ein und verbinde sie der Reihe nach.
(0|7); (2|8); (9|8); (8|7); (5|7);
(5|5); (7|4); (8|2); (7|1,5); (6|4);
(6|0); (5|0); (5|4); (3|4); (3|5);
(2|7); (1|6); (1|4); (0|4)

Aufstieg

1 Zahlenreihen
Ergänze die Zahlenreihen um sechs Zahlen.
a) 8; 16; ■; 32; 40; ■; 56; …
b) ■; 74; 67; 60; ■; 46; …

2 Paare von Werten ablesen
In dem Diagramm sind Gewicht und Preis von Apfelsinen dargestellt. Lies die Preise für 1 kg, 2 kg, 3 kg, 4 kg und 5 kg ab.

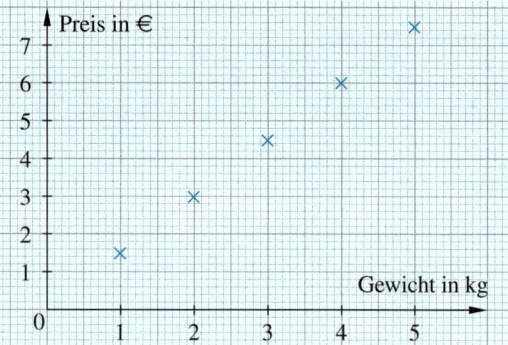

3 Sachaufgaben
Berechne und beantworte die Frage.
a) Marvin fährt 3 km bis zur Schule. Die Fahrt dauert 20 Minuten. Wie lange ist er unterwegs, wenn er 9 km weit fährt?
b) Ein Gärtner pflanzt pro Stunde zehn Sträucher. Wie viele Blumen pflanzen zwei Gärtner in einer Stunde?
c) Ein Foto kostet 19 ct, der Versand 2,50 €. Wie teuer sind 12 Fotos mit Versand?

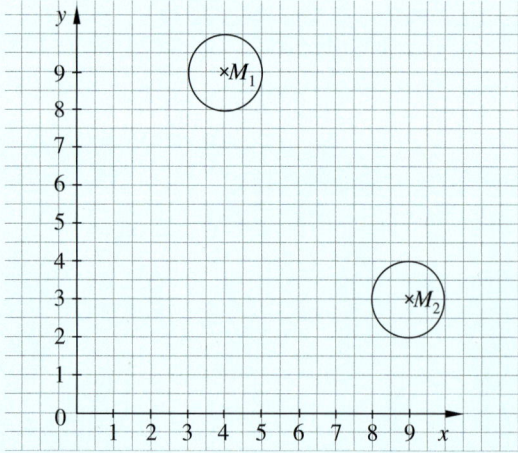

Lösungen ab Seite 188

Proportionale Zuordnungen und Dreisatz

Entdecken

1 👥 Für den folgenden Versuch benötigt ihr
eine Brief- oder Haushaltswaage und Schokolinsen.
Wie kann man die Anzahl der Schokolinsen
in einer Packung ermitteln, ohne alle Schokolinsen abzuzählen?

a) Entwickelt ein Verfahren, wie man mithilfe
der Waage die Anzahl der Schokolinsen
in der Tüte möglichst genau ermitteln kann.

b) Berechnet mithilfe des entwickelten
Verfahrens die Anzahl der Schokolinsen
in der Verpackung und vergleicht eure
Ergebnisse mit denen eurer Mitschüler.

2 👥 Arbeitet zu zweit.
Familie Hansen möchte ihren Urlaub in London verbringen.
In Großbritannien bezahlt man mit britischen Pfund (£).
1 £ hat zurzeit einen Wert von 1,12 €.
Um beim Einkaufen schneller umrechnen zu können, hilft eine Umrechnungstabelle:

£	1	2	3	4	5	6	7	8	9	10	11	12	13	14
€	1,12				5,60									

a) Übertragt die Tabelle in euer Heft und vervollständigt sie.

b) Wie könnt ihr mithilfe des Graphen die Werte für 3,50 £;
8,50 £ und 0,50 £ bestimmen?
Erklärt euch gegenseitig, wie ihr dabei vorgeht.
Wählt gemeinsam vier weitere Werte aus und rechnet in Euro um.

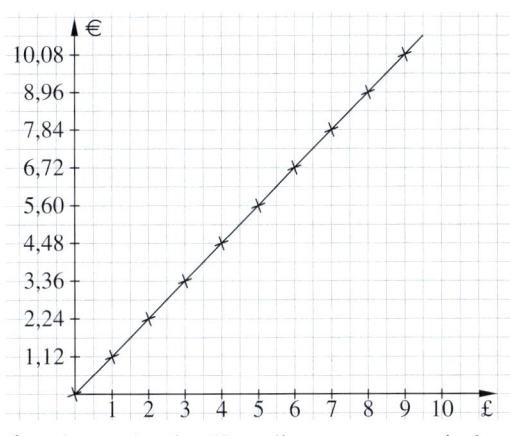

c) Die Punkte im Koordinatensystem sind verbunden. Begründet, warum das in diesem Fall
möglich ist.

d) Eine Jeanshose kostet in England 52 £. Gib den Preis in Euro an.

e) Gebt die folgenden Beträge in Euro an: 60 £; 36 £; 108 £; 264 £.
Erklärt, wie ihr vorgegangen seid. Vergleicht eure Ergebnisse.

Verstehen

Natascha hat für ihr Handy einen Prepaid-Tarif und zahlt 9 Cent pro Minute für Telefonate in alle Handy-Netze und ins Festnetz.
Um eine übersichtliche Zeit-Kosten-Zuordnung zu erhalten, hat sie für sich eine Tabelle (*Kosten für das Telefonieren → Zeit*) erstellt.

Kosten (in €)	0,09	0,18	0,27	0,36	0,45	0,54	0,63	0,72	0,81	0,90
Zeit (in min)	1	2	3	4	5	6	7	8	9	10

Merke Jedes Wertepaar der Tabelle bildet einen gleichwertigen Bruch: $\frac{0,09}{1} = \frac{0,18}{2} = \frac{0,27}{3} = \frac{0,36}{4} = 0,09$. Da alle Quotienten gleich sind, nennt man die Wertepaare bei einer Zuordnung **quotientengleich**.

Die Werte aus der Tabelle lassen sich im Koordinatensystem durch eine **Halbgerade**, die im Nullpunkt $(0|0)$ beginnt, darstellen.

Man sagt, Kosten und Zeit sind zueinander proportional.

Merke Kann man bei einer Zuordnung die eine Größe immer mit demselben Faktor multiplizieren, um die zugeordnete Größe zu erhalten, dann heißt dieser Faktor **Proportionalitätsfaktor**.
Die Zuordnung heißt dann **proportional**.

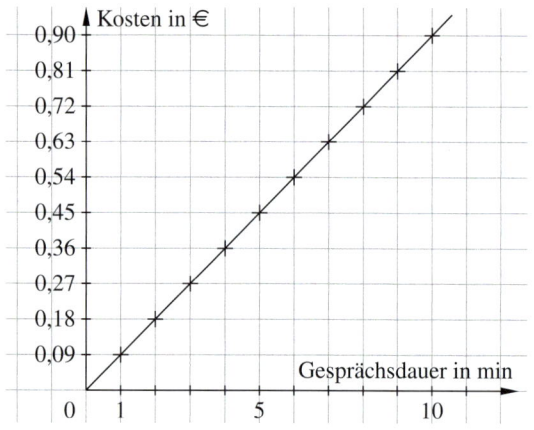

Natascha berechnet ihre Kosten für das Versenden von SMS für den Monat Mai.
Im Monat April hatte sie 16 SMS versendet. Auf ihrer Rechnung stand für die 16 SMS ein Betrag von 1,44 €. Im Monat Mai hat sie 10 SMS mehr verschickt als im April.
Welcher Betrag wird auf ihrer Rechnung für den Monat Mai stehen?

HINWEIS
Die gesuchte Größe steht rechts in der Tabelle.

① Einander zugeordnete Größen erkennen:
  16 SMS kosten 1,44 €
② Berechnen der Einheit (1 SMS):
  1 SMS kostet = 0,09 €.
③ Berechnen der gesuchten Größe:
  26 SMS kosten 0,09 € · 26 = 2,34 €.
  Natascha bezahlt im Mai 2,34 € für SMS.

SMS (Anzahl)	Kosten (€)
16	1,44
1	$\frac{1,44}{16} = 0,09$
26	0,09 · 26 = 2,34

: 16 ⟮ ⟯ : 16
· 26 ⟮ ⟯ · 26

Merke Bei einer proportionalen Zuordnung kann die gesuchte Größe nach dem **Dreisatzschema** berechnet werden:
① Einander zugeordnete Größen aufschreiben
② Einheit berechnen (Division)
③ Gesuchte Größe berechnen (Multiplikation)

Üben und anwenden

1 Welche der folgenden Zuordnungen können proportional sein? Begründe.
a) *Alter → Körpergröße*
b) *Anzahl der Eiskugeln → Preis*
c) *Seitenlänge eines Quadrats → Umfang*
d) *Kantenlänge eines Würfels → Volumen*

1 Unter welchen Bedingungen sind die Zuordnungen proportional?
a) *Größe der Pizza → Preis*
b) *Anzahl der Bananen → Gewicht*
c) *Zeit im Internet → Kosten*
d) *Anzahl der Bäume → Waldgröße*

2 Prüfe, ob folgende Zuordnungen proportional sein können. Begründe.
a) Fünf Eintrittskarten kosten 40 €, zehn kosten 80 €.
b) 3 kg Äpfel kosten 6 €. 9 kg kosten 8 €.
c) Eine CD-ROM kostet 49 Cent. Zehn CD-ROMs werden für 4,95 € verkauft.
d) Ein Autofahrer fährt in einer Stunde 96 km. In einer halben Stunde fährt er 48 km.
e) Aus 10 kg (2 kg) Beeren kann man 5 l (1,5 l) Johannisbeersaft gewinnen.

2 Angebote für losen Tee:

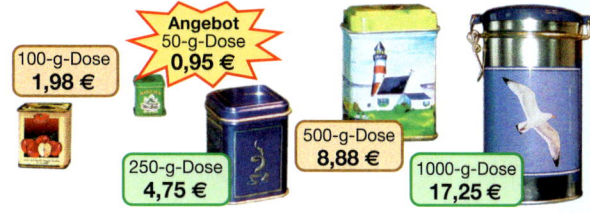

a) Ist die Zuordnung *Teemenge → Preis* proportional? Begründe.
b) Verändere die Preise so, dass eine proportionale Zuordnung vorliegt.

3 Übertrage ins Heft und ergänze die Tabellen so, dass eine proportionale Zuordnung entsteht.

a)
kg	1	2	3	4	5	6
€	1,90	3,80				

b)
Anzahl	1	2	3	4	5	6
€	2,30	4,60				

c)
€	1	2	3	6	10	12
Anzahl	3	6				

3 Übertrage ins Heft und ergänze die Tabellen so, dass eine proportionale Zuordnung entsteht.

a)
Füllmenge (l)	1	5	10	20	30
Preis (€)			12		

b)
Zeit (h)	1	4	7	8	10
Lohn (€)				248	

c)
Anzahl	1	2	3	4	5
Preis (€)				2,20	

NACHGEDACHT
Denke dir zu den Tabellen in Aufgabe 3 jeweils eine passende Situation aus.

4 Übertrage die folgenden Koordinatensysteme in dein Heft.
Ergänze sie um mindestens drei Punkte, sodass eine proportionale Zuordnung entsteht.

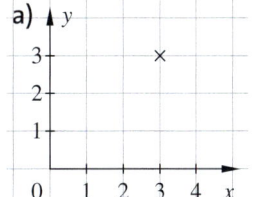 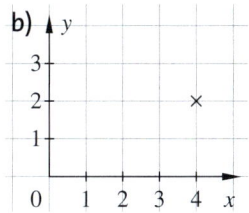 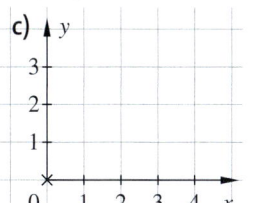 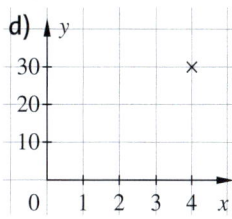

5 Beachte das Bild in der Randspalte. Ist die Zuordnung *Anzahl* der *Brötchen → Preis* proportional?
Beschreibe, wie du bei der Beantwortung der Frage vorgegangen bist.

5 Ergänze die Aussagen für proportionale Zuordnungen.
a) Verdoppelung des einen Wertes führt zu …
b) Jeder Graph ist …
c) Ich prüfe auf Proportionalität, indem …

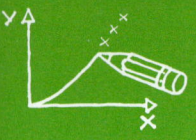

Methode: Zuordnungen grafisch darstellen

Zuordnungen können mithilfe einer Tabelle dargestellt werden.
Dabei enthält die Zuordnungstabelle mehrere Wertepaare.

Beispiel

Wertepaar

Anzahl	0	1	2	3	4	5
Preis in €	0	7,50	15	22,50	30	37,50

Ausgangsgröße → Anzahl
zugeordnete Größe → Preis in €

Die Wertepaare können in einem Koordinatensystem eingetragen werden.

Dabei bildet jedes Wertepaar einen Punkt $P(x|y)$, der aus einer x-Koordinate und einer y-Koordinate besteht. Die Tabelle für das Beispiel liefert die folgenden Punkte:
$P_1(0|0)$, $P_2(1|7,5)$, $P_3(2|15)$, $P_4(3|22,5)$, $P_5(4|30)$ und $P_6(5|37,5)$.

Auf der x-Achse wird die Ausgangsgröße abgetragen, auf der y-Achse wird die zugeordnete Größe abgetragen.

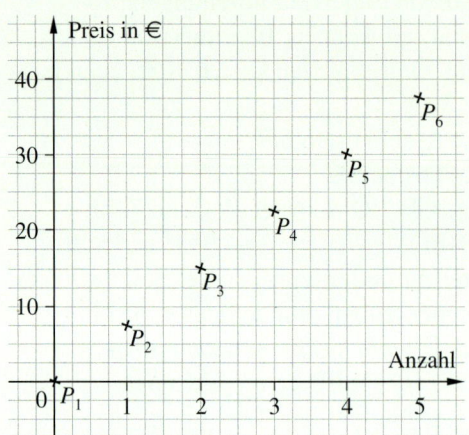

1 Notiere alle Wertepaare aus der Tabelle als Punkte.

BEACHTE
Im Beispiel werden die Punkte nicht verbunden, da der Ausgangsbereich keine Zwischenwerte enthält.

Anzahl	0	1	2	3	4	5	6	7
Preis in €	0	3	6	7	10	13	15	18

2 Trage alle Wertepaare aus der Tabelle in ein Koordinatensystem ein. Überlege vor dem Zeichnen, wie du die Achsen einteilst. Entscheide, ob du die Punkte verbinden darfst.
a) Eintrittspreise im Kino

Kartenanzahl	1	2	3	5	7	10	12	15
Preis in €	4,50	9,00	13,50	22,50	31,50	45,00	54,00	67,50

b) Fieberkurve

Messung	1	2	3	4	5	6	7	8
Temperatur in °C	38,0	38,2	38,3	38,1	37,9	38,2	37,5	37,2

ZU AUFGABE 3 C)
Zwischenhalte auf der Fahrt von Kiel nach Frankfurt (Main): Hannover, Neumünster, Hamburg Hbf, Hamburg-Harburg, Hamburg Dammtor, Kassel-Wilhelmshöhe

3 Raphael und Kiara fahren mit der Bahn von Kiel nach Frankfurt (Main). Der Fahrplan gibt die Länge der einzelnen Streckenabschnitte sowie die Fahrzeit an.

Fahrzeit (in min)	0	17	69	75	87	160	233	317
Streckenlänge (in km)	0	31	108	109	121	287	431	624

a) Stelle die Zuordnung *Fahrzeit → zurückgelegte Strecke* in einem Koordinatensystem dar.
b) Der Zug fährt um 5:43 Uhr los. Wann kommen Raphael und Kiara in Frankfurt (Main) an?
c) Gib die richtige Reihenfolge der Zwischenhalte (siehe Randspalte) an. Ein Atlas oder das Internet helfen dabei.

Zuordnungen können auch mithilfe des Computers dargestellt werden. Dazu benötigt man z. B. ein Tabellenkalkulationsprogramm. Auf dieser Seite wird das Vorgehen mit „Microsoft Excel" beschrieben.

Ausgehend von Werten in einer Tabelle erzeugt das Programm mit einigen Klicks ein Diagramm. Diagrammtyp sowie Größe, Farbe und Schrift können beliebig angepasst werden, man nennt das Formatieren. Anschließend kann man das Diagramm speichern und ausdrucken.

1. Tabelle anlegen und Zellen markieren

Zuerst müssen die Wertepaare in eine Tabelle übertragen werden.

Dabei ist es egal, ob die Tabelle längs oder quer angelegt wird.

Dann wird die ganze Tabelle markiert.

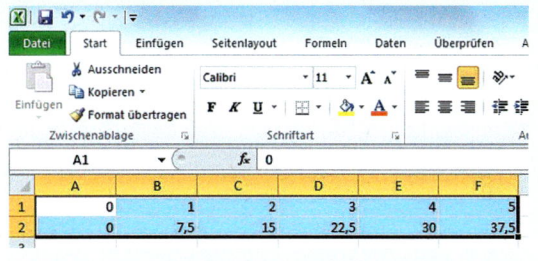

2. Diagrammtyp auswählen

Öffne die Registerkarte **Einfügen** und wähle als Diagrammtyp **Punkt** aus, z. B. Punkte nur mit Datenpunkten.

3. Diagramm formatieren

Aus der reinen Tabelle erzeugt Excel ein Diagramm ohne Achsenbeschriftung und Titel.

Klicke das Diagramm an und ergänze über den Reiter **Diagrammtools → Layout** z. B. eine Achsenbeschriftung.

Weitere Formatierungen kannst du vornehmen, indem du mit der rechten Maustaste auf die entsprechenden Elemente im Diagramm klickst:

Achsen können Pfeilspitzen erhalten, an den Punkten können Werte angezeigt werden usw.

Das fertige Diagramm könnte z. B. so aussehen:

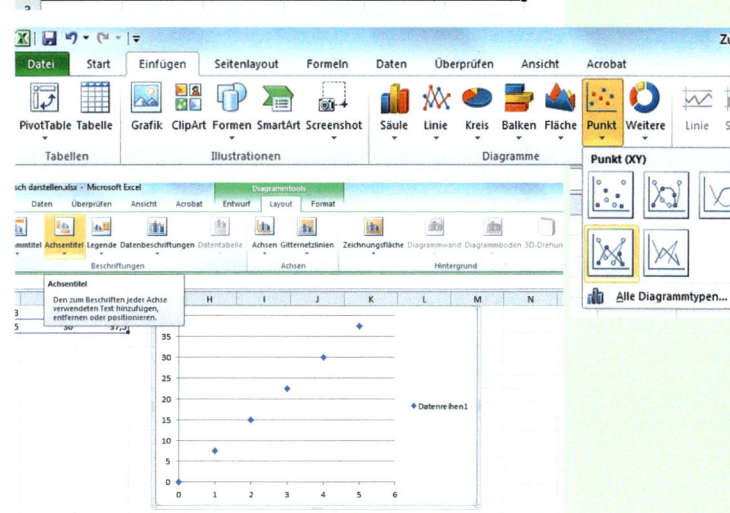

4 Öffne ein Tabellenkalkulationsprogramm und erstelle damit das Diagramm aus dem Beispiel.

Probiere verschiedene Einstellungen aus und beobachte die Auswirkungen.

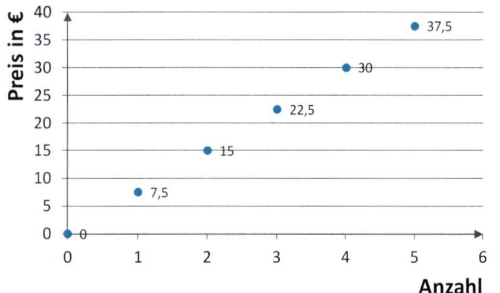

5 Stelle die Zuordnungen mithilfe eines Tabellenkalkulationsprogramms dar.

a) Haarwachstum beim Menschen

Zeit (in Jahren)	0	0,5	0,75	1	1,25	1,5	1,75	2
Länge in (cm)	0	6	9	12	15	18	21	24

b) Pegelstände der Elbe in Hamburg

Zeit	0	2	4	6	8	10	12	14	16	18	20	24
Pegel (in m)	688	565	455	355	579	673	638	506	408	345	545	664

6 Übertrage die Tabellen in dein Heft und vervollständige sie.
Die Zuordnungen sind proportional.

a)

Gewicht (in kg)	Preis (in €)
2	4
1	2
5	

: 2 (linke und rechte Seite) · 5

b)

Anzahl	Preis (in €)
3	4,50
1	
10	

c)

Länge (in m)	Preis (in €)
3	24
1	
5	

6 Übertrage die Tabellen in dein Heft und ergänze sie. Die Zuordnungen sind proportional.

a)

Fahrstrecke (in km)	Verbrauch (in l)
100	8
1	
750	

b)

Anzahl	Masse (in g)
7	245
1	
5	

c)

Fahrdauer (in h)	Strecke (in km)
$\frac{1}{2}$	46
1	
$2\frac{1}{2}$	

7 Berechne. Erkläre jeweils, wie du vorgegangen bist.
a) Ein Heft kostet 0,24 €.
Wie viel kosten acht Hefte?
b) Eine Tube Klebstoff kostet 1,53 €.
Wie viel kosten drei Tuben?
c) Eine Packung Bleitstifte kostet 1,75 €.
Wie viel kosten drei Packungen? Wie viele Packungen bekommt man für 7 €?
d) Ein Radiergummi kostet 0,89 €.
Wie viel kosten zehn (fünf) Radiergummis?

7 Übertrage die Tabelle in dein Heft und ergänze so, dass eine proportionale Zuordnung vorliegt. Erkläre dein Vorgehen.

a)

x	2	4	10	14	20
y	3,50				

b)

x	4	5	9	13	14
y	9	11,25			

c)

x	3	7	10	13	14
y		$16\frac{1}{3}$	$23\frac{1}{3}$		

HINWEIS ZU 8
*Eine Zuordnung ist **wachsend**, wenn eine Vergrößerung des ersten Wertes zu einer Vergrößerung des zweiten Wertes führt. Verkleinert sich hingegen der zweite Wert ist die Zuordnung **fallend**.*

8 Eine Fabrik stellt in drei Stunden 105 Volleybälle her. Wie viele Bälle werden in fünf Stunden, acht Stunden und zehn Stunden hergestellt?
a) Löse mithilfe einer grafischen Darstellung.
b) Überprüfe mit dem Dreisatz.
c) Ist die Zuordnung fallend oder wachsend? Begründe.

9 👥 Gebt Beispiele aus dem Alltag an und entscheidet jeweils, ob es sich um eine proportionale Zuordnung handelt. Begründet eure Entscheidung.
a) Je größer …, desto größer …
b) Je größer …, desto kleiner …
c) Verdoppelt sich …, so verdoppelt sich ….
d) Halbiert sich …, so verdoppelt sich ….
e) Finde weitere Beispiele:
je höher …;
je schneller …; usw.

9 Formuliere selbst Aufgaben, die mit dem Dreisatz gelöst werden können. Stellt sie euch gegenseitig.

Antiproportionale Zuordnungen und Dreisatz

Entdecken

1 In die 7a gehen 23 Schülerinnen und Schüler. Ihr Klassenraum soll gestrichen werden. Die Klassenlehrerin meint, dass sie ungefähr 12 Stunden benötigt, wenn sie den Raum alleine streicht.

a) Erstelle für die Zuordnung *Anzahl* der *Personen* → *Zeit* eine Tabelle.
b) Unter welchen Voraussetzungen hat deine Tabelle aus Aufgabenteil a) nur Gültigkeit?
c) Stelle die Zuordnung grafisch dar.
   Dürfen die Punkte miteinander verbunden werden?
   Begründe.
d) Wie stehst du zu dem Vorschlag, dass die ganze Klasse beim Streichen helfen könnte?

2 Züge erreichen immer höhere Geschwindigkeiten und ermöglichen dadurch immer kürzere Reisezeiten.
Für die 100 km lange Strecke von Marburg nach Frankfurt benötigt ein Zug, der mit einer Durchschnittlichen Geschwindigkeit von $100 \frac{km}{h}$ fährt, eine Stunde.

a) Die Tabelle zeigt den Zusammenhang zwischen der Geschwindigkeit des Zuges und der benötigten Zeit für die Strecke von Marburg nach Frankfurt.
   Vervollständige sie im Heft.

Geschwindigkeit $\left(\text{in } \frac{km}{h}\right)$	100	10	40	120	160	240	300
Zeit (in min)	60	600					

b) Hochgeschwindigkeitszüge fahren mit einer Geschwindigkeit von bis zu $300 \frac{km}{h}$, Flugzeuge verbinden Städte mit einer Geschwindigkeit von ca. $800 \frac{km}{h}$.
   Der Transrapid, eine Magnetschwebebahn, erreicht Geschwindigkeiten bis zu $500 \frac{km}{h}$.
   Stimmst du für oder gegen den Bau einer Transrapid-Trasse zwischen Marburg und Frankfurt (Hamburg und Frankfurt; Entfernung ca. 500 km)?
   Begründe.

Verstehen

Bei einem Schulfest der Franziskus-Mayer-Schule wurde ein Gewinn von 600 € erzielt. Dieser Gewinn soll gespendet werden. Die Schülervertretung überlegt, wie viel Geld für einzelne Projekte zur Verfügung steht, wenn das Geld an mehrere Projekte gleichmäßig gespendet wird.

Beispiel 1

Die Schülervertretung erstellt eine Tabelle:

Anzahl der Projekte	1	2	3	4	5	6
Geld pro Projekt (in €)	600	300	200	150	120	100

Jedes Wertepaar der Tabelle hat das gleiche Produkt: $1 \cdot 600 = 2 \cdot 300 = 3 \cdot 200 = ... = 600$. Da alle Produkte gleich sind, nennt man die Wertepaare **produktgleich**.

Die Werte aus der Tabelle lassen sich in einem Koordinatensystem darstellen.

Steigt die Anzahl der Projekte, dann *verringert* sich das Geld pro Projekt.
Die beiden Größen *Anzahl der Projekte* und *Geld pro Projekt* ändern sich im **umgekehrten** Maß. Man sagt, die Größen sind **antiproportional** zueinander.

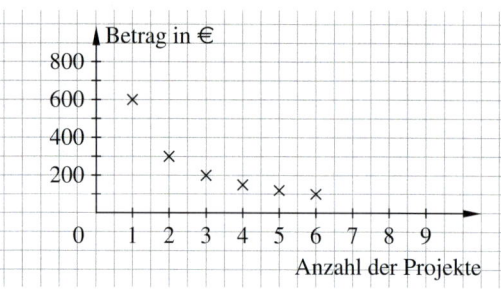

Eine antiproportionale Zuordnung liegt vor, wenn gilt:
– Zum Doppelten (Dreifachen, Vierfachen usw.) der einen Größe gehört die Hälfte (das Drittel, das Viertel usw.) der anderen Größe.
– Zur Hälfte (zum Drittel, Viertel usw.) der einen Größe gehört das Doppelte (das Dreifache, das Vierfache usw.) der anderen Größe.

> **Merke** Bei einer **antiproportionalen Zuordnung** ändern sich die einander zugeordneten Größen im umgekehrten Maß. Die Wertepaare sind **produktgleich**.
> Bei der grafischen Darstellung einer antiproportionalen Zuordnung liegen alle Punkte auf einer fallenden Kurve. Diese Art einer Kurve nennt man **Hyperbel**.

Beispiel 2

Die Schülervertretung möchte gern insgesamt acht Projekte unterstützen.

① Einander zugeordnete Größen erkennen:
   6 Projekte erhalten jeweils 100 €.
② Berechnen der Einheit:
   1 Projekt erhält 600 €.
③ Berechnen der gesuchten Größe:
   8 Projekte erhalten jeweils 75 €.

Opera-tionen	Anzahl der Projekte	Betrag (in €)	Umkehr-operationen
: 6	6	100	· 6
· 8	1	600	: 8
	8	75	

> **Merke** Auch bei einer antiproportionalen Zuordnung kann die gesuchte Größe nach dem **Dreisatzschema** berechnet werden.
> Dabei ist die Rechenoperation für die gesuchte Größe jeweils die Umkehroperation zur Rechenoperation der ersten Größe: Wird bei einer Größe multipliziert, so wird bei der anderen Größe dividiert und umgekehrt.

Üben und anwenden

1 Entscheide, ob eine antiproportionale Zuordnung vorliegen kann.
a) Je größer die Fluggeschwindigkeit, desto geringer die Flugzeit.
b) Je mehr Helfer bei der Ernte, desto schneller ist das Feld abgeerntet.
c) Je kürzer der Tag, desto länger die Nacht.
d) Je mehr Essensteilnehmer, um so kleiner die Portionen.
e) Je mehr Angler am Teich sitzen, um so weniger Fische fängt jeder.

2 Überprüfe, ob folgende Zuordnungen antiproportional sind. Begründe deine Antwort.

a)
x	1	2	3	4	5
y	60	30	20	15	12

b)
x	1	2	3	4	5
y	60	50	40	30	20

c)
x	0	1	2	3	4
y	15	11	8	6	5

3 Ein Flughafen wird ausgebaut.

Setzt man sechs Walzen an den Landebahnen ein, können die Arbeiten in 30 Tagen abgeschlossen sein.

a) Die Landebahn kann mit weniger Walzen erst später fertig werden.
Ergänze die Tabelle im Heft.

Anzahl der Walzen	6	3	2	1	5	4
Anzahl der Tage	30					

b) Gibt es so viele Walzen, dass die Landebahn in 0 Stunden fertig werden kann?

4 Ist die Zuordnung antiproportional?
Prüfe, ob die Wertepaare produktgleich sind. Berichtige gegebenenfalls.

x	1	2	3	4	5	6
y	30	15	10	7,5	6	5
$x \cdot y$						

1 Welche Zuordnungen können antiproportional sein? Begründe und gib gegebenenfalls notwendige Bedingungen an.
a) *Futtermenge → Anzahl der Tiere, die davon ernährt werden können*
b) *Anzahl der Teilnehmer an einem Wettkampf → Anzahl der Medaillen*
c) *Anzahl der Ampeln in einer Stadt → Anzahl der Unfälle*
d) *Geschwindigkeit beim Durchfahren eines Tunnels → Durchfahrzeit*

2 Übertrage die Tabellen in dein Heft und ergänze zu einer antiproportionalen Zuordnung.

a)
x	1	2	3	4	5
y	36	18			

b)
x	1	2	3	4	5
y	60				

c)
x	1	2	4	5	8
y				16	

3 Je höher der Benzinverbrauch, desto kürzer die Fahrstrecke mit einer Tankfüllung.

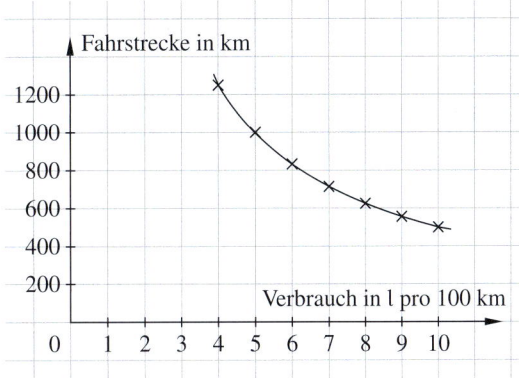

Erstelle eine Wertetabelle und überprüfe, ob die Zuordnung *Verbrauch → Streckenlänge* antiproportional ist.

4 Sind die Zuordnungen antiproportional?

a)
x	1	2	3	4	5
y	180	90	60	45	36

b)
x	1	2	3	4	5
y	50	25	$16\frac{2}{3}$	12,5	10

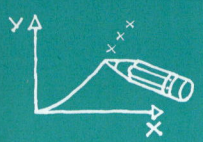

5 Vervollständige die Tabellen in deinem Heft. Die Zuordnungen sind antiproportional.

a)

Anzahl der Lkws	Zeit (in h)
1	220
4	

b)

Zeit (in h)	Anzahl der Lkws
4	3
1	

c)

Anzahl der Arbeiter	Zeit (in h)
5	8
1	

d)

Zeit (in h)	Anzahl der Arbeiter
8	2
1	
4	

5 Übertrage die Tabellen in dein Heft und vervollständige sie so, dass eine antiproportionale Zuordnung vorliegt.
Kannst du die Tabellen ergänzen, ohne zunächst die Einheit zu berechnen? Begründe.

a)

x	2	4	6	16	24
y	96				

b)

x	1	4	5	8	10
y		$2\frac{1}{2}$			

c)

x	$1\frac{1}{4}$	$2\frac{1}{2}$	5	10	50
y			20		

d)

x	$\frac{1}{4}$	$\frac{3}{4}$	$1\frac{1}{2}$	3	6
y					3

6 Für eine einwöchige Klassenfahrt wird ein holländisches Segelschiff gemietet.
Bei 29 Teilnehmern müssen 182 € pro Person gezahlt werden.
a) Wie viel kostet die Klassenfahrt insgesamt?
b) Wie verändert sich der Preis pro Person, wenn nur 24 Schülerinnen und Schüler sowie ein Lehrer den Mietpreis aufbringen müssen?
Berechne mithilfe des Dreisatzschemas.

6 In den Parallelklassen 7 a und 7 b sind zusammen 56 Schülerinnen und Schüler. Sie planen gemeinsam eine Fahrt mit dem Bus. Die Klassenlehrer holen dazu folgende Angebote ein:

1. Angebot	2240 €
2. Angebot	2380 €
3. Angebot	2100 €

a) Berechne den Fahrpreis pro Person für jedes Angebot.
b) Wie verändert sich der Fahrpreis pro Person bei jedem Angebot, wenn 6 Teilnehmer ausfallen, so dass nur noch 50 Schülerinnen und Schüler mitfahren?

7 Der Fußboden eines Zimmers soll mit Teppichboden ausgelegt werden. Wählt man Teppichboden von 2 m Breite, braucht man 22,5 m. Wie viel Meter braucht man, wenn der Teppichboden nur 1,5 m breit ist und zerschnitten werden darf?

7 Frau Hansen möchte in ihrem Haus eine Wand mit Holz verkleiden.
Dazu benötigt sie insgesamt 28 Bretter mit einer Breite von 15 cm. Im Baumarkt gibt es nur 21 cm breite Bretter.
Wie viele Bretter benötigt sie davon?

8 Bauunternehmer Reichelt plant für den Ausbau einer Straße die Arbeitszeit:
18 Arbeiter brauchen 30 Tage.
Zu Beginn des Ausbaus werden 3 Arbeiter auf einer anderen Baustelle gebraucht. Wie viel Zeit benötigen die verbleibenden Arbeiter?

8 Um Bauschutt von einer Baustelle abzufahren, müssen 8 Lkws fünfmal fahren.
Wie oft müssen 5 Lkws bei gleicher Ladung fahren?
Wie oft müssen 5 Lkws fahren, die doppelt so viel Bauschutt transportieren können?

Methode: **Zuordnungen untersuchen**

Um bei einer Zuordnung Werte zu berechnen, musst du zuerst prüfen, welche Art von Zuordnung für die vorgegebene Aufgabe vorliegt.

Wenn mehrere Wertepaare gegeben sind, wird zuerst geprüft, ob es sich um eine steigende oder eine fallende Zuordnung handelt. Das weitere Verfahren kannst du dem Diagramm entnehmen.

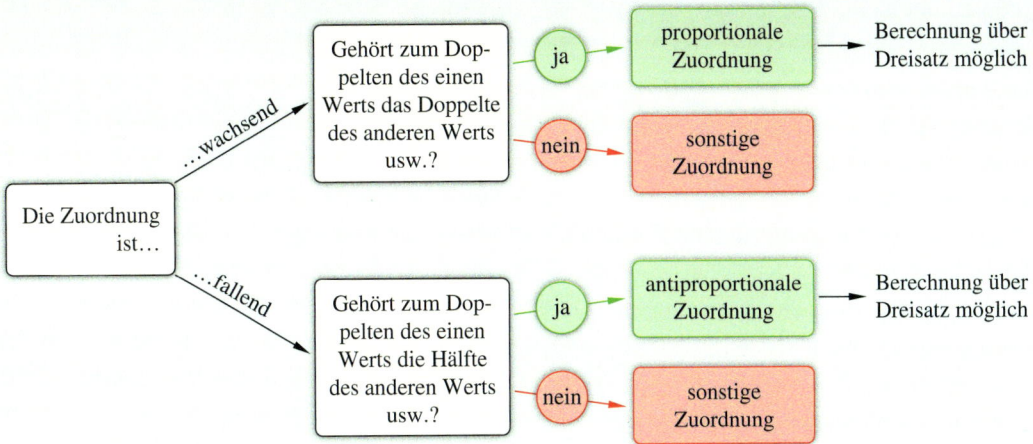

👥 Untersucht die folgenden Aufgaben und prüft, ob es sich um eine proportionale Zuordnung, eine antiproportionale Zuordnung oder eine sonstige Zuordnung handelt.

1 In der Aula wird eine Theateraufführung veranstaltet. Dazu sollen insgesamt 300 Stühle aufgestellt werden.
Der Hausmeister kann folgende Anordnungen wählen:

Anzahl der Reihen	Anzahl der Stühle pro Reihe
30	10
15	20
10	30

3 Eine Libelle kann bei einer Geschwindigkeit von $30\frac{km}{h}$ eine Strecke in 6 s überwinden.
Ein Wolf schafft die Strecke mit $60\frac{km}{h}$ in 3 s.
Ein Gepard läuft sie mit $120\frac{km}{h}$ in 1,5 s.

2 Im Supermarkt
a) Acht Kiwis kosten 2,80 €.

Preis in €	1,40	0,70	0,35
Anzahl	4	2	1

b) Vier Honigmelonen kosten 10,36 €.

Preis in €	7,77	5,18	2,59
Anzahl	3	2	1

c) 2,5 kg Kartoffeln kosten 1,45 €.

Preis in €	5	7,5	25
Kilogramm	2,78	3,98	12,98

4 Julians Vater hat jedes Jahr gemessen, wie groß Julian an seinem Geburtstag war.
Die Messergebnisse hat er in einem Diagramm notiert.

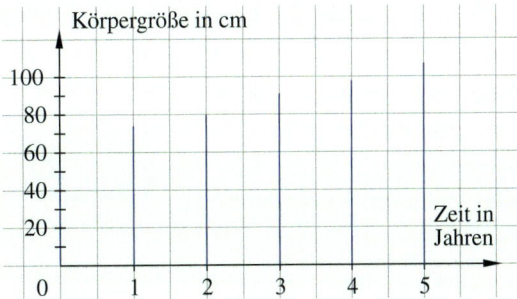

73

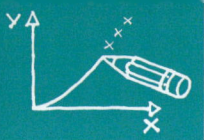

Klar so weit?

→ Seite 64

Proportionale Zuordnungen und Dreisatz

1 Schau dir die Tabelle an.
Ist die Zuordnung proportional?
Begründe durch eine Rechnung.

Anzahl	1	2	4	8
Preis (in €)	1,20	2,40	4,80	9,60

2 Übertrage die Tabelle zuerst in dein Heft.
Ergänze so, dass eine proportionale Zuordnung vorliegt.

Füllmenge (in l)	1	5	10	20	30
Preis (in €)	2,5				

3 Stelle fest, welche der Zuordnungen proportional sind.
Begründe.

a)
x	1	2	6	9	10
y	90	45	15	10	9

b)
x	1	2	3	4	5
y	4	8	12	16	20

c)
x	2	1	5	8	10
y	40	80	16	10	8

d)
x	3	1	7	4	10
y	9	3	21	12	30

4 Berechne.
a) Fünf Flaschen Saft kosten 3,95 €.
Wie viel kostet eine Flasche Saft?
b) 1,5 kg Äpfel kosten 2,97 €.
Wie viel kostet 1 kg Äpfel?
c) 2,5 m Stoff kosten 12,45 €.
Wie viel kostet 1 m Stoff?
d) 750 g Tomaten kosten 1,35 €.
Wie viel kosten 100 g?

5 Ein Springbrunnen wirft in sechs Minuten 48 Liter Wasser aus.
Wie viel Liter Wasser sind es in 13 Minuten?

1 Schau dir die Tabelle an.
Ist die Zuordnung proportional?
Begründe.

Anzahl	5	8	20	3	11	17
Preis (in €)	30	48	120	18	66	102

2 Übertrage die Tabelle zuerst in dein Heft.
Ergänze so, dass eine proportionale Zuordnung vorliegt.

Füllmenge (in l)	1	5	10	20	30
Preis (in €)			13,20		

3 Ergänze die Wertetabellen im Heft, falls die Zuordnung proportional ist.
Begründe.

a)
x	4	6	8	10	
y	14	21			56

b)
x	2	3	6	8	9
y		2,4	1,2		

c)
x	6	2	8		16
y	180	60		15	

d)
x		60	15	5	12
y	1		2	6	

4 Zu Schuljahresbeginn kauft Familie Becker neue Hefte und Stifte.
Wie viel Geld hat jedes der Kinder ausgegeben, wenn 3 Hefte 0,57 € und 5 Stifte 2,75 € kosten?

Name	Anzahl der Hefte	Anzahl der Stifte
Lisa	4	3
Tim	2	4
Nico	5	6

5 Ein Handwerker berechnet für 8 Arbeitsstunden 336 € Lohnkosten.
Wie teuer sind 17 (28) Arbeitsstunden?

6 Kartoffelpreise

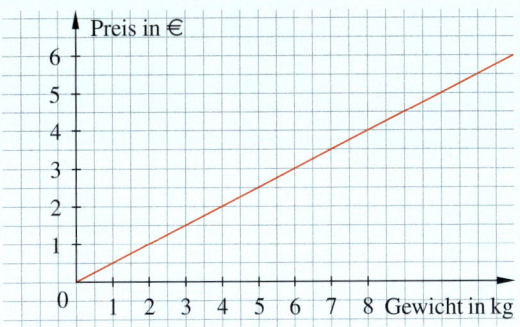

a) Wie teuer sind 2,5 kg Kartoffeln?
Wie teuer sind 10 kg Kartoffeln?
b) Wie viel kg Kartoffeln kann man für 2 €
kaufen?
Wie viel kg Kartoffeln kann man für
3,50 € kaufen?
c) Stelle eine Zuordnungstabelle für zehn
Wertepaare auf.

6 Flugdauer

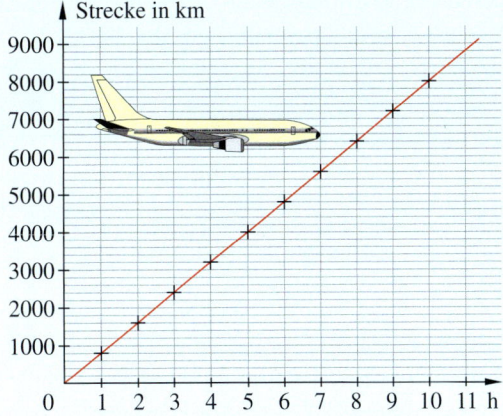

a) Begründe, warum die Zuordnung
Flugdauer → Strecke proportional ist.
b) Wie viel km legt das Flugzeug in 6 Stunden (3,5 Stunden) zurück?
c) Gib die Dauer für 2 000 km (7 200 km) an.

Antiproportionale Zuordnungen und Dreisatz

→ Seite 70

7 Ist die Zuordnung antiproportional?
Ersetze x und y durch Größen und begründe.

x	1	2	3	4	5
y	24	12	8	6	4

7 Ändere Werte, so dass die Zuordnung antiproportional wird. Gib für x und y Größen an.

x	1	2	3	4	5
y	60	30	20	15	10

8 Ergänze die Tabelle im Heft so, dass eine
antiproportionale Zuordnung vorliegt.

x	1	2	3	4	5
y	1 200				

8 Ergänze die Tabelle im Heft so, dass eine
antiproportionale Zuordnung vorliegt.

x	1	2	3	4	5
y	$\frac{1}{2}$				

9 Tippgemeinschaften bekommen ihren Lottogewinn gemeinsam
ausgezahlt. Die Gewinnsumme einer Tippgemeinschaft beträgt 18 144 €.

Anzahl der Mitglieder	4	7	9	15
Gewinn pro Mitglied (in €)				

10 Ein Lexikon besteht aus 20 Bänden mit
jeweils 1 000 Seiten.
Wie viele Bände sind für den gleichen Inhalt
erforderlich, wenn jeder Band 800 Seiten hat?

10 Die Ballonfahrer Piccard und Jones um-
rundeten 1999 die Erde in 20 Tagen mit einer
Durchschnittsgeschwindigkeit von $97 \frac{km}{h}$.
Wie lange benötigt ein Flugzeug mit $900 \frac{km}{h}$?

11 Die Pumpe für den Swimmingpool ist
defekt und der Pool muss per Hand geleert
werden. Mit einem 10-l-Eimer braucht man
3 Stunden. Wie lange braucht man mit einem …
a) 20-l-Eimer?   b) 5-l-Eimer?

11 Beim Rasenmähen muss Herr Wolf sech-
zig Mal den Grasfangkorb mit einem Volumen
von 30 l wechseln. Wie oft müsste er einen
Korb mit einem Volumen von …
a) 40 l   b) 20 l wechseln?

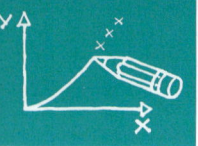

Vermischte Übungen

1 Ordne die folgenden Eigenschaften und Beispiele und erstelle daraus ein Lernplakat zum Thema „Proportionale und antiproportionale Zuordnungen". Präsentiere dein Lernplakat vor der Klasse.

> Punkte auf einer Kurve

> quotientengleich

> Halbgerade durch Ursprung

> Dem Doppelten der Ausgangsgröße wird das Doppelte der zugeordneten Größe zugeordnet.

> 20 Pflücker benötigen zusammen 8 Stunden, um ein Erdbeerfeld abzuernten.

> Dem Doppelten der Ausgangsgröße wird die Hälfte der zugeordneten Größe zugeordnet.

> produktgleich

> 500 g Erdbeeren kosten 1,95 €.

x	1	2	5
y	10	5	2

x	1	2	5
y	2	4	10

2 Prüfe, ob die Zuordnungen proportional sind. Korrigiere die Werte falls nötig, so dass eine proportionale Zuordnung vorliegt.
a) Zwei Eier kosten 34 Cent.
   Zehn Eier werden für 1,70 € verkauft.
b) 4 Schachteln Pralinen wiegen 500 g.
   20 Schachteln Pralinen sind 2 kg schwer.
c) Ein Inlineskater fährt in einer Stunde 36 km. In den ersten 20 Minuten hat er 15 km geschafft.

2 Welche Zuordnung ist proportional? Begründe deine Antwort.

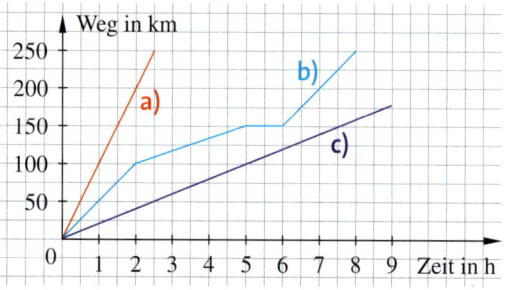

3 👥 Gebt Beispiele aus dem Alltag an und entscheidet jeweils, um welche Art von Zuordnung es sich handelt. Begründet eure Entscheidung.
a) Je mehr …, desto teurer …
b) Je größer …, desto kleiner …
c) Verdoppelt sich …, so verdoppelt sich … .
d) Viertelt sich …, so vervierfacht sich … .

4 Tee wird zu 1,75 € je 100 g verkauft.
a) Erstelle im Heft eine Zuordnungstabelle für 100 g; 200 g; …; 1 000 g.
b) Stelle die Zuordnung in einem Koordinatensystem dar und verbinde die Punkte.
c) Lies die Preise für 150 g; 250 g; …; 950 g im Koordinatensystem ab.
d) Was kosten 2,3 kg Tee? Berechne.

4 An zwei benachbarten Ständen auf einem Markt werden rechteckige Pizzaschnitten vom Blech verkauft.
a) Welche Pizzaschnitte ist preiswerter?
b) Was würde Pizza *Tutti* kosten, wenn sie die Größe von Pizza *Forte* hätte?

Pizza Tutti 9,00 €

15 cm

15 cm

Pizza Forte 9,60 €

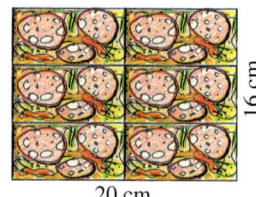

16 cm

20 cm

5 Kosten für ein Fahrgeschäft: 4 € für vier Chips, 1,20 € für einen Chip.
a) Du erhältst von deinen Eltern 8 € (10 €, 11 €, 12 €). Wie oft kannst du maximal fahren?
b) Deine Eltern erlauben dir, dreimal zu fahren. Kannst du sie davon überzeugen, dich öfter fahren zu lassen?
c) Bewerte die Preisgestaltung. Würdest du etwas verbessern?

6 Butter wird aus Milch hergestellt. Hier ist dargestellt, wie viel Milch für die Herstellung von Butter benötigt wird.

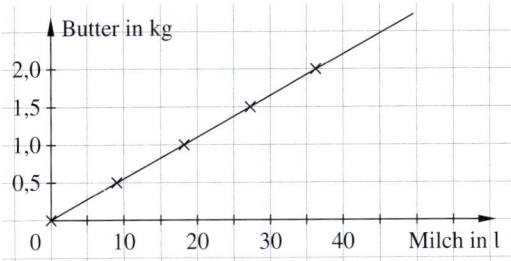

a) Erstelle eine Zuordnungstabelle mit fünf Wertepaaren.
b) Ist die Zuordnung proportional? Begründe.
c) Wie viel Milch braucht man für die Herstellung von 4 kg Butter?

7 Übertrage und ergänze die Tabelle im Heft.

a)

Fahrtdauer (in min)	Strecke (in km)
30	12
1	
80	

b)

Anzahl	Preis (in €)
25	120
1	
15	

8 Beantworte die Fragen mithilfe des Dreisatzverfahrens.

a) Eine Gießmaschine in einer Kerzenfabrik stellt in drei Stunden 30 000 Kerzen her. Wie viele Kerzen stellt sie in einer Schicht von acht Stunden her?
b) Eine Eismaschine stellt in drei Stunden 108 000 Portionen her. Wie viel Eis wird in einer Woche (38 Stunden) hergestellt?
c) Zuckerwattemaschinen können in drei Stunden 1 110 Portionen herstellen. Wie viel Portionen Zuckerwatte sind das in einem Monat (160 Stunden)?

6 Tanja fährt mit dem Fahrrad zur 10 km entfernten Schule. Ihre Fahrt ist dargestellt.

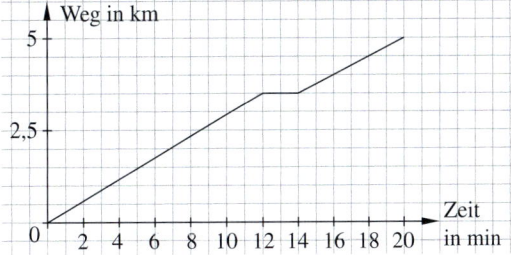

a) Denke dir eine Geschichte aus, die zur Grafik passt.
b) Wie lange braucht Tanja für den Weg?
c) Verändere die Geschichte und den Graphen, damit die Zuordnung *Zeit → Weg* proportional wird.

7 Jana hat auf der Klassenfahrt Fotos gemacht. Für 36 Abzüge hat sie 2,88 € bezahlt. Was kosten die Fotos für ihre Mitschüler?

Name	Anzahl der Fotos	Preis in €
Martin	13	
Tim	7	
Hanna	10	
Nils	4	
Leni	14	

8 Familie Hansen renoviert ihre Wohnung. Es werden drei verschiedene Tapeten gekauft.

a) Drei Rollen von Tapete A kosten 40,80 €. Es werden fünf Rollen benötigt.
b) Acht Rollen von Tapete B haben 79,20 € gekostet. Eine Rolle wird zurückgegeben.
c) Tapete C kostet 6 € mehr als Tapete A. Es werden sieben Rollen benötigt.
d) Wie viel Geld gibt Familie Hansen insgesamt für die 19 Rollen Tapete aus?

9 In der belgischen Stadt Malmedy wird jedes Jahr ein Riesenomelett gebacken. Dabei werden 10 000 Eier verbraucht. Wie viele Personen können davon essen, wenn acht Eier für ein Omelett für vier Personen reichen?

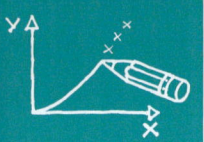

10 Bewegungsgeschichten

Ordne jedem Text ① bis ③ einen passenden Graphen zu.
Es bleibt ein Graph übrig. Finde für diesen Graphen selbst eine Geschichte.

① Zunächst kamen wir sehr gut voran. Aber in Oldenburg überraschte uns zähfließender Verkehr.

② Matthias lief den ersten Streckenabschnitt recht langsam, setzte dann aber zu einem Spurt an.

③ Kevin rannte los wie die Feuerwehr, bis ihm die Puste ausging und er stehen blieb.

Ⓐ Weg / Zeit

Ⓑ Weg / Zeit

Ⓒ Weg / Zeit

Ⓓ Weg / Zeit

11 Zu Fuß

Alexander und Kira joggen mit einem Schrittzähler, an dem die gelaufene Strecke in Schritten, in Metern und in Kilometern abgelesen werden kann.

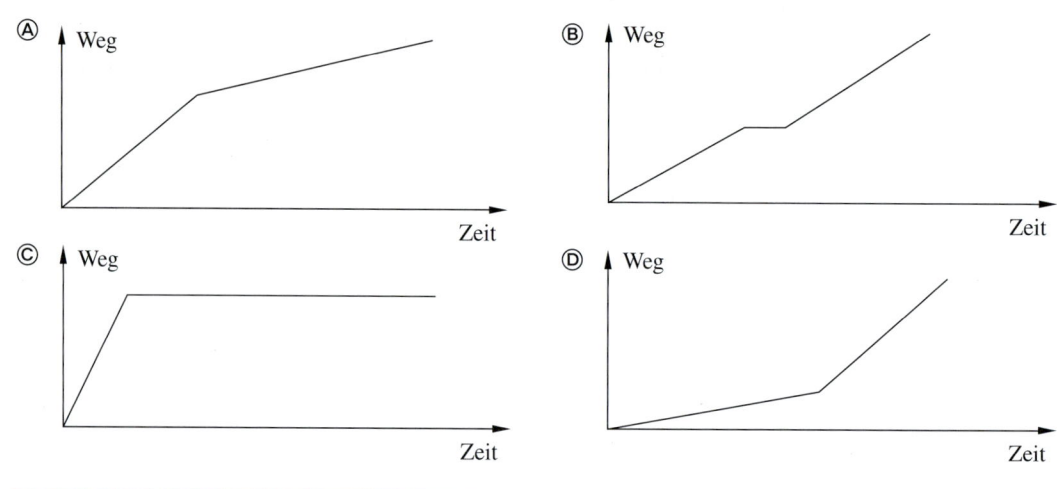

a) Alexander hat eine Schrittweite von 0,75 m eingegeben. Wie viele Meter ergeben sich nach 1 000 (2 000; 3 000) Schritten?

b) Welche Strecke hat Kira nach 1 000 (2 000; 3 000) Schritten zurückgelegt, wenn ihre Schrittweite 0,70 m beträgt?

12 In der Luft

In Am 25. Juli 1909 überflog der Franzose Louis Bleriot als Erster den Ärmelkanal.
Für die Strecke von Calais nach Dover benötigte er mit seinem Flugzeug rund 28 Minuten bei einer Geschwindigkeit von $85 \frac{km}{h}$.
In welcher Zeit würde ein Hubschrauber

dieselbe Strecke mit einer Durchschnittsgeschwindigkeit von $160 \frac{km}{h}$ zurücklegen?

13 Eine Radreise

Max unternimmt eine Radreise. Er überlegt, wie er sein Taschengeld so einteilen kann, dass er jeden Tag den gleichen Betrag zur Verfügung hat.
Ist er 12 Tage unterwegs, kann er 11 € pro Tag ausgeben.

Anzahl der Tage	12	10	15	6	8	16
Geld pro Tag (in €)	11					

a) Wie viel Taschengeld hat Max?

b) Vervollständige die Tabelle im Heft.

Zusammenfassung

Proportionale Zuordnungen und Dreisatz

→ *Seite 64*

Eine Zuordnung ist **proportional**, wenn gilt:
– Zum Doppelten usw. der einen Größe gehört das Doppelte usw. der anderen Größe.
– Zur Hälfte usw. der einen Größe gehört die Hälfte usw. der anderen Größe.

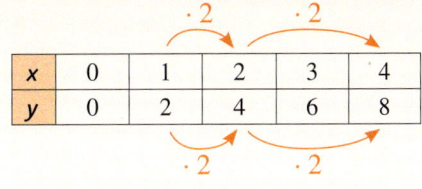

Proportionale Zuordnungen sind **quotientengleich**: $\frac{1}{2} = \frac{2}{4} = \frac{3}{6} = \frac{4}{8} = 0{,}5$

Alle Punkte liegen auf einer **Halbgeraden**, die im Nullpunkt $(0|0)$ beginnt.

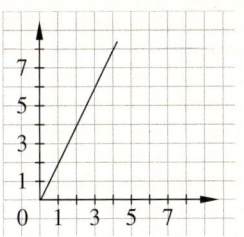

Dreisatzschema:
① Wertepaar aufschreiben
② Einheit berechnen (Division)
③ Gesuchte Größe berechnen (Multiplikation)

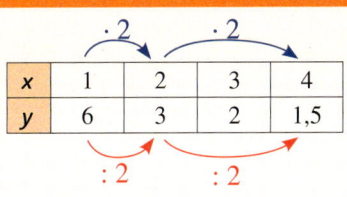

Anzahl der CDs	Preis (in €)
5	64,95
1	12,99
6	77,94

Antiproportionale Zuordnungen und Dreisatz

→ *Seite 70*

Für **antiproportionale** Zuordnungen gilt:
– Zum Doppelten usw. der einen Größe gehört die Hälfte usw. der anderen Größe.
– Zur Hälfte usw. der einen Größe gehört das Doppelte usw. der anderen Größe.

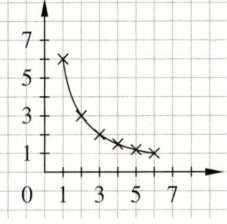

Antiproportionale Zuordnungen sind **produktgleich**: $1 \cdot 6 = 2 \cdot 3 = 3 \cdot 2 = 4 \cdot 1{,}5 = 6$

Alle Punkte liegen auf einer **Hyperbel**.

Dreisatzschema:
① Wertepaar aufschreiben
② Einheit berechnen
③ Gesuchte Größe berechnen

Operationen	Anzahl der Arbeiter	Zeit (in h)	Umkehroperationen
: 3	3	16	· 3
· 4	1	48	: 4
	4	12	

Dabei ist die Rechenoperation für die gesuchte Größe jeweils die Umkehroperation zur Rechenoperation der ersten Größe.

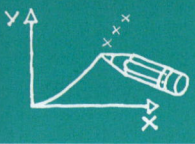

Teste dich!

2 Punkte

1 Nenne jeweils ein Beispiel für eine …

a) … proportionale Zuordnung.

b) … antiproportionale Zuordnung.

3 Punkte

2 Im Fußballstadion soll neuer Rasen verlegt werden.

Die grafische Darstellung zeigt, wie viele m² Rasenfläche in der Zeit von einer Stunde bis 5 Stunden verlegt werden können.

a) Welche Größen werden einander zugeordnet?

b) Ergänze die Tabelle im Heft.
Lies die fehlenden Werte ab.

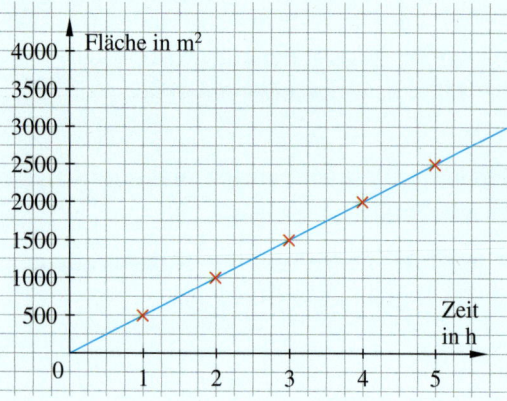

Zeit (in h)	1	2	3	4	5
Fläche (in m²)	500				

c) Handelt es sich um eine proportionale Zuordnung? Begründe deine Antwort.

2 Punkte

3 Ergänze in deinem Heft so, dass die Zuordnung proportional ist.

a)

x	1	2	3	4	5
y	1,40				

b)

x	1	2	3	5	7
y		$4\frac{1}{2}$			

4 Punkte

4 Welche der grafischen Darstellungen ist proportional? Begründe deine Antwort.

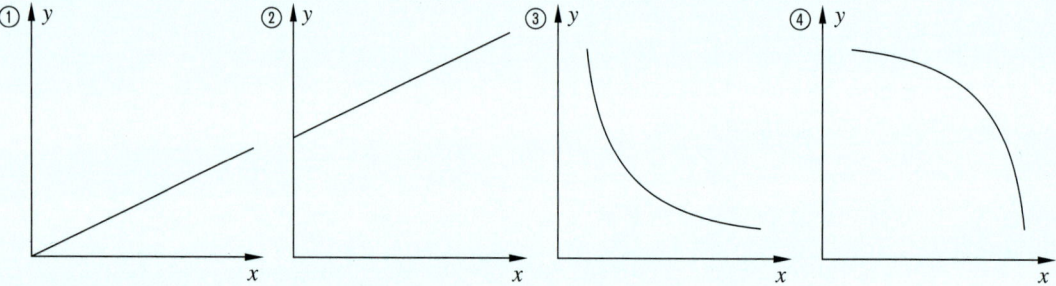

2 Punkte

5 Familie Bohm und Familie Berger sind mit ihren Autos jeweils 720 km in den Urlaub gefahren. Familie Bohm hat 54 l Benzin verbraucht, Familie Berger sogar 63 l.
Berechne für beide Autos den Benzinverbrauch auf 100 km.

2 Punkte

6 Birgül und Aylin machen eine Radtour. Wenn sie 12 Tage unterwegs sind, können sie täglich 20 € ausgeben. Sie wollen aber 16 Tage fahren. Wie viel Geld können sie täglich ausgeben?

7 Punkte

7 Sofie hat bei einem Gewinnspiel 2,5 kg Gummibärchen gewonnen. Sie teilt ihren Gewinn gleichmäßig mit ihren Freundinnen.

a) Wie viel Gummibärchen bekommt jede? Ergänze die Tabelle im Heft.

Anzahl der Personen	1	2	4	5	8	10	25
Gummibärchen (in g)	2 500						

b) Ist diese Zuordnung proportional oder antiproportional? Begründe.

Prozentrechnung

50%

30%

70%

Prozentangaben kennst du
sicher aus vielen Bereichen.
Beim Einkaufen beispielsweise wird häufig
mit Prozentangaben geworben.
Das Wort Prozent kommt vom italienischen
„per cento" (von hundert).
„per cento" wurde später abgekürzt mit cto.
Daraus entstand mit der Zeit die Schreibweise %.

cento → cto → c/o → c/o → o/o → %

30%

70%

30%

70%

30%

50%

Noch fit?

Einstieg

Aufstieg

1 Bruchbilder

Gib den Anteil der rot gefärbten und der blau gefärbten Fläche jeweils als Bruch an.

a) 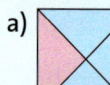 b) 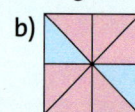 c) 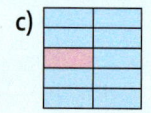 d) 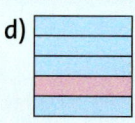 e) 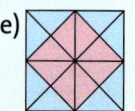 f)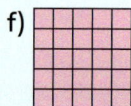

2 Bruchbilder zeichnen

Zeichne drei Rechtecke, jedes mit den Seitenlängen 3 cm und 5 cm.
Färbe im ersten Rechteck 50 %, im zweiten 75 % und im dritten 10 % der Fläche ein.

2 Bruchbilder zeichnen

Zeichne drei Quadrate mit der Seitenlänge 6 cm.
Färbe im ersten Quadrat 25 %, im zweiten $33\frac{1}{3}$ % und im dritten 75 % der Fläche ein.

3 Brüche kürzen

Kürze vollständig.

a) $\frac{2}{4}$ b) $\frac{5}{10}$ c) $\frac{6}{18}$ d) $\frac{4}{20}$

e) $\frac{25}{30}$ f) $\frac{26}{39}$ g) $\frac{84}{48}$ h) $\frac{92}{76}$

3 Brüche kürzen

Kürze vollständig.

a) $\frac{48}{72}$ b) $\frac{56}{144}$ c) $\frac{70}{112}$ d) $\frac{95}{209}$

e) $\frac{144}{180}$ f) $\frac{280}{392}$ g) $\frac{256}{364}$ h) $\frac{432}{688}$

4 Brüche umwandeln

Erweitere auf Zehntel oder Hundertstel und schreibe als Dezimalbruch.

a) $\frac{4}{5}$ b) $\frac{7}{20}$ c) $\frac{3}{4}$ d) $\frac{14}{25}$

4 Brüche umwandeln

Erweitere auf Hundertstel oder Tausendstel und schreibe als Dezimalbruch.

a) $\frac{6}{125}$ b) $2\frac{9}{20}$ c) $\frac{5}{8}$ d) $3\frac{111}{125}$

ERINNERE DICH
$3,818181... =$
$= 3,\overline{81}$

5 Zahlen dividieren

a) 12 : 10 b) 29 : 4 c) 15 : 8

d) 21 : 6 e) 31 : 3 f) 15 : 6

g) 101 : 9 h) 42 : 11 i) 2 : 3

5 Zahlen dividieren

a) 18 : 8 b) 20 : 9 c) 52 : 7

d) 123 : 5 e) 16 : 11 f) 15 : 16

g) 1 : 12 h) 2 : 11 i) 0,3 : 12

6 Bruchteile berechnen

Wie viel sind …

a) $\frac{1}{2}$ von 240? b) $\frac{1}{4}$ von 52?

c) $\frac{2}{3}$ von 270? d) $\frac{5}{6}$ von 54?

6 Bruchteile berechnen

Wie viel sind …

a) $\frac{3}{4}$ von 310? b) $\frac{5}{8}$ von 96?

c) $\frac{1}{12}$ von 290? d) $\frac{3}{8}$ von 330?

7 Verschiedene Schreibweisen

Welche Zahlen sind gleich?

0,75	75 %	$\frac{75}{100}$
	$\frac{34}{100}$	$\frac{3}{4}$
0,340	$\frac{750}{1000}$	$\frac{6}{8}$
	$\frac{17}{50}$	0,34

7 Verschiedene Schreibweisen

Welche Zahlen sind gleich?

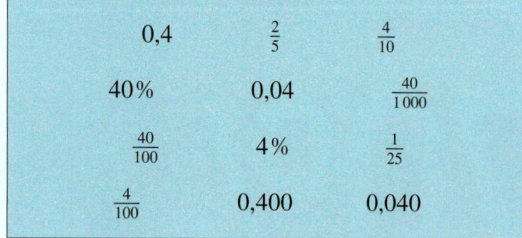

0,4	$\frac{2}{5}$	$\frac{4}{10}$
40 %	0,04	$\frac{40}{1000}$
$\frac{40}{100}$	4 %	$\frac{1}{25}$
$\frac{4}{100}$	0,400	0,040

ERINNERE DICH
$\frac{1}{100} = 0,01 = 1\%$

Lösungen ab Seite 188

Anteile und Prozente

Entdecken

1 Was bedeuten die Prozentangaben hier?
Suche weitere Beispiele und stelle sie in der Klasse vor.

Für den Kredit müssen pro Jahr 6,8 % Zinsen gezahlt werden.

Die Mehrwertsteuer beträgt in Deutschland 19 %.
Für Lebensmittel und bestimmte Güter gilt der ermäßigte Satz von 7 %.

Die Preise sind im letzten Jahr durchschnittlich um 3,1 % gestiegen.

Im Iran sind 70 % der Bevölkerung unter 25 Jahre alt.
In Deutschland sind dies nur 24 % aller Menschen.

Gemeindewahl 2016

Gewinne und Verluste im Vergleich zur Wahl 2011

2 Kolja, Merle und Max haben eine Umfrage zu Schwimmabzeichen durchgeführt.
Sie haben in allen siebten Klassen erfragt, wer schon Silber oder Gold hat.

Bei uns haben 18 von 23 Jugendlichen Silber oder Gold.

Bei uns haben es 14, 6 haben es nicht.

In unserer Klasse haben 75 % Silber oder Gold.

3 Die Schülerinnen und Schüler der Kunst-AG üben sich im Zeichnen von Personen. Wichtig ist dabei auch, dass die Proportionen stimmen, also die Größenverhältnisse der einzelnen Körperteile zueinander.
Bei Erwachsenen macht z. B. der Kopf etwa $\frac{1}{8}$ der Körperlänge aus. Die Schülerinnen und Schüler untersuchen das genauer.

Name (Alter)	Körper-länge	Kopf-länge	Anteil
Paul (8)	1,36 m	21 cm	$\frac{21}{136} \approx 15,4\%$
Liu (10)	1,45 m	21 cm	
Sina (12)	1,50 m	22 cm	
Hannes (13)	1,60 m	23 cm	
David (16)	1,92 m	24 cm	
Fr. Wagner (30)	1,72 m	21 cm	
Hr. Paffen (63)	1,78 m	25 cm	

a) Bestimme jeweils, welchen Anteil der Kopf an der gesamten Körperlänge hat.
b) Ordne die Personen nach dem Anteil des Kopfes an der Körperlänge.
Schreibe auch das Alter dazu.
Was fällt dir auf?
c) Bei welcher Testperson kommt der Anteil der Kopflänge dem typischen Wert $\frac{1}{8}$ am nächsten?
d) 👥 Messt selbst bei mehreren Personen und wertet die Daten auf ähnliche Weise aus.

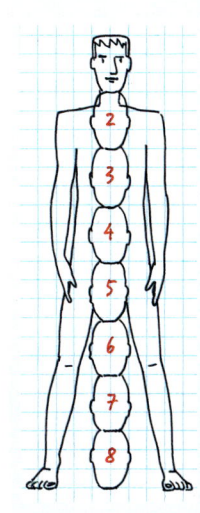

Verstehen

Seit vielen Jahren nehmen die Schülerinnen und Schüler der Jesse-James-Schule an den Prüfungen zum Sportabzeichen teil.

Bisher haben in jedem Jahr mindestens 50 % der Teilnehmer das Sportabzeichen erworben. Die siebten Klassen haben ihre Ergebnisse in einer Tabelle notiert:

Klasse	Teilnehmer	erworbene Abzeichen	Anteil der Kinder, die das Sport-abzeichen geschafft haben
7 a	25	20	$\frac{20}{25} = \blacksquare\%$
7 b	32	24	$\frac{24}{32} = \blacksquare\%$
7 c	25	18	$\frac{18}{25} = \blacksquare\%$
7 d	24	21	$\frac{21}{24} = \blacksquare\%$

Die Ergebnisse der Klassen kann man mithilfe von **Anteilen** vergleichen.
Anteile werden mit Brüchen dargestellt.
Wenn die Brüche verschiedene Nenner haben, ist ein Vergleichen im Kopf meist schwierig.
Deswegen nutzt man beim Vergleichen von Anteilen Brüche mit dem Nenner 100.

Beispiel 1

Umwandeln in einen Hundertstelbruch:

a) Klasse 7 a: $\frac{20}{25} = \frac{20 \cdot 4}{25 \cdot 4} = \frac{80}{100} = 80\%$

b) Klasse 7 b: $\frac{24 : 8}{32 : 8} = \frac{3 \cdot 25}{4 \cdot 25} = \frac{75}{100} = 75\%$

Dividieren des Zählers durch den Nenner:

c) Klasse 7 c: $18 : 25 = 0{,}72 = \frac{72}{100} = 72\%$

d) Klasse 7 d: $21 : 24 = 0{,}875 = \frac{87{,}5}{100} = 87{,}5\%$

> **Merke** Brüche mit dem Nenner 100 kann man in der Prozentschreibweise angeben.
>
> $$1\% = \frac{1}{100}$$
>
> Das Zeichen % (**Prozent**) bedeutet „von hundert" (Hundertstel).
> Das *Ganze* umfasst immer 100 %.

Der Anteil der Schüler, die das Sportabzeichen geschafft haben, ist in der Klasse 7 d am größten.

In **Streifen-** und **Kreisdiagrammen** kann man Anteile gut darstellen und vergleichen.

Streifendiagramm:

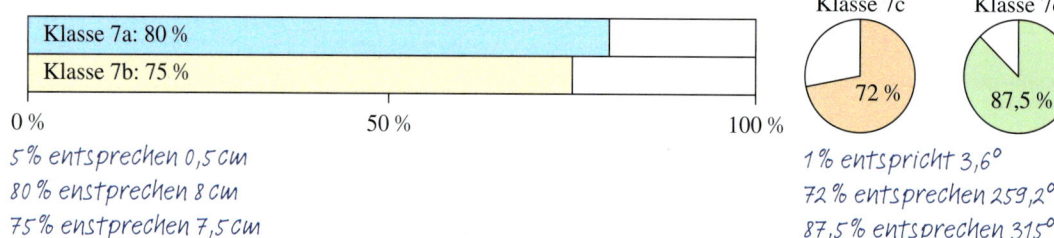

Klasse 7a: 80 %
Klasse 7b: 75 %

0 %   50 %   100 %

5 % entsprechen 0,5 cm
80 % entsprechen 8 cm
75 % entsprechen 7,5 cm

Kreisdiagramm:

Klasse 7c — 72 %   Klasse 7d — 87,5 %

1 % entspricht 3,6°
72 % entsprechen 259,2°
87,5 % entsprechen 315°

Die folgenden Anteile kommen häufig vor. Präge sie dir ein. Sie sind für das Kopfrechnen, Überschlagen und Schätzen sehr nützlich.

Bruch	$\frac{1}{100}$	$\frac{1}{10}$	$\frac{1}{5}$	$\frac{1}{4}$	$\frac{1}{3}$	$\frac{1}{2}$	$\frac{2}{3}$	$\frac{3}{4}$	1
Dezimalbruch	0,01	0,1	0,2	0,25	$0{,}\overline{3}$	0,5	$0{,}\overline{6}$	0,75	1
Prozent	1 %	10 %	20 %	25 %	$33\frac{1}{3}\%$	50 %	$66\frac{2}{3}\%$	75 %	100 %

Üben und anwenden

1 Gib den Anteil in Prozent an.

a) $\frac{1}{100}$; $\frac{12}{100}$; $\frac{35}{100}$; $\frac{60}{100}$; $\frac{85}{100}$

b) $\frac{52}{100}$; $\frac{59}{100}$; $\frac{73}{100}$; $\frac{84}{100}$; $\frac{99}{100}$

c) $\frac{1}{2}$; $\frac{1}{10}$; $\frac{1}{4}$; $\frac{1}{5}$; $\frac{3}{5}$; $\frac{7}{20}$; $\frac{25}{50}$; $\frac{14}{40}$

2 Was gehört zusammen?
Beispiel $\frac{1}{5} = \frac{20}{100} = 20\%$

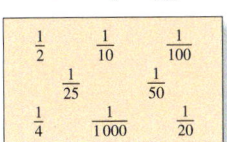

$\frac{1}{2}$ $\frac{1}{10}$ $\frac{1}{100}$
$\frac{1}{25}$ $\frac{1}{50}$
$\frac{1}{4}$ $\frac{1}{1\,000}$ $\frac{1}{20}$

10% 5% 4%
0,1% 25% 2%
1% 50%

3 Gib den Anteil der gefärbten Fläche an der Gesamtfläche in Prozent an.

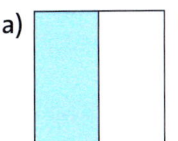 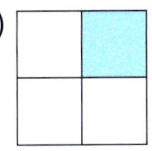 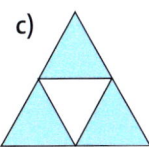

a)   b)   c)

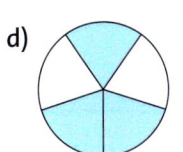 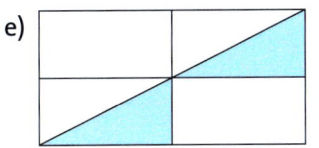

d)   e)

4 Ergänze die Tabelle in deinem Heft.

a)

Dezimalbruch	0,28	0,67		0,17	
Bruch	$\frac{28}{100}$		$\frac{82}{100}$		
Prozent					56%

b) Kürze die Brüche vollständig.

Dezimalbruch	0,2	0,5		0,7	
Bruch		$\frac{1}{5}$		$\frac{3}{10}$	
Prozent					40%

5 Schreibe als Dezimalbruch, runde auf Hundertstel. Schreibe dann als Prozentzahl.
Beispiel $\frac{5}{6} = 5 : 6 \approx 0,83 \approx 83\%$

a) $\frac{5}{6}$; $\frac{4}{6}$; $\frac{3}{6}$; $\frac{2}{6}$; $\frac{1}{6}$

b) $\frac{1}{3}$; $\frac{1}{9}$; $\frac{1}{8}$; $\frac{1}{7}$; $\frac{1}{4}$

c) $\frac{5}{6}$; $\frac{2}{9}$; $\frac{2}{3}$; $\frac{3}{11}$; $\frac{2}{15}$

1 Erweitere oder kürze die Brüche auf den Nenner 100. Schreibe sie dann als Prozent.

a) $\frac{3}{4}$; $\frac{9}{20}$; $\frac{7}{50}$; $\frac{3}{25}$; $\frac{3}{10}$; $\frac{1}{4}$; $\frac{4}{5}$

b) $\frac{21}{25}$; $\frac{154}{200}$; $\frac{81}{900}$; $\frac{2}{5}$; $\frac{480}{600}$

c) $\frac{13}{50}$; $\frac{7}{20}$; $\frac{3}{5}$; $\frac{9}{10}$; $\frac{45}{100}$; $\frac{75}{150}$

d) $\frac{2}{5}$; $\frac{1}{2}$; $\frac{7}{10}$; $\frac{10}{10}$; $\frac{36}{300}$; $\frac{7}{100}$

2 Welche Angaben sind gleich?

$\frac{3}{4}$ $\frac{3}{2}$ $\frac{77}{100}$
$\frac{82}{100}$ $\frac{26}{1000}$ $\frac{49}{50}$
$\frac{27}{150}$ $\frac{2}{4}$

50% 82% 150%
2,6% 18% 75%
98% 77%

3 Schreibe den Anteil der gefärbten Flächen an der Gesamtfläche als Prozentzahl.

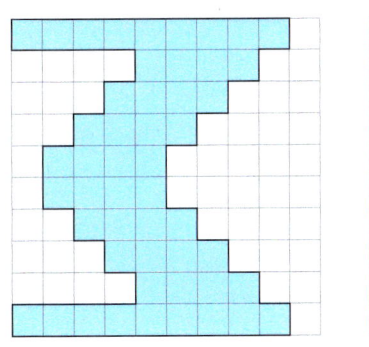 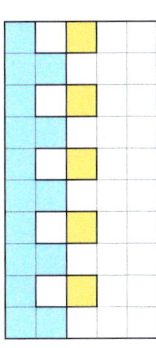

4 Ergänze die Tabelle in deinem Heft.

a)

35%			65%			71%
$\frac{35}{100}$	$\frac{45}{100}$				$\frac{87}{100}$	
		0,85		0,24		

b) Kürze die Brüche vollständig.

$\frac{1}{50}$				$\frac{17}{20}$		$\frac{12}{25}$
0,02		0,9			0,07	
	22%		31%			

5 Schreibe als Dezimalbruch, runde auf Tausendstel. Schreibe dann als Prozentzahl.

a) $\frac{1}{6}$; $\frac{1}{5}$; $\frac{1}{13}$; $\frac{1}{15}$; $\frac{1}{21}$

b) $\frac{5}{6}$; $\frac{5}{7}$; $\frac{5}{8}$; $\frac{5}{9}$; $\frac{5}{10}$

c) $\frac{6}{9}$; $\frac{8}{12}$; $\frac{10}{15}$; $\frac{12}{18}$; $\frac{14}{21}$

d) $\frac{1}{50}$; $\frac{2}{25}$; $\frac{3}{40}$; $\frac{12}{80}$; $\frac{15}{90}$

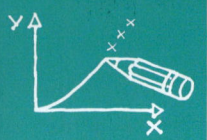
6 Tim hilft seinem Vater bei der Vorbereitung der Mitgliederversammlung des Sportvereins „Kondor 09". Er möchte die Mitgliederzahlen in Diagrammen präsentieren.
Hierzu hat er folgende Tabelle angelegt:

Sportverein „Kondor 09"		Anteil als Bruch	Anteil in %	Winkelgröße	Streifenlänge in cm
Abteilung	Mitglieder				
Fußball	128	$\frac{128}{640}$	20	72°	2
Basketball	192				
Leichtathletik	256				
Schwimmen	64				
Insgesamt	640	$\frac{640}{640}$	100	360°	10

a) Übertrage und ergänze die Tabelle im Heft.
b) Zeichne ein passendes Streifendiagramm. Wähle 10 cm als Streifenlänge.
c) Zeichne ein passendes Kreisdiagramm mit einem Radius von 5 cm.
d) Welches Diagramm würdest du Tim empfehlen? Begründe.

7 Die Grafik zeigt, dass die Schülersprecherwahl der Maria Montessori-Schule heiß um-kämpft war. Von den 995 Schü-lerinnen und Schülern haben 885 gewählt.

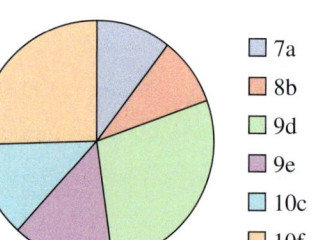

- 7a
- 8b
- 9d
- 9e
- 10c
- 10f

a) Wie groß war die Wahlbetei-ligung?
b) Welche Klasse stellt den Schülersprecher?
c) Ist das Kreisdiagramm aussagekräftig?

7 In der Maria-Montessori-Schule wurde der Schüler-sprecher gewählt.
Berechne mithilfe der Tabelle die jeweiligen Anteile der Klassen von den 885 abge-gebenen Stimmen.
Runde sinnvoll.

Klasse	7 a	8 b	9 d	9 e	10 c	10 f
Winkel in °	38	33	102	51	46	92

8 Welche Klasse war am besten?
Vergleiche erst die Anzahlen und dann die Anteile.
a) Sportfest

	Schüleranzahl	Anzahl der Urkunden
7 a	22	11
7 b	30	24
7 c	20	17
7 d	25	16

b) Diktate
200 Worte (Kl. 7 c): durchschn. 5 Fehler
250 Worte (Kl. 8 a): durchschn. 6 Fehler

8 Durchschnittswerte in Deutschland

	Körperlänge	Kopflänge
Neugeborenes	50 cm	12 cm
6 Jahre alt	1,08 m	18 cm
12 Jahre alt	1,40 m	20 cm
25 Jahre alt	1,76 m	22 cm

a) Beschreibe die Informationen.
b) Gib jeweils den Anteil des Kopfes an der Körperlänge als Bruch an.
c) Berechne auch die entsprechenden Prozentwerte.
Runde sinnvoll.

9 In einer Klassenarbeit werden 20 Englisch-Vokabeln abgefragt.
An wie viel Prozent der Vokabeln erinnern sich die Schüler noch?
a) Katrin weiß noch 17 Vokabeln.
b) Paul erinnert sich an 15 Wörter.
c) Cedric kann 12 Vokabeln übersetzen.
d) Lea erinnert sich an 9 Vokabeln.
e) Fritz weiß noch 5 Übersetzungen.
f) Klara erinnert sich an 18 Vokabeln.

Prozentsatz

Entdecken

1 👥 Arbeitet mit einer „Prozente-Scheibe".
Für den Bau einer Prozente-Scheibe benötigt ihr zwei Prozentskalen. Zeichnet dazu zwei
Kreise auf ein Blatt Papier und unterteilt sie gleichmäßig in Prozentschritten.
Anleitung:
1. Schneidet die beiden Prozentskalen kreisförmig aus.
2. Färbt eine Prozentskala beidseitig ein.
3. Schneidet entlang der 100-Prozent-Linie jeweils einen Schlitz bis zum Mittelpunkt.

a) Ergänzen zum Ganzen
Steckt die Scheiben so ineinander, wie im Bild zu sehen ist.
Stellt auf der weißen Seite einen Prozentsatz ein. Welcher Anteil von
der weißen Scheibe ist auf der Rückseite zu sehen?
Ergänzt die Tabelle im Heft, wählt abwechselnd weitere Werte aus.

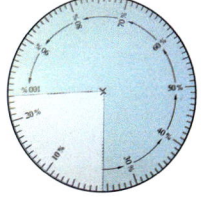

Vorderseite	75%	25%	30%		
Rückseite					

b) Spiel: Anteile raten
Steckt die Scheiben diesmal anders zusammen: so, dass nur ein Partner
die Skalen sehen kann.
– Der eine stellt auf der weißen Scheibe einen Prozentwert ein,
– die andere schätzt, welcher Anteil auf der Vorderseite eingestellt ist.
Wechselt euch ab.
Notiert die eingestellten und die geschätzten Werte. Wer 10-mal näher
dran war, gewinnt.
Tipp: Überlegt zuerst, ob man beim Schätzen auf den weißen oder auf den farbigen Teil der
Rückseite achten muss.

2 Zum Regieren brauchen Parteien mehr als 50% der Sitze im Parlament. Um die 50% zu
erreichen, schließen sich meistens zwei Parteien zusammen. Das nennt man eine Koalition.

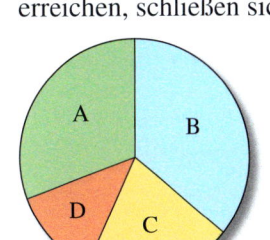

a) Schätze, ohne genau zu messen: Welche der Parteien könnten eine
Koalition bilden?
b) Gib die Anteile der Parteien an den Parlamentssitzen so genau wie
möglich in Prozent an.
c) Recherchiere die aktuelle Sitzverteilung im Landtag von Hessen.
Erstelle ein passendes Kreisdiagramm.

3 Brüche umwandeln
a) Schreibe zuerst als Bruch mit dem Nenner 10; 100; 1 000 oder 10 000.
Schreibe dann als Prozentzahl.

① $\frac{3}{20}$, $\frac{3}{25}$, $\frac{11}{50}$, $\frac{1}{4}$ ② $\frac{10}{40}$, $\frac{3}{30}$, $\frac{36}{80}$, $\frac{18}{60}$

③ $\frac{1}{500}$, $\frac{6}{250}$, $\frac{3}{125}$, $\frac{7}{2000}$ ④ $\frac{6}{15}$, $\frac{30}{150}$, $\frac{9}{12}$, $\frac{3}{1500}$

b) Wähle aus ①, ②, ③ und ④ jeweils ein Beispiel und beschreibe Schritt für Schritt wie du
vorgegangen bist. Stelle deine Erklärung auf einem Plakat dar.

Verstehen

In der Klasse 7 a sind 25 Jugendliche. Davon sind 12 Mädchen und 13 Jungen. Wie groß ist der Anteil an Mädchen in der Klasse?

Rahel rechnet so:

$\frac{12}{25} = \frac{12 \cdot 4}{25 \cdot 4} = \frac{48}{100} = 48\,\%$

48 % der Jugendlichen aus der 7 a sind Mädchen.

Begriffe der Prozentrechnung

In der Klasse 7 a sind 25 Jugendliche.	**Grundwert:** 25 Jugendliche	Der Grundwert ist immer **das Ganze**. Er entspricht **100 %**.
Davon sind 12 Mädchen.	**Prozentwert:** 12 Mädchen	Der Prozentwert ist ein Teil vom Ganzen: 12 von 25 Jugendlichen.
Das sind 48 %.	**Prozentsatz:** 48 %	Der Prozentsatz gibt den Anteil in Prozent an: $\frac{12}{25} = 48\,\%$

In der 7 b sind 14 Mädchen und 17 Jungen.
Der Anteil der Mädchen der Klasse 7 b beträgt $\frac{14}{31}$.

Martin rechnet schriftlich:

$\frac{14}{31} = 14 : 31 = 0{,}451\,612\,9\ldots \approx 45{,}2\,\%$

In der 7 b sind rund 45,2 % der Jugendlichen Mädchen.

> **Merke** Der Anteil in Prozentschreibweise heißt **Prozentsatz**.
> Man schreibt: $p\,\%$

Beispiel
Der Prozentsatz der Mädchen in der 7 a beträgt $p\,\% = 48\,\%$.

Es gibt drei Möglichkeiten, den Prozentsatz zu berechnen.

Ⓐ $\frac{12}{25} = \frac{48}{100} = 48\,\%$ $p\,\% = \mathbf{48\,\%}$ Manche Brüche kann man auf den Nenner 100 (den Nenner 10; 1 000; …) kürzen oder erweitern.

Ⓑ $\frac{14}{31} = 14 : 31 \approx 45{,}2\,\%$ $p\,\% \approx \mathbf{45{,}2\,\%}$ Bei allen Brüchen kann man den Zähler durch den Nenner (schriftlich) dividieren.

Ⓒ Man nutzt das **Dreisatzschema**:
Jona fragt: „Wie hoch ist der Mädchenanteil in den beiden 7. Klassen zusammen?"
26 Mädchen von 56 Jugendlichen

TIPP
Schreibe beim Dreisatz immer links die bekannten Werte und rechts die gesuchten Werte.

bekannt: Anzahl	gesucht: Anteil ($p\,\%$)
56	100 %
1	$\frac{100\,\%}{56}$
26	$\frac{100\,\%}{56} \cdot 26 \approx 46{,}4\,\%$

: 56 ... : 56
· 26 ... · 26

① Das Ganze ist immer gleich 100 %.
   Hier: „*alle Jugendlichen der 7. Klassen*".

② Man berechnet zuerst $p\,\%$ für 1 Mädchen.

③ Der Prozentsatz $p\,\%$ für die 26 Mädchen beträgt gerundet 46,4 %.

Üben und anwenden

1 Markiere im Heft den Grundwert blau, den Prozentwert rot und den Prozentsatz grün.
a) In einem Kinosaal sind **75 %** der **260 Plätze** belegt. Das sind **195 Plätze**.
b) Von **7 Schülern** tragen **2 Schüler** eine Brille. Das sind rund **29 %**.
c) Eine Hose kostet **35 €**. Jana bekommt **20 %** Rabatt. Dadurch spart sie **7 €**.

1 Markiere im Heft den Grundwert blau, den Prozentwert rot und den Prozentsatz grün.
a) Lennard spart monatlich 5 € von 20 € Taschengeld. Das sind 25 %.
b) Eine Jacke kostet 90 Euro. Anka bekommt 3 Prozent Rabatt. Sie spart 2,70 Euro.
c) In einem Liter Multivitaminsaft sind 10 % Orangensaft enthalten. Das sind 100 ml.

2 Bestimme den Prozentsatz.
Berechne im Kopf.
a) 25 von 100 Kindern
b) 50 m von 100 m
c) 20 € von 50 €
d) 5 kg von 25 kg
e) 20 cm von 200 cm

2 Bestimme den Prozentsatz, wenn möglich, im Kopf.
a)

2 €	20 €	25 €	50 €	75 €
von 200 €				

b)

80 g von				
120 g	400 g	600 g	880 g	1 kg

3 Wie rechnet Magnus?

① 15 von 60 Handys

② 40 von 160 Elfmetern

③ 45 von 90 Telefonaten

Bei diesen Aufgaben muss ich nicht lange rechnen, um die Prozentsätze zu bestimmen.

4 Berechne den Prozentsatz.
a) 5 Schüler von 125 Schülern
b) 40 Pkw von 800 Pkw
c) 300 Zuschauer von 1500 Zuschauern
d) 100 Fahrräder von 250 Fahrrädern
e) 15 Ausweise von 120 Ausweisen

4 Berechne den Prozentsatz.
a) 6 Teilnehmer von 150 Teilnehmern
b) 18 Brote von 300 Broten
c) 60 Mitglieder von 500 Mitgliedern
d) 72 Jacken von 240 Jacken
e) 225 Lkw von 9000 Lkw

5 Berechne den Prozentsatz. Runde das Ergebnis auf eine Nachkommastelle.
a) 13,45 € von 1000 €
b) 37,56 £ von 240 £
c) 6,41 CHF von 250 CHF
d) 239,13 $ von 500 $

5 Berechne den Prozentsatz. Runde das Ergebnis auf eine Nachkommastelle.
a) 194,75 € von 19 000 €
b) 198,48 £ von 800 £
c) 378,25 CHF von 500 CHF
d) 320,88 $ von 400 $

6 Berechne den Prozentsatz.
Achte auf die Einheiten.
a) 1 cm von 1 m   b) 1 g von 1 kg
c) 1 min von 1 h   d) 37 cm von 10 m
e) 48 ct von 7,68 €   f) 65 cm von 2 m

6 Wie viel Prozent …
a) sind 50 ct (40 ct; 75 ct) von 1 €?
b) sind 750 m (0,1 km; 50 cm) von 1 km?
c) sind 25 min (0,4 h; 100 s) von 1 h?
Was war jeweils dein erster Lösungsschritt?

7 In der Klasse 7 c einer Schule sind 12 Jungen und 18 Mädchen. Wie viel Prozent der Schülerzahl sind das jeweils?

7 Von 1 500 Schülerinnen und Schülern einer Schule gehören 117 der 7. Jahrgangsstufe an. Wie viel Prozent sind das?

NACHGEDACHT
Betrachte die Rechenverfahren Ⓐ bis Ⓒ auf der Verstehensseite gegenüber:
– Mit welchem Verfahren kommst du am besten zurecht?
– Bei welchen Aufgaben kann man Verfahren Ⓐ nicht anwenden?

8 Bei der letzten Klassenarbeit gab es bei 25 Arbeiten nur einmal die Note 1. Wie viel Prozent sind das?

9 Ein Fahrrad wurde für 500 € (400 €) im Schaufenster angeboten. Beim Kauf wird es aber 50 € (60 €) billiger verkauft. Wie viel Prozent beträgt der Preisnachlass?

10 Bei einem Basketballspiel erzielte Lukas bei 9 Würfen 4 Treffer, Amelie mit 15 Würfen 9 Treffer und Kevin traf bei 25 Würfen 11-mal. Vergleiche die Trefferquoten: Wer hatte die beste Trefferquote?

11 Wie viel Prozent der Lose sind jeweils Gewinne? Wo würdest du kaufen? Begründe.

a) 2000 Lose 500 Gewinne

b) 870 Lose 175 Gewinne

c) 750 Lose 162 Gewinne

12 Was wurde falsch gemacht? Begründe.
a) 8 von den Jugendlichen sind 100 m gelaufen.
$p\% = 8\%$
b) 10 m von den Holzleisten kosten 25 €.
$p\% = 40\%$
c) 3 Jungen und 9 Mädchen
$p\% \approx 33,3\%$

13 Entfernungen, die jeder Deutsche im Jahr durchschnittlich zurücklegt

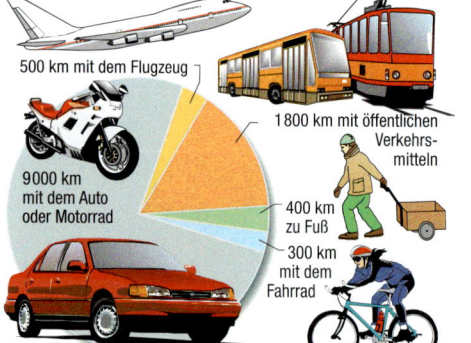

500 km mit dem Flugzeug

1800 km mit öffentlichen Verkehrsmitteln

9000 km mit dem Auto oder Motorrad

400 km zu Fuß

300 km mit dem Fahrrad

Berechne die Prozentsätze für die fünf Bereiche und trage sie in eine Tabelle ein.

8 In einer Schulklasse mit 24 Jugendlichen sind 6 an Grippe erkrankt. Wie viel Prozent sind das?

9 Ein Auto wird für 5700 € verkauft. Der Neuwert des Autos betrug 15000 €. Wie viel Prozent des Neuwertes beträgt der Kaufpreis?

10 Stadt A hat 25000 Einwohner, Stadt B hat 45000 Einwohner. In A fahren 12000 Menschen mit dem Auto zur Arbeit, in B 16000.
a) Wie viel Prozent hat Stadt B mehr an Einwohnern als Stadt A?
b) In welcher Stadt fährt ein höherer Prozentsatz mit dem Auto zur Arbeit?

11 Um in die Schule zu kommen, nutzen von 920 Schülerinnen und Schülern einer Schule 257 den Bus, 449 das Fahrrad und 42 ein Moped. Die anderen kommen zu Fuß zur Schule. Wie viel Prozent fahren mit welchem Verkehrsmittel bzw. kommen zu Fuß zur Schule?

12 Finde die Fehler und korrigiere im Heft.
a) 7 kg von 50 kg

bekannt: Gewicht	gesucht: Anteil (p%)
50 kg	100 %
1 kg	100 % · 50
7 kg	$\frac{100\% \cdot 50}{7} \approx$

b) 2 € von 12,50 €

bekannt: Anteil (p%)	gesucht: Preis
100 %	12,50 €
1 %	$\frac{12,50 €}{100}$
2 %	$\frac{12,50 € \cdot 2}{100} \approx$

13 Zeitungen in Deutschland

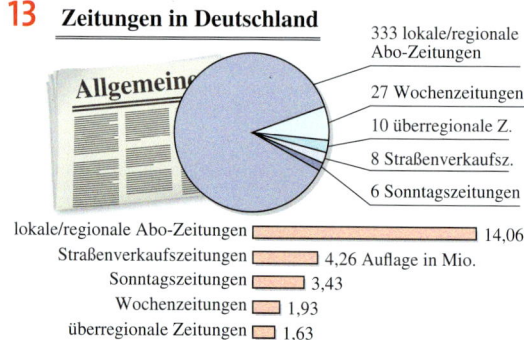

333 lokale/regionale Abo-Zeitungen

27 Wochenzeitungen

10 überregionale Z.

8 Straßenverkaufsz.

6 Sonntagszeitungen

lokale/regionale Abo-Zeitungen 14,06

Straßenverkaufszeitungen 4,26 Auflage in Mio.

Sonntagszeitungen 3,43

Wochenzeitungen 1,93

überregionale Zeitungen 1,63

Hier sind zwei Statistiken dargestellt. Berechne für beide die prozentuale Verteilung und stelle sie in einer Tabelle dar. Was fällt dir auf?

Zeitungsart	Anteil an Anzahl	Anteil an Auflage

Prozentwert

Entdecken

1 Said zeichnet sich ein Hunderterfeld mit Schälchen.
Auf diese Schälchen verteilt er 360 € gleichmäßig.
a) Wie viel Geld liegt in *einem* Schälchen?
   Wie viel Prozent vom gesamten Betrag sind das?
b) Wie viel Geld enthalten 12 Schälchen?
   Wie viel Prozent von 360 € sind das?
c) Beschreibe, wie man den Geldbetrag für
   verschiedene Prozentsätze bestimmen kann.
d) Bestimme 40 % vom Gesamtbetrag?
e) Bestimme 72 % vom Gesamtbetrag?

2 Gestern war Bürgermeisterwahl in Lauterbach.
8000 Personen sind wählen gegangen.

Bürgermeisterwahl in Lauterbach	
Jana Berwig	40 %
Peter Petersen	5 %
Florian Segelke	20 %
Dr. Katrin Wagner	35 %

Wie viele Leute haben Frau Berwig gewählt?

a) Claire versucht ihre Frage zeichnerisch
   zu lösen. Erkläre, was sie gemacht hat.
b) Übertrage die Zeichnung in dein Heft.
   Markiere die Werte aller Kandidaten und
   lies sie ab.

3 Eine Internetbuchhandlung wirbt für ein Hörbuch.
a) 👥 Klärt untereinander die Angaben,
   die für euch unverständlich sind.
b) Helena und Tom wollen überprüfen,
   ob der Preis wirklich um 40 % reduziert wurde.
   Erkläre die unterschiedlichen
   Rechenwege.

Harry Potter Gesamtausgabe
Audio-CD von Joanne K. Rowling und Rufus Beck von
Dhv der Hörverlag (Audio-CD)
Unverb. Preisempfehlung ~~EUR 89,95~~
Preis: **EUR 53,97**
Sie sparen: EUR 35,98 (40 %) [Auf Lager]

Helena berechnet 40 % von 89,95 €:

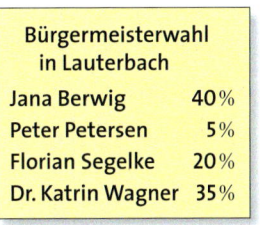

Tom rechnet so:

Verstehen

Wie viele Jungen sind an der Schule von Claudia?

Kenan rechnet:

55 % von 500 sind

$\frac{55}{100} \cdot 500 = 275$

An Claudias Schule sind 275 Jungen.

Merke Der Wert, der dem Prozentsatz $p\,\%$ entspricht, heißt **Prozentwert**.

Beispiel

Der Prozentsatz der Jungen an Claudias Schule ist $p\,\% = 55\,\%$. Der dazu passende Prozentwert ist 275 Jungen.

Auch den Prozentwert kann man auf drei verschiedene Weisen berechnen:

Paul fragt: „Wie viele Mädchen sind dann an unserer Schule?"

(A) $45\,\% \cdot 500 = \frac{45}{100} \cdot 500 = 225$

Man multipliziert mit dem entsprechenden Bruch.

(B) $45\,\% \cdot 500\,€ = 0{,}45 \cdot 500 = 225$

Man multipliziert mit dem entsprechenden Dezimalbruch.

(C) Man nutzt das **Dreisatzschema**:

bekannt: Anteil ($p\,\%$)	gesucht: Anzahl
100 %	500
1 %	$\frac{500}{100}$
45 %	$\frac{500}{100} \cdot 45 = 225$

: 100   : 100
· 45   · 45

① 100 % (also die *gesamte* Anzahl), das sind 500 Schüler.
② Man berechnet zuerst den Prozentwert, der 1 % entspricht.
③ Dann berechnet man den gesuchten Prozentwert, der 45 % entspricht. Der gesuchte Prozentwert ist 225.

An der Schule von Claudia, Kenan und Paul sind 225 Mädchen.

Üben und anwenden

1 Bestimme den Prozentwert.
Berechne im Kopf.
a) 5 % von 100 €
b) 20 % von 100 Äpfeln
c) 5 % von 200 m
d) 20 % von 200 h
e) 50 % von 26 Schülern

2 Berechne den Prozentwert.
a) 5 % von 50 €   b) 20 % von 80 kg
c) 25 % von 125 m   d) 30 % von 4 h
e) 40 % von 150 km   f) 60 % von 70 t

3 Berechne. Runde dein Ergebnis sinnvoll.
a) 9 % von 150 Bällen   b) 2 % von 35 €
c) 12 % von 160 Tüten   d) 4,5 % von 365 h
e) 6 % von 31 Wochen   f) 7 % von 128 g

4 Berechne.
Warum ist es notwendig zu runden?
a) 6 % von 803 Fahrrädern
b) 3 % von 666 Ausbildungsplätzen
c) 15 % von 246 Mathe-Büchern
d) 65 % von 4 567 Lehrern

5 In vielen Lebensmitteln befindet sich ein großer Anteil Wasser. Die Abbildung zeigt die entsprechenden Prozentsätze.
a) Wie viel Wasser befindet sich in 1 kg des jeweiligen Lebensmittels?

Kartoffeln 76%
Kernobst 83%
Roggenbrot 41%
Käse 44%

b) Wie viel Wasser sind in 25 kg Kartoffeln, in 3 kg Kernobst, in 500 g Roggenbrot und in 200 g Käse enthalten?

1 Bestimme den Prozentwert, wenn möglich, im Kopf.
a)

1 %	1,5 %	7 %	65,5 %	100 %
von 200 m				

b)

12,5 % von				
8 l	40 l	52 l	88 l	92 l

2 Berechne den Prozentwert.
a) 2,5 % von 345 t   b) 7,8 % von 646 kg
c) 10,5 % von 55 km   d) 4,5 % von 725 m
e) 72 % von 405 €   f) 27 % von 126 $

3 Berechne. Runde dein Ergebnis sinnvoll.
a) 5,5 % von 125 t   b) 12,5 % von 90 h
c) 0,4 % von 3,55 kg   d) 35 % von 725 t
e) 85 % von 4,95 km   f) 0,01 % von 12 m

4 Bei Vokabeltests verwendet Miss Finn zur Benotung immer die gleiche Tabelle.
a) Wie viele Vokabeln muss man richtig haben für die einzelnen Noten?
  ① Test mit 20 Vokabeln
  ② Test mit 18 Vokabeln
  ③ Test mit 28 Vokabeln
b) Tim meint: „Bei den Tests ② und ③ muss man alle Werte aufrunden." Hat er recht? Begründe.

richtig (p %)	Note
ab 95 %	1
ab 85 %	2
ab 75 %	3
ab 50 %	4
ab 30 %	5

5 Bei normaler körperlicher Anstrengung soll man täglich höchstens 75 g Fett zu sich nehmen. Hält Kevin diese Empfehlung ein? Heute hat er gegessen:
  15 g Walnüsse   (63 % Fett)
  120 g Roggenbrot   (1 % Fett)
  25 g Butter   (80 % Fett)
  15 g Wurst   (41 % Fett)
  60 g Ei   (10 % Fett)
  100 g Rindfleisch   (19 % Fett)

6 Promille werden oft genutzt, wenn Anteile kleiner als 1 % sind. Promille (‰) sind Anteile mit dem Nenner 1000. Man berechnet den Promillewert auf die gleiche Weise wie den Prozentwert. Es gilt: $1 ‰ = \frac{1}{1000} = 0,001 = 0,1 \%$
Fahrer eines Autos dürfen maximal 0,3 ‰ Alkohol im Blut haben, Fahranfänger 0,0 ‰.
Ein Mensch hat ca. 5 l Blut. Wie viel ml Alkohol sind jeweils in 5 l Blut?
a) 0,3 ‰   b) 0,5 ‰   c) 0,8 ‰   d) 1,1 ‰

7 Preissenkung

Ein Fahrrad kostet im Laden 500 €. Kira und Lorenzo bekommen 15 % Rabatt.
Sie berechnen auf unterschiedliche Weise den neuen Preis.

a) Erkläre jeweils, wie sie vorgegangen sind. Wo sind die Unterschiede?

b) Wie würdest du vorgehen? Begründe.

Kira:

bekannt: Anteil (p %)	gesucht: Betrag
:100 ⌒ 100 %	500 € ⌒ :100
↓ 1 %	5 € ↙
·15 ↓ 15 %	75 € ↙ ·15

500 € − 75 € = 425 €

Lorenzo:

bekannt: Anteil (p %)	gesucht: Betrag
:100 ⌒ 100 %	500 € ⌒ :100
↓ 1 %	5 € ↙
·85 ↓ 85 %	425 € ↙ ·85

8 Berechne die reduzierten Preise beim Räumungsverkauf.

8 Ein Geschäft wirbt mit „Alles 30 % billiger". Wurde alles richtig reduziert?

a) Herrenanzug von 198,00 € auf 138,60 €
b) T-Shirt: bisher 13 €, jetzt 10 €
c) Freizeitjacke: von 69,00 € auf 48,30 €
d) Turnschuhe: bisher 53,00 €, jetzt 30,00 €
e) Mantel: von 210,00 € auf 150,00 €
f) Jeans: von 33,90 € auf 22,60 €
g) Pullover: von 48,50 € auf 33,95 €

Windsurfen ist ein beliebter Freizeitsport. Allerdings kommt es häufig zu Stürzen mit Verletzungen.

Prellungen, Zerrungen	49 %
Schürf- und Platzwunden	45 %
sonstige Verletzungen	6 %

9 Kreisdiagramme zeichnen

Fatih zeichnet ein Kreisdiagramm zu den Verletzungen beim Surfen. Zuerst stellt er folgende Rechnung auf.

bekannt: Anteil (p %)	gesucht: Winkelgröße
100 %	360°
1 %	3,6°
49 %	3,6° · 49 ≈ 176°

:100 · · :100
·49 · · ·49

a) Beschreibe Fatihs Vorgehen.

b) Berechne auch die anderen Winkelgrößen und erstelle das Kreisdiagramm.

10 Zeugnisnoten Englisch

10 Zeugnisnoten Englisch

Englischnoten in der Jahrgangsstufe 7 (127 Schülerinnen und Schüler)

Note	sehr gut	gut	befriedigend	ausreichend	mangelh./ungen.
p % (gerundet)	4 %	22 %	40 %	26 %	

a) Wie viel % der Noten waren schlechter als ausreichend?

b) Stelle die Prozentsätze in einem Kreisdiagramm dar.

a) Wie viele Jugendliche bekamen im Fach Englisch welche Note? Runde sinnvoll.

b) Stelle die Prozentsätze in einem Kreisdiagramm dar.

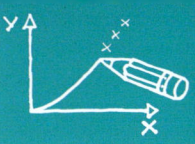

Grundwert

Entdecken

1 Übertrage das Viereck in dein Heft und ergänze es, bis 100 % erreicht sind.
Gibt es immer mehrere verschiedene Möglichkeiten?

a)

b)

c)

d)

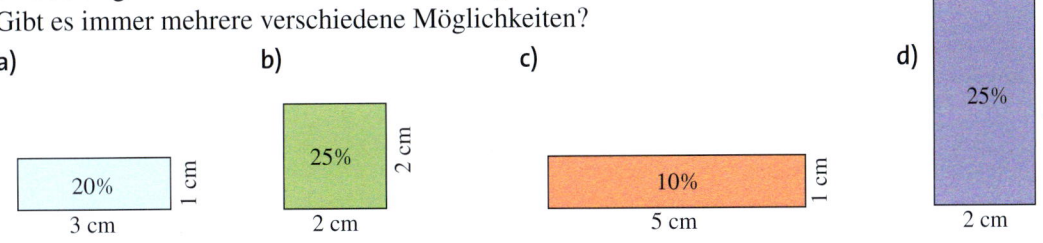

20 %
3 cm
1 cm

25 %
2 cm
2 cm

10 %
5 cm
1 cm

25 %
2 cm
4 cm

2 Aus dem Neustädter Tageblatt

Hausaufgabenzeit
Von den befragten Schülerinnen und Schülern gaben 30 an, in der Woche mehr als 6 Stunden für die Hausaufgaben zu benötigen. Das entspricht einem Prozentsatz von 15 %.

Anteil (p %)	Schülerzahl
100 %	
1 %	
15 %	30

: 100   : 100

· 15   · 15

a) Kann man mit dem rechts gezeigten Dreisatzschema berechnen, wie viele Schülerinnen und Schüler insgesamt befragt wurden?

b) Sonja will das obige Dreisatzschema verändern: Sie will die Lösung der Aufgabe rechts unten in der Tabelle ablesen, so wie sie es bei den bisher verwendeten Dreisatzschemata getan hat. Erstelle ein solches Schema.

c) Überprüfe die in b) gefundene Art des Dreisatzschemas mit einer weiteren Angabe aus derselben Umfrage:

45 % der Schülerinnen und Schüler benötigen pro Woche 4 bis 6 Stunden für die Hausaufgaben. Diese Zeitspanne gaben 90 von den Befragten an.

3 Frau Schmidt-Kroos sucht eine günstige Autoversicherung.
Autoversicherungen gewähren den Kunden, die längere Zeit keinen Unfall verschuldet haben, einen Rabatt. Der Rabatt steigt im Laufe der Jahre.

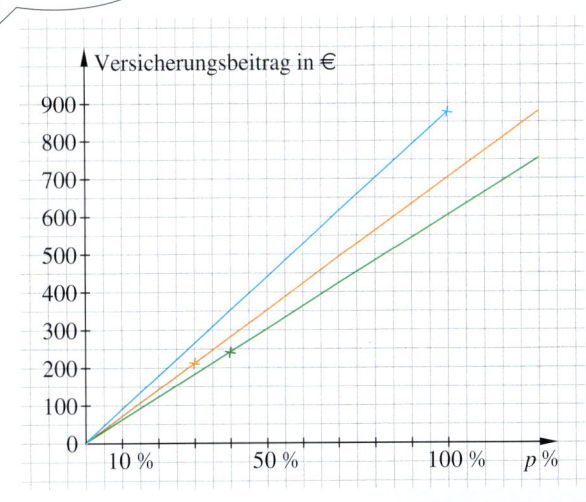

Übertrage das Diagramm in dein Heft.
a) Erkläre, wie man die Anfangsbeiträge der Versicherungen am Diagramm ablesen kann.
Welche Versicherung würdest du empfehlen?
b) Nach drei Schäden stuft die Versicherung Herrn Neuer von 40 % auf 120 % herauf. Kann man auch seinen erhöhten Beitrag aus dem Diagramm ablesen?

Verstehen

In der Verkehrssicherheitswoche an der Ma-
hatma-Gandhi-Schule wurden die Fahrräder
stichprobenartig überprüft.

Fahrer/-in	Fahrräder mit Mängeln	
	absolut	(in p %)
5.–8. Klasse	16 Fahrräder	(20 %)
9./10. Klasse	7 Fahrräder	(25 %)
Lehrer/-innen	2 Fahrräder	(8 %)

Alessia, Ozan und Nina wollen wissen, wie viele Räder von jeder Gruppe überprüft wurden.

Beispiel
Bei den Fünft- bis Achtklässlern rechnet Alessia im Kopf, Nina nutzt eine Tabelle.

*100 % ist 5 · 20 %.
Also waren alle Räder:
5 · 16 Räder = 80 Räder*

bekannt: Anteil (p %)	gesucht: Anzahl Fahrräder
20 %	16
100 %	80

· 5 ⟨ ⟩ · 5

Insgesamt wurden 80 Fahrräder der Fünft- bis Achtklässler kontrolliert.

Merke Der **Grundwert** ist „das Ganze",
er entspricht immer 100 %.

Der Grundwert ist hier „80 Fahrräder".

*Und wie viele
Lehrer-Räder wurden
überprüft?*

8 ist kein Teiler von 100, daher kann der Grundwert
nicht so leicht im Kopf berechnet werden. Ozan nutzt
das Dreisatzschema.

Dreisatzschema

TIPP
*Schreibe wie
immer links die
bekannten
Werte und rechts
die gesuchten
Werte.*

bekannt: Anteil (p %)	gesucht: Anzahl Fahrräder
8 %	2
1 %	$\frac{2}{8}$
100 %	$\frac{2}{8} \cdot 100 = 25$

: 8   : 8
· 100   · 100

① 8 %, das sind 2 Fahrräder.

② Man berechnet zuerst den Prozentwert,
der 1 % entspricht.

③ Dann berechnet man den Grundwert, also
alle Lehrer-Fahrräder (100 % der Lehrer-
Fahrräder). Der Grundwert beträgt 25.

Es wurden 25 Fahrräder der Lehrerinnen und Lehrer überprüft.

Üben und anwenden

1 Ordne den passenden Grundwert zu.
a) 10% sind 50
b) 1% sind 3
c) 80% sind 4
d) 25% sind 20
e) 75% sind 2 250

1 Beurteile, ob die Angaben den gleichen Grundwert haben.
a) 5% sind 30 g, 10% sind 60 g
b) 10% sind 3 m, 50% sind 30 m
c) 2% sind 3 kg, 20% sind 30 kg
d) 70% sind 35 €, 10% sind 5 €

2 Ergänze die Streifen im Heft zu 100%.

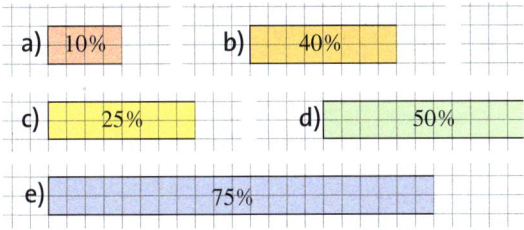

2 Wie groß ist jeweils der Grundwert?

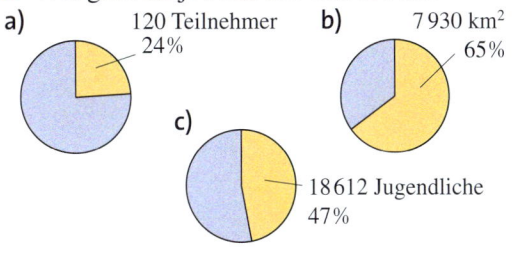

3 Bestimme den Grundwert.
a) 3% sind 12 €   b) 50% sind 36 kg
c) 40% sind 80 m   d) 65% sind 455 l
e) 80% sind 728 km   f) 5% sind 45 €
g) 20% sind 120 kg   h) 25% sind 2 m

3 Berechne den Grundwert.
a) 44% sind 968 g   b) 32% sind 736 cm
c) 61% sind 1 647 m   d) 89% sind 271 l
e) 57% sind 9,69 km   f) 99% sind 2,97 m
g) 1,5% sind 2,7 kg   h) 2,4% sind 1,21 l

4 Bestimme den Grundwert. Runde sinnvoll.
a) 21% sind 266 t   b) 13% sind 56 l
c) 7% sind 8,81 m   d) 5,4% sind 99 km
e) 11% sind 78,99 kg   f) 12,7% sind 90,25 g

4 Berechne den Grundwert. Runde sinnvoll.
a) 4,5% sind 107 g   b) 10,3% sind 7,6 mm
c) 16,8% sind 409 m   d) 80,5% sind 1 l
e) 0,07% sind 9 m^2 f) 99% sind 4,31 mm

5 An einem Wochenende führte die Polizei eine Verkehrskontrolle durch. Von den kontrollierten Fahrern mussten 5 ihre Führerscheine wegen Alkohol am Steuer abgeben, das waren 4% der kontrollierten Personen. Wie viele Personen wurden kontrolliert?

5 Berufskraftfahrer dürfen nicht länger als 4 Stunden ohne Pause fahren. Ein Fahrtenschreiber kontrolliert die Zeiten. Bei einer Polizeikontrolle hatten 1,2%, das waren 6 Fahrer, die erlaubte Zeit überschritten. Wie viele Fahrer wurden konttrolliert?

6 Das Wohnzimmer von Familie Reimer hat eine Fläche von 32 m^2. Das sind 22% der gesamten Wohnfläche. Wie groß ist die gesamte Wohnfläche? Runde sinnvoll.

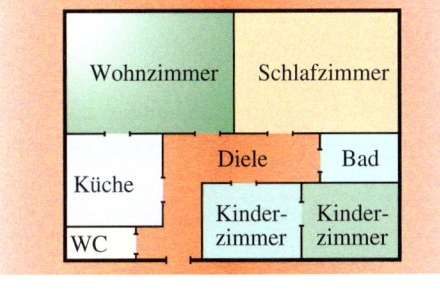

6 Die Kinderzimmer von Familie Reimer haben eine Fläche von jeweils 13 m^2. Das sind 18% der gesamten Wohnfläche. Die Fläche der Küche wird mit 15% angegeben. Stelle verschiedene Fragen und beantworte sie.

7 Die Kalkschale eines Hühnereis wiegt 7,15 g, das sind 11% des Gesamtgewichts. Wie schwer ist das Ei?

7 Zum Jahresende zählt der Sportverein 98 Jugendliche, das sind 35% seiner Mitglieder. Wie viele Mitglieder hat der Verein?

8 An einer Losbude

35% Gewinne

140 Lose sind Gewinne

a) Wie viele Lose gibt es insgesamt?
b) Wie viele Nieten sind vorhanden?

9 Tina fährt seit 3 Stunden Zug. Sie ist froh, dass sie schon 60% ihrer Fahrzeit hinter sich hat. Wie lange muss sie insgesamt fahren?

10 Der Ölpreis schwankt ständig. Zeitweilig kostete ein Barrel (159-Liter-Fass) 42 $. Die letzte Preiserhöhung betrug 23,8%. Luca und sein Vater berechnen auf unterschiedliche Weise den neuen Preis.
a) Erkläre jeweils, wie sie vorgegangen sind. Wo sind die Unterschiede?
b) Wie würdest du vorgehen? Begründe.

Luca:

bekannt: Anteil (p %)	gesucht: Betrag in $
: 100 ⟶ 100 %	42 ⟵ : 100
⟶ 1 %	0,42
· 23,80 ⟶ 23,80 %	9,996 ≈ 10 · 23,80

42 $ + 10 $ = 52 $

Vater:

bekannt: Anteil (p %)	gesucht: Betrag in $
: 100 ⟶ 100 %	42 ⟵ : 100
⟶ 1 %	0,42
· 123,80 ⟶ 123,80 %	51,996 ≈ 52 · 123,80

Nach der Preiserhöhung kostet ein Barrel 52 $.

11 Eine Jeans kostet nach einer Preissenkung um 13% noch 43,50 €.
a) Leyla meint: „Der neue Preis für die Jeans entspricht 87% des alten Preises." Erkläre.
b) Berechne den alten Preis.

12 Lillis Eltern haben eine Mieterhöhung um 4% erhalten. Sie zahlen jetzt 34 € mehr.
a) Wie hoch war die alte Miete?
b) Wie viel müssen sie jetzt bezahlen?

13 An einer Tankstelle erhöhte sich der Preis für Superbenzin um ca. 1,6%. Das entsprach einer Preiserhöhung von 3 ct pro Liter.
a) Wie teuer war das Benzin vorher?
b) Wie teuer war das Benzin nach der Preiserhöhung?
c) Berechne den Preis für 40 l Benzin.

8 Melissas Klasse führt eine Befragung zum Fernsehverhalten und zur Computernutzung in ihrer Klasse durch. 7 Personen (das waren 28% der Befragten) gaben an, dass sie täglich fernsehen. 19 gaben an, dass sie täglich den Computer nutzen.
a) Wie viele Jugendliche sind in der Klasse?
b) Bestimme den Anteil derjenigen, die täglich den Computer nutzen.
c) Addiere die Prozentsätze und erkläre dein Ergebnis.
d) Kann man das Ergebnis in einem Kreisdiagramm darstellen? Begründe.

9 Auf einer Radtour wurde die erste Rast nach 18 km gemacht. Bis dahin waren 60% des Weges zurückgelegt. Wie lang war die Tour?

11 Frau Özdemir verdient nach einer Lohnsteigerung um 5% jetzt 5 827,50 €.
a) Tim meint: „Ihr neues Gehalt entspricht 105% des alten Gehalts." Begründe.
b) Berechne ihr voriges Gehalt.

12 Herr Bonner zahlt monatlich 360,74 € Lohnsteuer, das sind 17% seines Gehalts.
a) Wie viel verdient Herr Bonner monatlich?
b) Vor zwei Monaten hat er eine Gehaltserhöhung um 8% bekommen. Wie viel hatte er zuvor verdient?

13 Der durchschnittliche Preis für Diesel ist gegenüber dem Vorjahr um rund 10,7% gestiegen. Dieses Jahr kostet ein Liter im Durchschnitt rund 1,76 €. Wie teuer war Diesel im vorigen Jahr? Runde sinnvoll.

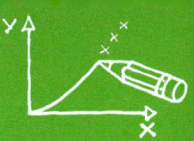

Thema: Prozente im Alltag

Ilka hilft ihrer Hauswirtschaftslehrerin beim Einkauf im Großhandel. Sie kaufen für 120 € Kochtöpfe ein. Im Großhandel werden die Preise als Nettopreise, also ohne Mehrwertsteuer, ausgewiesen.

HINWEIS
Für Lebensmittel und Bücher gilt z. B. der ermäßigte Mehrwertsteuersatz von 7 %.

> **Kleines Begriffs-Lexikon für Prozente im Alltag:**
> **Mehrwertsteuer:** Anteil am Verkaufserlös einer Ware, den der Händler an den Staat abgeben muss. In Deutschland beträgt sie zur Zeit 19 % bzw. 7 %.
> **Bruttopreis:** Preis, der die Mehrwertsteuer enthält
> **Nettopreis:** Preis ohne Mehrwertsteuer
> **Rabatt:** Preisnachlass vom Händler
> **Skonto:** Preisnachlass u. a. bei Barzahlung

Beispiel Wie viel kosten die Kochtöpfe mit 19 % Mehrwertsteuer?

Der Nettopreis (120 €) beträgt:
  100 %
Der Bruttopreis entspricht:
  100 % + 19 % = 119 %

	19 %
100 %	100 %

Anteil (p %)	Preis (in €)
: 100 ⟋ 100 %	120 : 100
1 %	1,20
· 119 119 %	142,80 · 119

Sie zahlen 142,80 €.

1 Ilka und ihre Hauswirtschaftslehrerin kaufen im Großhandel ein. Sie haben 200 € dabei. Ilka sagt: „Wir haben für 125 € Lebensmittel und für 50 € Küchenutensilien eingekauft. Wir haben also noch 25 € übrig."
a) Was hat Ilka bei ihrer Rechnung nicht bedacht?
b) Recherchiere, für welche Produkte 7 % und für welche 19 % Mehrwertsteuer berechnet werden. Berechne die Bruttopreise. Reichen die 200 €?

2 Beim Einkauf in einem Elektrogroßhandel sind zusätzlich zum angegebenen Preis 19 % Mehrwertsteuer zu zahlen. Gib jeweils den Verkaufspreis an.
① Staubsauger 140 €   ② DVD-Player 59 €   ③ Radio 101 €
④ CD-Player 42 €   ⑤ Monitor 209 €   ⑥ Rasierer 32 €

3 🗫 Zu Beginn des Jahres 2007 wurde die Mehrwehrtsteuer von 16 % auf 19 % erhöht. Sind demnach die Preise um 3 % gestiegen? Diskutiert und argumentiert gemeinsam.
Tipp: Argumentiert anhand von Beispielen.

4 Frau Kämper möchte ein neues Firmenauto kaufen. Sie vergleicht zwei Angebote:

> Händler A bietet für das Auto „Merle" einen Preisabschlag um 10 % auf 22 000 €.

> Händlerin B reduziert den Preis für das Auto „Xavier" um 1 450 €, sie verlangt 92,5 % des normalen Preises.

a) Erläutere die Grafiken aus der Randspalte zu den Angeboten.
b) Wie teuer wären die beiden Autos ohne Rabatt?

5 🗫 Erweitert das Begriffs-Lexikon um weitere Begriffe aus der Prozentrechnung im Alltag. Welche stehen für eine Steigerung des Grundwerts, welche für eine Senkung?

ZU AUFGABE 4

Angebot A:

	−10 %
100 %	22 000 €

Angebot B:

	−1,450 €
100 %	92,5 %

Klar so weit?

→ Seite 84

Anteile und Prozente

1 Welche Begriffe sind jeweils gegeben: Grundwert, Prozentwert oder Prozentsatz?
a) 50 % von 5 kg   b) 3 € von 10 €
c) 25 m von 100 m   d) 10 min sind 20 %

1 Welche der 3 Grundbegriffe sind gegeben?
a) fünf Autos von sechs Autos
b) 40 % von acht Stunden
c) 78 m sind 60 Prozent

2 Gib den Anteil der gefärbten Fläche als Bruch und in Prozent an.

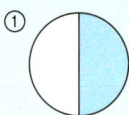 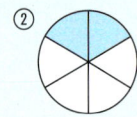 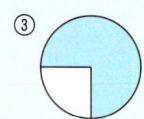
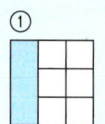
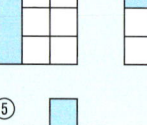

2 Gib den Anteil der gefärbten Fläche als Bruch und in Prozent an.

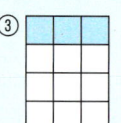 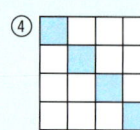
 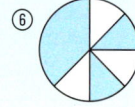

3 Schreibe als Dezimalbruch und dann in Prozentschreibweise.
a) $\frac{7}{10}$; $\frac{7}{25}$; $\frac{4}{80}$; $\frac{1}{8}$; $\frac{5}{25}$ b) $\frac{9}{25}$; $\frac{16}{40}$; $\frac{68}{102}$; $\frac{94}{141}$; $\frac{59}{177}$

3 Schreibe als Dezimalbruch. Runde, wenn nötig, auf die Tausendstelstelle.
Schreibe dann in Prozentschreibweise
a) $\frac{18}{60}$; $\frac{36}{80}$; $\frac{11}{20}$; $\frac{72}{90}$; $\frac{10}{40}$ b) $\frac{1}{3}$; $\frac{5}{7}$; $\frac{5}{9}$; $\frac{4}{24}$; $\frac{0}{2}$

4 Alina stand bei 20 Elfmetern im Tor, sie hat 3-mal gehalten. Jasmin war bei 25 Elfmetern Torwärterin und hat 4-mal gehalten. Vergleiche die prozentualen Anteile der gehaltenen Elfmeter.

4 In einem Fernsehquiz wurden 50 Fragen gestellt.
Frau Schilling hat 68 % der Fragen richtig beantwortet. Frau Penny hat 33-mal richtig geantwortet. Wer war besser?

→ Seite 88

Prozentsatz

5 Bestimme den Prozentsatz im Kopf.
a) 2 m von 500 m   b) 20 € von 500 €
c) 10 g von 40 g   d) 10 cm von 80 cm

5 Bestimme den Prozentsatz im Kopf.
a) 1 l von 200 l   b) 51 g von 200 g
c) 1,50 € von 15 €   d) 1,50 m von 30 m

6 Gib den Prozentsatz an.
Überprüfe durch einen Überschlag.
a) 13 m von 25 m   b) 18 l von 60 l
c) 176 m von 320 m   d) 144 kg von 900 kg
e) 206 € von 320 €   f) 77 g von 9 kg
g) 51 ct von 30 €   h) 14 m von 8 km

6 Überschlage zuerst das Ergebnis.
Berechne den Prozentsatz auf eine Stelle nach dem Komma.
a) 3,50 € von 12 €   b) 23 kg von 52 kg
     250 € von 2 700 €   1,75 kg von 20,4 kg
     724 € von 6 600 €   7,8 t von 12 600 kg

7 Von 250 in einer Woche vom TÜV geprüften Fahrzeugen erhielten 175 die TÜV-Plakette.
Wie viel Prozent sind das?

7 In einer Schule mit insgesamt 460 Schülerinnen und Schülern sind 69 in der 7. Jahrgangsstufe.
Wie viel Prozent sind das?

→ Seite 92

Prozentwert

8 Berechne.
a) 2% von 800 € (von 1 200 €; von 640 €)
b) 45% von 60 m (von 1 500 m; von 3,60 m;
    von 9,60 m; von 6 m; von 62 km)
c) 75% von 1 kg (von 400 g; von 60 kg;
    von 6 kg; von 0,6 kg; von 5,6 kg)

8 Korrigiere, falls vorhanden, die Fehler.
a) 70% von 70 m sind 49 m.
b) 90% eines Tages sind 1 296 min.
c) 50% von 1 h sind 50 min.
d) 105% von 140 kg sind 135 kg.
e) 7,5% von 88 l sind 66 l.

9 Surfartikel im Herbst

> Surfbrett ~~966~~ € reduziert um 25%
> 4-m²-Segel ~~404~~ € reduziert um 15%

a) Wie viel Euro beträgt die Ermäßigung?
b) Berechne die neuen Preise.

9 Ein Sportgeschäft wirbt mit Sonderangeboten.
a) Wie viel Euro beträgt die Ermäßigung?
b) Berechne die neuen Preise.

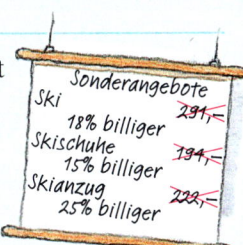

> Sonderangebote
> Ski ~~291,–~~
>   18% billiger
> Skischuhe ~~194,–~~
>   15% billiger
> Skianzug ~~222,–~~
>   25% billiger

10 Frau Seidel verdient monatlich 3 012 €.
Sie erhält eine Gehaltserhöhung von 4%.
Gib die Gehaltserhöhung in Euro an und
berechne das neue Gehalt.

10 Ein Vertreter hat für 15 620 € Waren
verkauft. Als Honorar bekommt er 8% des
Verkaufspreises der verkauften Ware.
Berechne sein Honorar.

11 1000 Personen haben gewählt. Stelle die
Ergebnisse in einem Kreisdiagramm dar.

GBP: 500 Stimmen	DIP: 300
Die Gelben: 150	Sonstige: 50

11 In Kleinhausen wurde gewählt. Stelle die
Ergebnisse in einem Kreisdiagramm dar.

GPD: 532 Stimmen	MDP: 412
Die Milden: 265	Sonstige: 31

Grundwert

→ Seite 96

12 Gesucht ist der Grundwert.
a) 20% sind 8 kg b) 40% sind 16 h
   5% sind 12 kg   3% sind 15 Liter
   80% sind 24 kg   70% sind 49 m
   2% sind 7 kg   6% sind 24 kg

12 Berechne den Grundwert.
a) 168 cm sind 24% b) 108 l sind 45%
   390 cm sind 26%   7,8 h sind 65%
   2,88 m sind 96%   45 900 m sind 9%
   7,77 m sind 37%   584,8 l sind 68%

13 Bei einer Verlosung gibt es
75 Gewinnlose, das sind 25%
aller Lose.
Wie viele Lose gibt es insgesamt bei der Verlosung?

13 Die 7 d plant eine Verlosung mit 30 Gewinnen.
15% der Lose sollen Gewinnlose sein. Wie viele Lose müssen sie insgesamt erstellen?

14 Bei einer Schulveranstaltung erwirtschaf-
tete die Klasse 7 b insgesamt 80 €.
Das waren 12,5% der Gesamteinnahmen in
der Schule.
Wie hoch waren die Gesamteinnahmen?

14 Ermittle den alten Preis.
Der Laden „Deine Klamotte" wirbt:
„Alles muss raus! Alles 20% billiger!"
① Die Hose ist jetzt 12 € günstiger.
② Das Hemd ist jetzt 3 € günstiger.

Vermischte Übungen

1 Gib den gefärbten Anteil als Bruch und in Prozent an.

a) 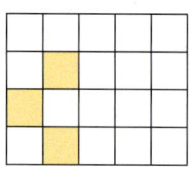   b)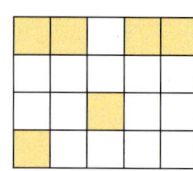

c) 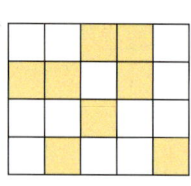   d)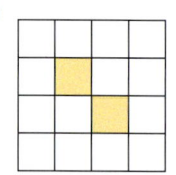

1 Gib den gefärbten Anteil als Bruch und in Prozent an.

a) 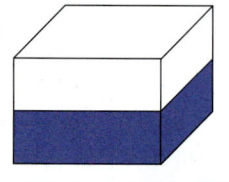   b)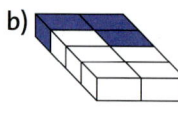

c)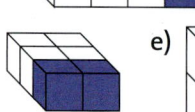

d) 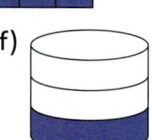 e) f)

2 Was ist jeweils gegeben, was ist gesucht? Grundwert, Prozentwert oder Prozentsatz? Berechne möglichst im Kopf.

a) 20 t sind 50 Prozent
b) 25 Prozent von 500 €
c) 2,5 l von 250 l Wasser
d) 30 % von 50 Fahrrädern
e) 44 der 400 Schüler   f) 18 € sind 20 %
g) 2,4 m sind $33\frac{1}{3}$ %   h) 16 % von 16 km

2 Was ist jeweils gegeben, was ist gesucht? Grundwert, Prozentwert oder Prozentsatz? Berechne möglichst im Kopf.

a) 6 Prozent von 120 €
b) 6 von 24 Stunden
c) 45 m sind 90 Prozent
d) 1,8 kg sind 40 Prozent
e) 36 min von 1 h   f) 13 % von 200 t
g) 120 % sind 240 €   h) 2 von 2000 m

3 Fülle die Tabelle im Heft aus.

Grundwert	Prozentsatz	Prozentwert
1 100	35 %	
	70 %	154
820		451
3	66 %	
	12 %	45
8		0,08

3 Fülle die Tabelle im Heft aus.

Grundwert	Prozentsatz	Prozentwert
12 €	12 %	
	2,4 %	4,8 m
2,5 l		0,1 l
	0,2 %	1,2 ha
39 km	17 %	
140 g		22,49 g

4 Frau Wendt möchte 3 Liter Ringelblumensalbe herstellen. Hierzu benötigt sie Ringelblumenöl und Bienenwachs. Die Salbe besteht zu 94 % aus Ringelblumenöl und zu 6 % aus Bienenwachs.

a) Wie viel Ringelblumenöl und Bienenwachs benötigt sie?
b) Wie viele 250 ml-Dosen kann sie mit der Salbe füllen?

4 Weizen

a) Wie viel Gramm dieser Inhaltsstoffe sind in 1,5 kg Weizen enthalten?

b) Wie viel Weizen muss man essen, um 150 g Eiweiß zu sich zu nehmen?

67 % Stärke   2 % Salze
12 % Eiweiß   2 % Fasern
15 % Wasser   2 % Fett

c) Zwei Scheiben Toastbrot wiegen 50 g und liefern ca. 0,8 g Salz. Überschlage den Salzanteil von Toastbrot.

5 Marathonlauf
Stelle passende Fragen und beantworte sie.
Ordne den Werten die Begriffe „Prozentsatz",
„Prozentwert" und „Grundwert" zu.
a) Von 200 Teilnehmern eines Marathonlaufs
gaben 28 vor Erreichen des Zieles auf.
b) Von den 200 Teilnehmern erreichten
6 Läufer das Ziel in weniger als 3 Stunden.
c) Mit 2 054 Läuferinnen und Läufern gab es
dieses Jahr 3,8 % mehr Teilnehmer als im
vorigen Jahr.

6 Der Preis für eine Jeanshose wird um 20 %
auf 28 € reduziert.
a) Auf wie viel Prozent wurde reduziert?
b) Wie viel kostete die Jeans vorher?

7 In der Beethoven-Schule haben die Schüler
vier Parteien zusammengestellt, um ein
Schülerparlament mit 15 Sitzen zu wählen.

Wahlergebnis für die Parteien
„Schule macht Spaß": 135 Stimmen
„Sonnenblumen": 113 Stimmen
„Mehr Sport": 98 Stimmen
„Ohne-Lehrer-Lernen": 32 Stimmen

a) Wie viel Prozent der Stimmen haben die
Parteien gewonnen?
b) Stelle das Ergebnis mit einem Kreisdiagramm dar.
c) Wie sollten deiner Meinung nach die
15 Sitze verteilt werden?
Begründe.

8 Ein Aquarium ist 60 cm lang, 20 cm breit
und 30 cm hoch. Es wurden 27 Liter Wasser
eingefüllt. Welcher Prozentsatz des Gesamt-
volumens ist das?

5 Stelle passende Fragen und beantworte sie.
Ordne den Werten die Begriffe „Prozentsatz",
„Prozentwert" und „Grundwert" zu.
a) Bei den Bundesjugendspielen warf Tim
den Schlagball 44,1 m weit. Er verbesserte
damit die Weite des Vorjahrs um 12,3 %.
b) Lena lief die 60-m-Strecke in 11,2 s. Damit
lief sie schneller als 85,6 % der 111 Jugendlichen ihres Jahrgangs.
c) Cemre verbesserte ihre Höhe beim Hoch-
sprung um fast 13 % auf 1,05 m.

6 Frau Seiler kauft eine Waschmaschine mit
Lackschäden.
Sie erhält 20 % Rabatt und zahlt 572 €.
Wie hoch war der Preis vorher?

7 „Top Five" der dualen Ausbildungsberufe
2017

männliche Azubis insgesamt	312 694
Kraftfahrzeugmechatroniker	19 272
Industriemechaniker	12 480
Kaufmann im Einzelhandel	12 249
Elektroniker	11 838
Anlagemechaniker	11 154

weibliche Azubis insgesamt	209 538
Kauffrau für Büromanagement	21 681
Verkäuferin	14 796
Kauffrau im Einzelhandel	14 265
Medizinische Fachangestellte	13 875
Zahnmedizinische Fachangestellte	11 838

a) Berechne jeweils die Prozentsätze, auch
für die Berufe außerhalb der „Top Five".
b) Erstelle jeweils ein Kreisdiagramm.

8 Ein Würfel hat eine Kantenlänge von 2 cm.
a) Berechne den Oberflächeninhalt des
Würfels.
b) Auf wie viel Prozent ändert sich der
Oberflächeninhalt des Würfels, wenn sich
die Kantenlänge verdoppelt (verdreifacht,
halbiert, um 50 % verlängert)?
c) Berechne das Volumen des Würfels.
d) Auf wie viel Prozent ändert sich das
Volumen des Würfels, wenn sich die
Kantenlänge verdoppelt (verdreifacht,
halbiert, um 50 % verlängert)?

HINWEIS ZU 8
Ein Liter ent-
spricht 1000 cm³.

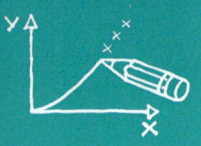

HINWEIS
Die Größe eines Container-schiffes wird in TEU-Stellplatz-kapazität angegeben.

TEU steht für „twenty-foot equivalent Unit". Ein solcher Standard-Container ist 20 Fuß lang und 8 Fuß hoch und breit. (1 Fuß = 30,5 cm)

9 Peter und Nina machen während des Urlaubs in der Nähe von Rotterdam im Hafen ein paar Fotos für ihr Referat über Containerschiffe und europäische Häfen.
Sie beobachten, wie das Containerschiff „Xin Shanghai" einfährt und zählen die Container an Deck. 19 Container stehen nebeneinander, 7 übereinander und 18 hintereinander.
Die Tragfähigkeit beträgt 9580 TEU.

a) Wie viele Container befinden sich an Deck des Schiffes?
b) Wie viele Container könnte die „Xin Shanghai" insgesamt befördern?
c) Wie viel Prozent der insgesamt möglichen Container stehen an Deck?

10 Containerschiff-Riesen

Die Containerschiffe in der Tabelle gehören zu den größten auf der Welt. Die „MSC ZOE" hat eine Länge von 395 m. Die Breite beträgt 59 m.

a) Wie viel Prozent mehr Stellplätze hat dieses Schiff als die „Xin Shanghai"?
b) Stelle weitere Fragen zu der Tabelle und beantworte sie.

Schiffsname	TEU
MSC ZOE	19 224
MSC Oscar	19 224
CSCL Globe	19 100
Maersk Mc Kinney	18 000
Marco Polo	16 020

11 Der Hafen von Rotterdam

Im Rotterdamer Hafen wurden im Jahr 2015 etwa 466,4 Mio. Tonnen Güter gelöscht, das heißt ausgeladen. 103,1 Mio. Tonnen davon entfielen auf Erdöl aus Tankschiffen und 126,2 Mio. Tonnen auf Güter aus Containerschiffen.

a) Gib den Anteil der Erdölladungen und Containerladungen an den gesamten Gütern an.
b) Lies den nebenstehenden Zeitungsartikel.
   Wie viele Mammuttanker löschten 2014 (2012) ihre Ladung in Rotterdam?
c) Gib die prozentuale Veränderung der Mammuttanker in 2015 im Vergleich zu 2014 an.

2015 – neues Rekordjahr für Mammuttanker
2015 war ein neues Rekordjahr für die großen Tanker im Hafen von Rotterdamm. Bei 51 dieser Tanker wurde Heizöl gelöscht und/oder geladen.
Das sind 22 mehr als im Vorjahr und 12 mehr als im Rekordjahr 2012.

12 Europäische Häfen

Die fünf größten europäischen Häfen von 2014 bis 2016 (in Mio. Tonnen)

			2014	2015	2016
1	Rotterdam	Niederlande	444,7	466,4	461,2
2	Antwerpen	Belgien	199,0	208,4	214,2
3	Hamburg	Deutschland	145,7	137,8	138,2
4	Novorossiysk	Russland	122,3	128,4	135,1
5	Amsterdam	Niederlande	97,8	98,5	96,5

a) Berechne jeweils die prozentuale Veränderung der gelöschten Güter von Jahr zu Jahr.
b) Beschreibe die Grafiken rechts.
   Welche Veränderungen wurden hier dargestellt?
   Zu welchem Hafen gehört die Grafik?

①

	+0,72 %	
		−1,33 %
100 %	100 %	98,67 %
2014	2015	2016

②

		+7,64 %
	+4,72 %	
100 %	100 %	100 %
2014	2015	2016

Zusammenfassung

Anteile und Prozente

→ Seite 84

Brüche mit dem Nenner 100 kann man in Prozentschreibweise angeben. Das Zeichen % (**Prozent**) bedeutet „von Hundert" (Hundertstel).

Will man **Anteile vergleichen**, so vergleicht man die Brüche oder die entsprechenden Zahlen in Prozentschreibweise.

1 von 100 schreibt man kurz $\frac{1}{100} = 1\,\%$.

Das Ganze umfasst immer 100 %.

Klasse 7 a: 25 Schüler, davon 21 aus Kassel.
Klasse 7 b: 29 Schüler, davon 23 aus Kassel.
In der 7 a ist der *Anteil* der Schüler aus Kassel größer, denn:
$\frac{21}{25} = \frac{84}{100} = 84\,\%$ und $\frac{23}{29} \approx 79,3\,\%$; $84\,\% > 79,3\,\%$

Prozentsatz

→ Seite 88

Der **Prozentsatz** ($p\,\%$) gibt den Anteil am Ganzen in Prozentschreibweise an.

Es gibt drei Möglichkeiten, den Prozentsatz zu berechnen, eine davon ist der Dreisatz.

Schreibe beim **Dreisatzschema** immer links die bekannten Werte und rechts die gesuchten Werte.

In den 7. Klassen: 26 Mädchen und 30 Jungen.
Anteil der Mädchen: $p\,\% \approx 46,4\,\%$

bekannt: Anzahl	gesucht: Anteil ($p\,\%$)
56	100 %
1	$\frac{100\,\%}{56}$
26	$\frac{100\,\%}{56} \cdot 26 \approx 46,4\,\%$

($:56$, $:56$, $\cdot 26$, $\cdot 26$)

Prozentwert

→ Seite 92

Der Wert, der dem Prozentsatz $p\,\%$ entspricht, heißt **Prozentwert**.

Der Prozentwert ist ein Teil der Gesamtmenge, also ein Teil des Grundwertes.

Auch zur Berechnung des Prozentsatzes gibt es drei Möglichkeiten, eine davon ist der Dreisatz.

Wie viel € beträgt die Ermäßigung?
Die Ermäßigung beträgt rund 11,10 €.

Jacke 74 €

alles um 15 % reduziert

bekannt: Anteil ($p\,\%$)	gesucht: Preisanteil
100 %	74 €
1 %	$\frac{74\,\text{€}}{100}$
15 %	$\frac{74\,\text{€}}{100} \cdot 15 \approx 11,10\,\text{€}$

($:100$, $:100$, $\cdot 15$, $\cdot 15$)

Grundwert

→ Seite 96

Der **Grundwert** ist „das Ganze", er entspricht immer 100 %.

Den Grundwert kann man immer mit dem Dreisatz berechnen.

Fahrradkontrolle: 2 Räder (8 %) haben Mängel. Wie viele wurden insgesamt überprüft?

bekannt: Anteil ($p\,\%$)	gesucht: Anzahl Fahrräder
8 %	2
1 %	$\frac{2}{8}$
100 %	$\frac{2}{8} \cdot 100 = 25$

($:8$, $:8$, $\cdot 100$, $\cdot 100$)

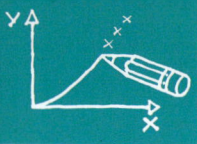

Teste dich!

6 Punkte

1 Brüche in verschiedenen Schreibweisen: Ergänze die Tabelle im Heft.

0,25	0,87			0,02		
$\frac{25}{100}$		$\frac{45}{100}$			$\frac{3}{100}$	
25%			56%			4,5%

4 Punkte

2 In welcher Klasse ist der Anteil der Jugendlichen, die ein Handy besitzen, am größten? In welcher Klasse ist er am kleinsten?

Klasse	7a	7b	7c
Anzahl der Schüler/-innen	20	25	27
Schüler/-innen mit Handy	12	14	16

6 Punkte

3 Die Diagramme zeigen, wie viele der Schülerinnen und Schüler den Schulbus nutzen.

a) Klasse 7a

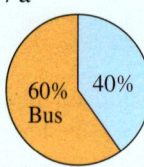

25 Jugendliche gehen in die 7a. Wie viele Jugendliche aus der 7a fahren mit dem Bus? Wie viele fahren nicht mit dem Bus?

b) Klasse 7b

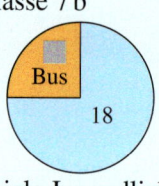

Wie viele Jugendliche gehen insgesamt in die Klasse 7b? Wie viele fahren mit dem Bus?

c) Klasse 7c

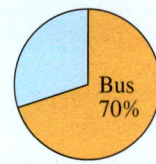

Wie viel % von den 30 Jugendlichen aus der 7c fahren nicht mit dem Bus? Wie viele Jugendliche sind das?

9 Punkte

4 Übertrage die Tabelle ins Heft.
a) Schreibe in die linken Tabellenfelder die passenden Fachbegriffe.
b) Bestimme die fehlenden Werte.

	200 l	30 cm		1 200 h	40 cm		12,5 s
	3%	5%	15%		5,1%	15%	
	6 l		200 kg	450 h		21,6 kg	4,5 s

2 Punkte

5 Daniel meint: „Von meinen 27 Mitschülern kamen heute Morgen 11% zu spät."
a) Ist das überhaupt möglich?
b) Was könnte Daniel gemeint haben? Löse sinnvoll.

2 Punkte

6 Von den 120 Schülerinnen und Schülern der Klassenstufe 7 arbeiten 45 Jugendliche in einer AG mit. Wie hoch ist der Prozentsatz der Jugendlichen, die in *keiner* AG sind?

3 Punkte

7 Sponsorenlauf in der Nelson-Mandela-Schule
Die Schülerinnen und Schüler haben beim Sponsorenlauf zusammen 180 € eingesammelt.
Das sind 12,5% der Spendengelder, die in der Schule insgesamt eingesammelt wurden.
Stelle eine passende Frage und beantworte sie.

5 Punkte

8 Im Supermarkt wird geworben: „Nussnougat-Creme um 20% reduziert! Jetzt nur 1,32 €."
a) Wie viel hat die Nussnougat-Creme zuvor gekostet?
b) Ab kommenden Samstag gilt wieder der alte Preis. Um wie viel Prozent wird am Samstag der Preis angehoben?
c) Warum sind die Prozentsätze bei der Preisreduzierung und der Preisanhebung verschieden?

Gold: 35–37 Punkte, Silber: 28–34 Punkte, Bronze: 22–27 Punkte   Lösungen ab Seite 188

Daten und Zufall

Bei einer Lottoziehung hängen die gezogenen
Zahlen vom Zufall ab.
Viele Menschen spielen Lotto und erhoffen sich
einen großen Gewinn.
Allerdings ist die Wahrscheinlichkeit, einen
Sechser zu haben, äußerst gering.

Noch fit?

Einstieg

1 Brüche in verschiedener Schreibweise

Wandle in Prozentschreibweise um.

Beispiel $\frac{1}{5} = \frac{2}{10} = \frac{20}{100} = 20\%$

a) $\frac{7}{10}$ b) $\frac{1}{2}$ c) $\frac{3}{4}$ d) $\frac{3}{20}$

2 Brüche am Zahlenstrahl

Zeichne einen Zahlenstrahl (mit 10 cm Abstand zwischen 0 und 1) und markiere die Brüche.

$\frac{1}{2}$; $\frac{7}{10}$; $\frac{3}{4}$; $\frac{2}{5}$; $\frac{1}{20}$; $\frac{25}{100}$; $\frac{15}{50}$

3 Umfrageergebnisse auswerten

Marco hat unter zehn Freunden eine Umfrage über deren Lieblingssportarten durchgeführt. Übertrage die Tabelle in dein Heft und ergänze die fehlenden Werte.

> **HINWEIS**
> *Eine Erklärung zur relativen Häufigkeit befindet sich im Stichwortverzeichnis.*

Sportart	Anzahl	absolute Häufigkeit	relative Häufigkeit
Fußball	IIII	5	
Basketball	III		$\frac{3}{10} = 0{,}3 = 30\%$
Handball	II		

4 Daten aus Diagrammen ablesen

Schüler der Klasse 7 f wurden nach ihrem Schulweg gefragt:

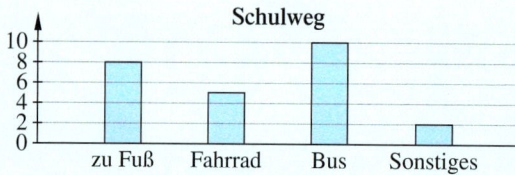

a) Auf welche Weise kommen die meisten (die wenigsten) Schüler zur Schule?
b) Berechne jeweils die relative Häufigkeit.

5 Relative Häufigkeiten berechnen

In der Mathematikarbeit der Klasse 7 c wurden folgende Noten erteilt.

Note	1	2	3	4	5	6
Anzahl	2	6	8	5	3	1

a) Wie viele Schüler haben mitgeschrieben?
b) Stelle die Ergebnisse in einem geeigneten Diagramm dar.
c) Gib die relative Häufigkeit für jede Note an.

Aufstieg

1 Brüche in verschiedener Schreibweise

Schreibe als Dezimalzahl und in Prozent.

a) $\frac{3}{10}$ b) $\frac{9}{25}$ c) $\frac{3}{5}$ d) $\frac{9}{20}$
e) $\frac{7}{25}$ f) $\frac{14}{50}$ g) $\frac{34}{200}$ h) $\frac{15}{500}$

2 Brüche am Zahlenstrahl

Zeichne einen Zahlenstrahl (mit 12 cm Abstand zwischen 0 und 1) und markiere die Brüche.

$\frac{1}{2}$; $\frac{1}{3}$; $\frac{5}{6}$; $\frac{7}{12}$; $\frac{3}{4}$; $\frac{5}{8}$; $\frac{11}{24}$

3 Beobachtungsergebnisse auswerten

Bei einer Verkehrszählung wurden die folgenden Fahrzeuge gezählt. Übertrage die Tabelle in dein Heft und ergänze die fehlenden Werte.

Fahrzeug	Anzahl	absolute Häufigkeit	relative Häufigkeit
Pkw	IIII IIII IIII IIII IIII		
Lkw	IIII		
Motorrad	IIII III		
Fahrrad	IIII IIII III		

4 Daten aus Diagrammen ablesen

Die Schüler der Klasse 7 d wurden nach ihrem Lieblings-Pausengetränk gefragt:

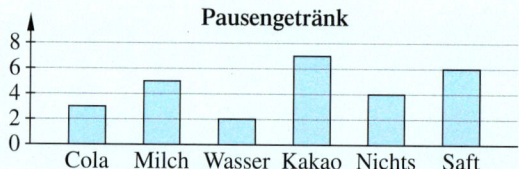

a) Welches ist das beliebteste Pausengetränk, welches das unbeliebteste?
b) Stelle das Ergebnis als Kreisdiagramm dar.

5 Relative Häufigkeiten berechnen

Folgende Noten wurden in der 7 b vergeben:

4; 2; 1; 4; 3; 3; 2; 5; 4; 6; 2; 3; 2; 3; 4; 4; 5; 1; 1; 3; 3; 4; 2; 5; 4; 4

a) Stelle die Ergebnisse in einem geeigneten Diagramm dar.
b) Berechne die relative Häufigkeit je Note.
c) Gib das arithmetische Mittel und den Median der Ergebnisse an.

Lösungen ab Seite 188

Daten in Diagrammen darstellen und auswerten

Entdecken

1 Daten von Umfrageergebnissen lassen sich besonders anschaulich in Kreisdiagrammen darstellen.
100 Schülerinnen und Schüler wurden befragt …

… nach ihrem Hobby:

Hobby	Stimmen
Sport	50
Computer	30
Freunde treffen	10
Sonstiges	10

… nach ihrem Lieblingsfach:

Lieblingsfach	Stimmen
Sport	30
Mathe	25
Biologie	25
Sonstiges	20

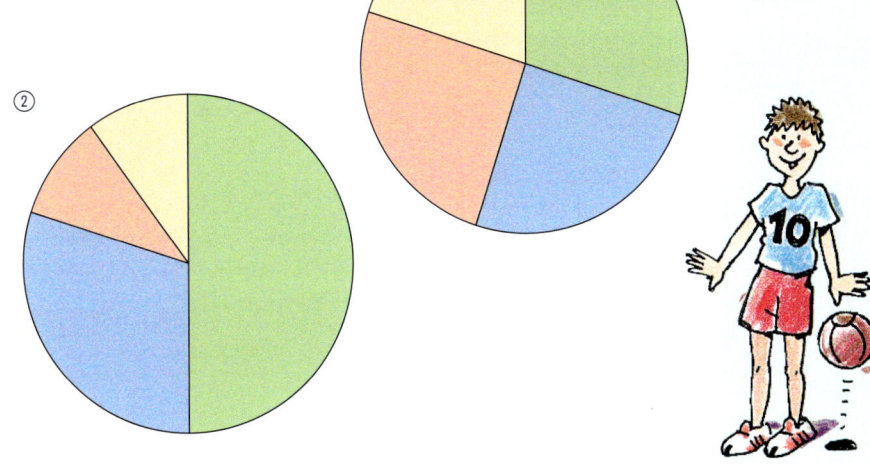

Ordne den Umfrageergebnissen das zugehörige Kreisdiagramm zu.
Übertrage die Tabellen mit dem zugehörigen Kreisdiagramm in dein Heft.
Ergänze eine Überschrift und beschrifte die Kreisteile.

2 Welche Fragestellung könnte hinter folgenden Diagrammen stehen? Nennt Beispiele.

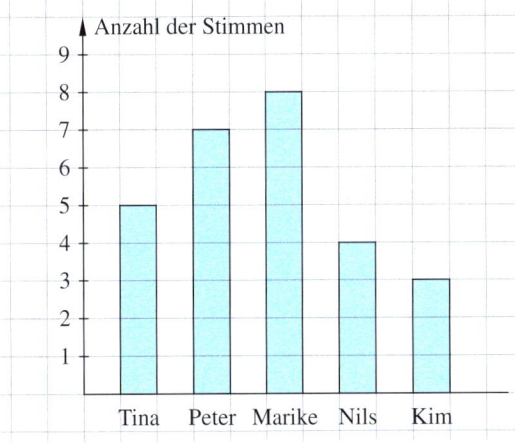

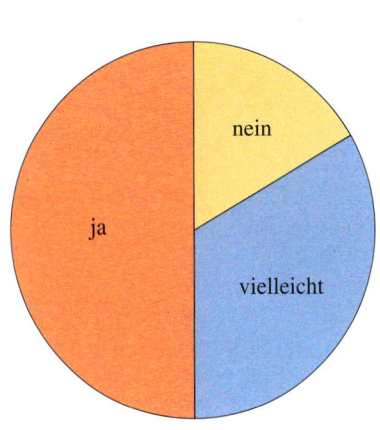

3 Wenn es darum geht, im Haushalt zu helfen, sind die Unterschiede zwischen Mädchen und Jungen immer noch groß.
a) Diskutiert darüber, welche Gründe dafür bestehen.
b) Betrachtet die Daten in der Randspalte. Dargestellt ist die Zeit, die Schülerinnen (rot) und Schüler (blau) einer 6. Klasse pro Woche mit Tischdecken verbringen.
   Stellt die Zeitangaben in einem Diagramm dar.
c) Sucht in Zeitungen oder im Internet nach Untersuchungen, die eine Unterscheidung zwischen Jungen und Mädchen machen. Stellt sie auf einem Plakat zusammen.

ZU AUFGABE 3
Zeiten zum
Tischdecken:
10 min
60 min
90 min
10 min
15 min
10 min
25 min
5 min
0 min
20 min
5 min
0 min
70 min
30 min
15 min
10 min
0 min
0 min
10 min
15 min
30 min
20 min
5 min
10 min
10 min

Verstehen

Um Häufigkeiten einfach vergleichen zu können, werden diese oft in Diagrammen dargestellt. Es gibt unterschiedliche Diagrammtypen.

Beispiel 1

In der **Tabelle** sind die Ergebnisse einer Klassenarbeit angegeben.

Note	1	2	3	4	5	6
Anzahl	2	8	12	4	2	2

Die Darstellung im **Säulendiagramm** oder im **Balkendiagramm** gibt einen schnellen Überblick über die Notenverteilung. Es werden die **absoluten Häufigkeiten** angegeben.

Säulendiagramm

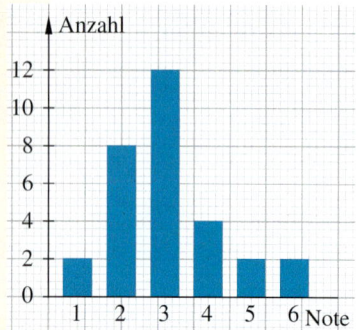

Die Höhe der Säulen gibt jeweils die Anzahl der Klassenarbeiten an.

Balkendiagramm

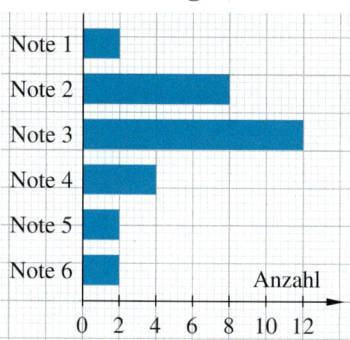

Die Länge der Balken gibt jeweils die Anzahl der Klassenarbeiten an.

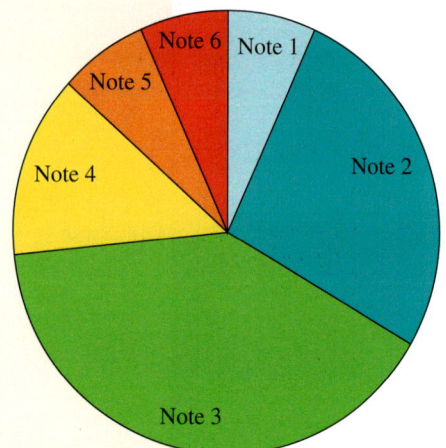

Die Ergebnisse der Klassenarbeit können auch mithilfe von **relativen Häufigkeiten** dargestellt werden.

Dabei steht der gesamte Kreis für 30 Klassenarbeiten. Die Kreisteile zeigen die Noten an.

Der grüne Kreisteil ist viel größer als der gelbe, also gab es die Note 3 häufiger als die Note 4.

> **Merke** In einem **Kreisdiagramm** wird der jeweilige Anteil an der Gesamtzahl dargestellt. Die Gesamtzahl ist immer 100 %. Kreisdiagramme zeigen die **relativen Häufigkeiten** an.

Beispiel 2

Im Januar wurden in Fulda 60 mm Niederschlag gemessen, im Mai 100 mm.
Das Diagramm zeigt den Zusammenhang zwischen den Größen *Zeit* und *Niederschlag*.

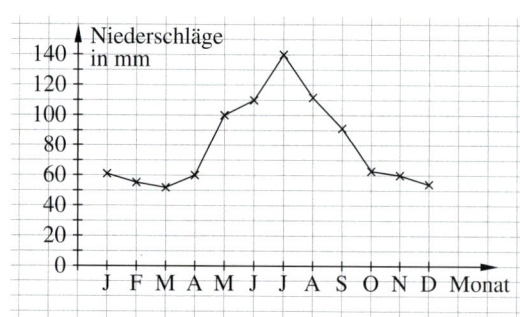

> **Merke** In einem **Liniendiagramm** werden meist zeitliche Entwicklungen dargestellt. Die einzelnen Werte werden dabei durch gerade Linien verbunden.

Üben und anwenden

1 Das Liniendiagramm zeigt die Temperaturen an einem Märztag.

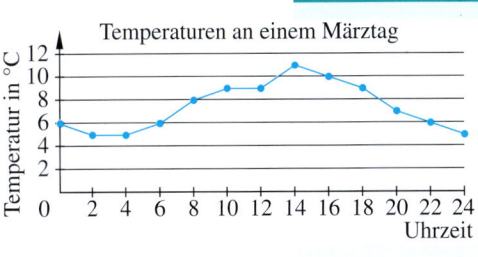
Temperaturen an einem Märztag

a) Erstelle eine Tabelle.
b) Um wie viel Uhr wurde das Maximum der Temperaturen erreicht?
c) Um wie viel Uhr gab es das Minimum?
d) Zwischen welchen Uhrzeiten stieg die Temperatur am stärksten an?
e) Zu welchen Uhrzeiten herrschte jeweils die gleiche Temperatur?

2 Lies aus dem Balkendiagramm die durchschnittliche Lebenserwartung der Tiere ab.

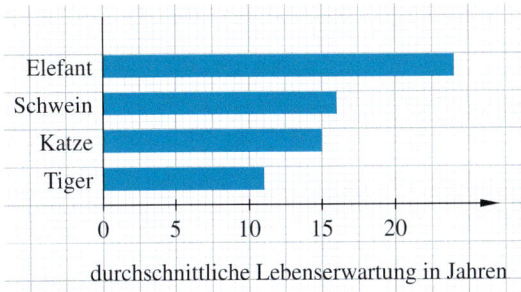
durchschnittliche Lebenserwartung in Jahren

2 Die Einwohnerzahlen der sechs größten deutschen Städte sind auf 100 000 gerundet.
Berlin: 3,5 Mio.   Köln: 1,0 Mio.
Hamburg: 1,8 Mio.   Frankfurt: 0,7 Mio.
München: 1,4 Mio.   Stuttgart: 0,6 Mio.

a) Überlege dir eine geeignete Längeneinheit für ein Balkendiagramm.
b) Stell die Einwohnerzahlen im Balkendiagramm dar.
c) Ergänze im Balkendiagramm den Durchschnitt der Einwohnerzahlen.

3 Mika fährt mit dem Fahrrad zur Schule.

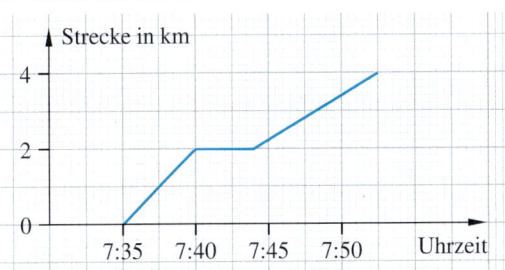

a) Unterwegs macht er eine Pause. Wie lange dauert die Pause?
b) Fährt er nach der Pause schneller oder langsamer als vor der Pause?

3 Das Diagramm zeigt den Wert einer Aktie in einer Woche im Mai.

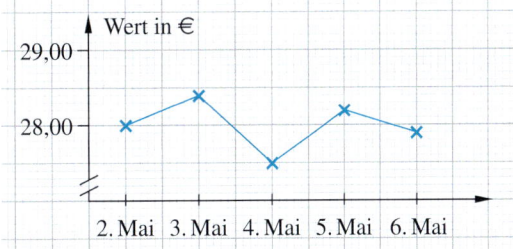

a) Welchen Wert hatte die Aktie am 4. Mai?
b) In welchem Zeitraum fiel der Wert der Aktie am stärksten?

4 Das Kreisdiagramm zeigt die Zusammensetzung von Hausmüll. Ordne die Sorten der Größe nach. Beginne mit dem kleinsten Anteil.

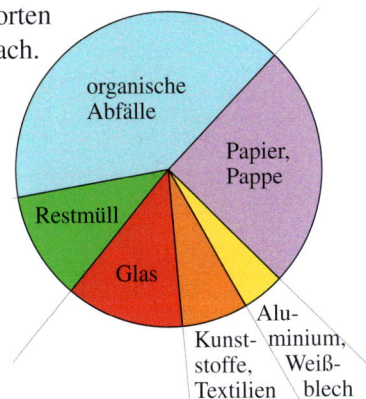

4 Lea behauptet: „In deutschen Wäldern sind gleich viele Bäume *schwach geschädigt* wie *nicht geschädigt*.“ Bist du der gleichen Meinung? Begründe.

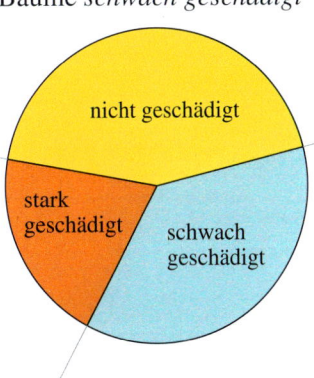

Methode: Kreisdiagramme zeichnen

Jan und Marie haben in ihrer Schule eine Umfrage zu den Lieblingsfächern durchgeführt. Insgesamt haben sie 250 Schülerinnen und Schüler befragt. Die Tabelle zeigt die absoluten Häufigkeiten der Antworten.

	Sport	Deutsch	Mathematik	Englisch	Sonstige
absolute Häufigkeit	75	70	60	30	15

Aus den absoluten Häufigkeiten werden die relativen Häufigkeiten der Antworten berechnet.

Rechnung 75 von 250 Befragten wählten Sport als Lieblingsfach. Das sind $\frac{75}{250} = \frac{3}{10} = 30\%$.

	Sport	Deutsch	Mathematik	Englisch	Sonstige
relative Häufigkeit	30%	28%	24%	12%	6%

Die relativen Häufigkeiten aller Lieblingsfächer lassen sich in einem Streifendiagramm oder einem Kreisdiagramm übersichtlich darstellen.

Beispiel **Kreisdiagramme zeichnen**

1. **Vollkreis zeichnen:** Hier im Beispiel steht der ganze Kreis für 250 Antworten, das entspricht 100 %.

2. **Anteile eintragen:** Entsprechend der relativen Häufigkeit einer Antwort wird ein Anteil des Vollkreises markiert.

   Rechnung $30\% = \frac{3}{10}$ des Kreises müssen als „Sport" markiert werden.

   30 % von 360° sind $\frac{3}{10} \cdot 360° = 108°$.

3. **Legende ergänzen:** In der Legende kann man nachlesen, wofür die einzelnen Farben stehen.

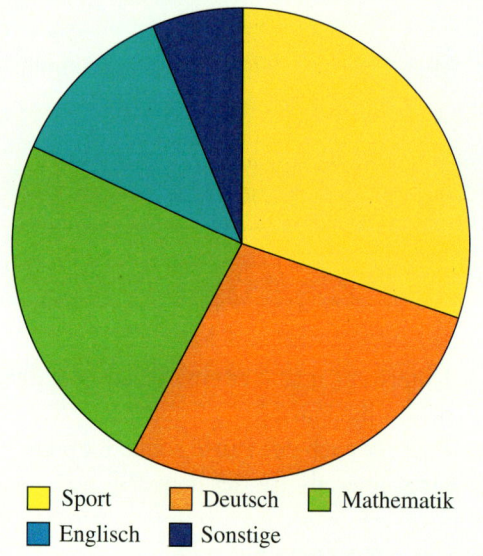

1 Das Kreisdiagramm zeigt die Verteilung der Mobilfunk-kunden in Deutschland auf vier verschiedene Anbieter. In der Tabelle ist bereits die Winkelgröße von einem Kreis-teil vorgegeben. Übertrage die Tabelle in dein Heft.

	Anbieter A	Anbieter B	Anbieter C	Anbieter D
Winkelgröße	121°			
Prozentsatz				

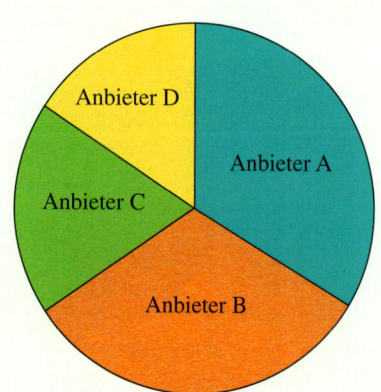

a) Miss die Winkelgrößen der übrigen drei Kreisteile.
b) Berechne die Prozentsätze.
   Runde dabei auf ganze Prozent.

Methode: Boxplots

In der Tabelle sind die Mittagstemperaturen von zwei Winterwochen notiert.

Tag	1	2	3	4	5	6	7	8	9	10	11	12	13	14
Temperatur (in °C)	3	2	5	−8	−10	−12	−8	−6	−10	−11	−6	0	−4	−4

Möchte man sich einen Überblick über die Verteilung der Temperaturdaten verschaffen, so stellt man sie z. B. in einem speziellen Diagramm dar.

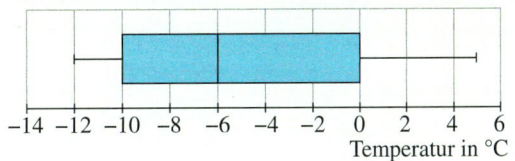

Diesen Diagrammtyp nennt man **Boxplot**.

ZUR INFORMATION Das englische Wort **Boxplot** kann man im Deutschen mit **Kastendiagramm** übersetzen.

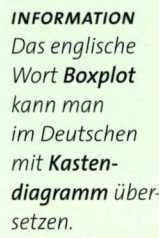

Boxplots zeichnen

1. Die Daten werden der Größe nach geordnet:
   −12 °C; −11 °C; −10 °C; −10 °C; −8 °C; −8 °C; −6 °C; −6 °C; −4 °C; −4 °C; 0 °C; 2 °C; 3 °C; 5 °C

2. Der Median aller Werte wird bestimmt:
   −12 °C; −11 °C; −10 °C; −10 °C; −8 °C; −8 °C; −6 °C; −6 °C; −4 °C; −4 °C; 0 °C; 2 °C; 3 °C; 5 °C

   Der Median beträgt −6 °C.

HINWEIS Eine Erklärung zum Median befindet sich im Stichwortverzeichnis.

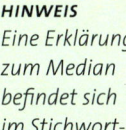

3. Der Median der unteren Werte wird bestimmt:
   −12 °C; −11 °C; −10 °C; −10 °C; −8 °C; −8 °C; −6 °C

   Der untere Median beträgt −10 °C.

4. Der Median der oberen Werte wird bestimmt:
   −6 °C; −4 °C; −4 °C; 0 °C; 2 °C; 3 °C; 5 °C

   Der obere Median beträgt 0 °C.

5. Es wird eine Temperaturskala gezeichnet. An der Skala werden der untere und obere Median markiert. Zwischen beiden Werten wird eine Box gezeichnet. Der Median aller Daten wird in der Box eingezeichnet.

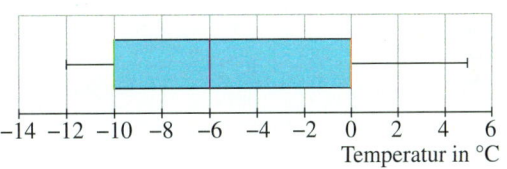

6. Die Box wird mit dem Minimum und Maximum verbunden. Die Verbindung nennt man **Antennen**.

ZUR INFORMATION Im Englischen lautet das Wort für Antennen **Whiskers** wie die Schnurrhaare einer Katze.

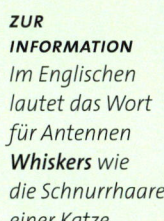

1 Zeichne den Boxplot zu den Temperaturdaten nach der Anleitung in dein Heft.
a) Wie viele Temperaturdaten gehören in die Box? Trage sie im Heft ein.
b) Wie viel Prozent aller Temperaturdaten liegen in der Box?

2 Dies ist der Boxplot der nächsten zwei Winterwochen.
a) Lies die höchste (niedrigste) Temperatur ab.
b) Bei welcher Temperatur liegt der Median aller Angaben?
c) Bei welcher Temperatur liegt der untere (obere) Median?
d) Vergleiche den Boxplot mit dem Boxplot von oben. War es insgesamt wärmer als in den vorherigen beiden Wochen? Begründe.

HINWEIS ZU 5
*Zeichne einen
10 cm langen
Streifen und teile
ihn passend zu
den Werten ein.
Schau für ein
Beispiel ins Stich-
wortverzeichnis.*

5 Im Kreisdiagramm ist dargestellt, welche Anteile an der Mittagsverpflegung in einer Mensa verkauft wurden.

Mittagessen – Verkaufszahlen

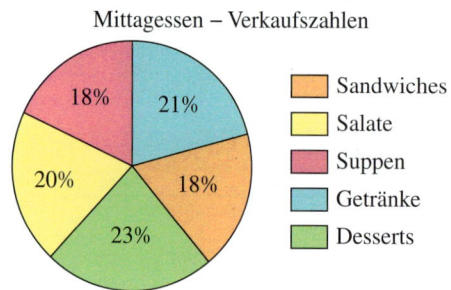

- ⬛ Sandwiches
- ⬛ Salate
- ⬛ Suppen
- ⬛ Getränke
- ⬛ Desserts

Erstelle aus den Werten im Kreisdiagramm ein passendes Streifendiagramm.

5 Überlege dir eine Statistik, die auf das Kreisdiagramm zutreffen könnte. Ergänze eine Überschrift und die Legende.

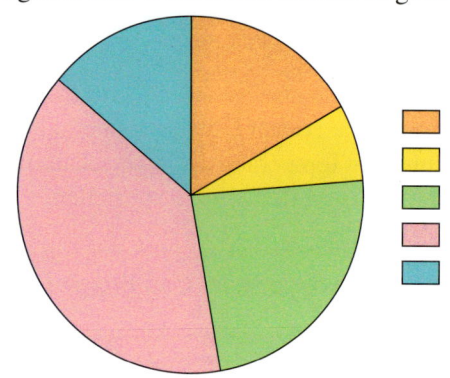

6 Das Diagramm zeigt, wie die Schülerinnen und Schüler zur Schule kommen.

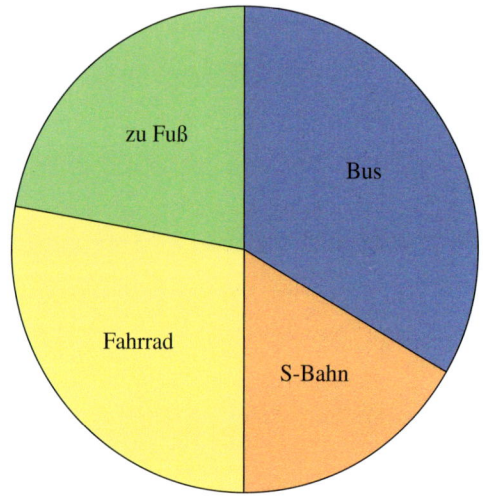

a) Gib an, wie viel Prozent auf jedes Verkehrsmittel entfällt.
b) Erstelle ein Streifendiagramm.

6 Inhaltsstoffe von Schokolade

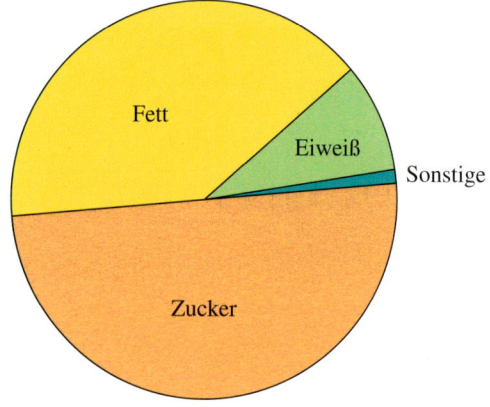

a) Wie viel Grad entfällt auf jeden der Inhaltsstoffe?
b) Berechne die Anteile für eine 100-g-Tafel. Fülle die Tabelle aus.

Zucker	Fett	Eiweiß	Sonstiges
▢ g	▢ g	▢ g	▢ g

7 Die Zusammensetzung deiner täglichen Mahlzeiten sollte so ähnlich wie in der Abbildung rechts aussehen.
a) Rechne alle Angaben in Prozent um. Wie viel Prozent entfallen auf Fette?
b) Berechne die Winkel für die angegebenen Nahrungsmittel. Zeichne ein Kreisdiagramm ins Heft.

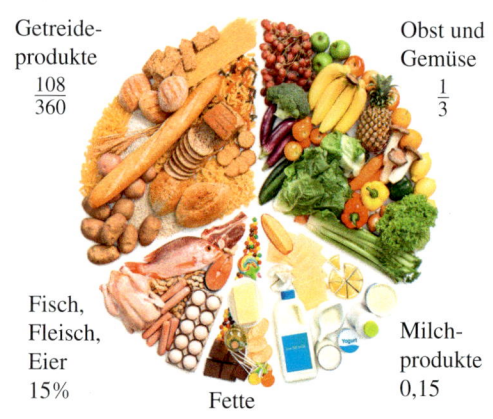

Getreide-
produkte
$\frac{108}{360}$

Obst und
Gemüse
$\frac{1}{3}$

Fisch,
Fleisch,
Eier
15%

Fette

Milch-
produkte
0,15

Zufall und Wahrscheinlichkeit

Entdecken

1 Bei einem Gewinnspiel kann man sich zunächst entscheiden, aus welchem Topf man eine Kugel ziehen will. Dann werden die Augen verbunden.
Hauptgewinn ist die Kugel mit der Zahl „5".
Aus welchem Gefäß würdest du die Kugel ziehen? Begründe deine Wahl.

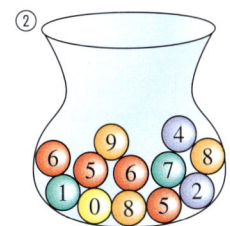

2 Marta und Marcus wollen eine Radtour durch das Obere Mittelrheintal machen.
Der Wetterbericht sagt für die Zeit ihrer Reise eine Regenwahrscheinlichkeit von 20 % voraus.
Würdest du ihnen raten Regenkleidung einzupacken?
Begründe deine Meinung.

3 Stelle dir vor, dass aus den folgenden Würfelnetzen Würfel gebastelt werden.
a) Gib für jeden Würfel alle möglichen Ergebnisse an.
b) Nenne jeweils auch ein Ergebnis, das nicht auftreten kann.
c) Welchen Würfel wählst du aus, um möglichst sicher eine „4" zu würfeln?
d) Welchen Würfel wählst du aus, um möglichst keine „4" zu würfeln?

①	1		
1	4	4	
	3		
	3		

②	4		
4	1	4	
	4		
	4		

③	2		
4	4	4	
	2		
	4		

④	2		
1	3	4	
	5		
	6		

⑤	1		
1	4	1	
	1		
	1		

4 👥 Arbeitet zu zweit.
Würfelt mit einem Legostein.
a) Überlegt euch zuerst, ob die Ergebnisse „Noppen", „Seite" und „Rücken" gleich oft gewürfelt werden können.
b) Überprüft eure Vermutung durch ein geeignetes Experiment.

Die Noppen liegen oben.

Die Seite liegt oben.

Der Rücken liegt oben.

5 👥 Beim Drehen des Glücksrades wurden bisher folgende Zahlen gedreht:
1; 2; 1; 2; 2
Diskutiert in Kleingruppen, wie oft noch gedreht werden muss, um eine „3" als Ergebnis zu erhalten.

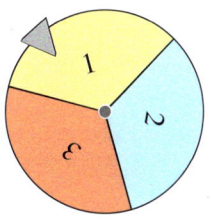

Verstehen

Pinar und Phillip drehen beim Schulfest das Glücksrad.
Das Glücksrad ist in acht **gleich große** Felder aufgeteilt und läuft vollkommen gleichmäßig.
Beim Drehen können die **Ergebnisse** 1 bis 8 auftreten.
Alle möglichen Ergebnisse kann man in der **Ergebnismenge S** zusammenfassen: $S = \{1; 2; 3; 4; 5; 6; 7; 8\}$.
Auf welcher Zahl der Zeiger stehenbleibt, hängt vom Zufall ab.
Die Wahrscheinlichkeit dafür kann berechnet werden.

Hauptgewinn bei 3: 1 Tag hausaufgabenfrei Kleingewinn bei 5 und 8

HINWEIS
P steht für das englische Wort für Wahrscheinlichkeit (probability).

Beispiel 1

Nur das rote Feld mit der 3 bringt den Hauptgewinn, d. h. dass ein Feld von acht möglichen Feldern günstig ist. Die Wahrscheinlichkeit für das Ergebnis „3" beträgt

$$P(3) = \frac{1}{8} = 0{,}125 = 12{,}5\%.$$

> **Merke** Zufallsexperimente, bei denen alle **Ergebnisse gleich wahrscheinlich** sind, nennt man **Laplace-Experimente**.
> Für die **Wahrscheinlichkeit P** für das Eintreten eines Ergebnisses e gilt: $P(e)$
> $= \dfrac{1}{\text{Anzahl der möglichen Ergebnisse}}$

Oft interessiert man sich bei einem Zufallsversuch nicht nur für ein einzelnes Ergebnis, sondern für mehrere Ergebnisse mit einer bestimmten Eigenschaft. Mehrere Ergebnisse können zu einem **Ereignis** zusammengefasst werden.

Beispiel 2

Wenn man am Glücksrad die Zahlen 5 oder 8 dreht, erhält man einen Kleingewinn, d. h. dass zwei Felder von acht möglichen Feldern günstig sind.
Die Wahrscheinlichkeit für das Ereignis „Kleingewinn" beträgt

$$P(\text{„Kleingewinn"}) = \frac{2}{8} = \frac{1}{4} = 0{,}25 = 25\%.$$

> **Merke** Mehrere Ergebnisse eines Zufallsversuchs können zu einem **Ereignis E** zusammengefasst werden.
> Für die **Wahrscheinlichkeit P** für das Eintreten eines Ereignisses E gilt:
> $P(E) = \dfrac{\text{Anzahl der günstigen Ergebnisse}}{\text{Anzahl der möglichen Ergebnisse}}$

Bei Ereignissen gibt es zwei Spezialfälle:
1. das Ereignis trifft **unmöglich** ein und 2. das Ereignis trifft **sicher** ein.

HINWEIS
Die Wahrscheinlichkeit kann in Prozentschreibweise, als Bruch oder Dezimalbruch ausgegeben werden.

Beispiel 3

Am Glücksrad kann kein Feld mit der Zahl 9 gedreht werden. Das Ereignis 9 ist unmöglich und die Wahrscheinlichkeit für das Ereignis beträgt 0 (0 %).
Für das sichere Ereignis „1; 2; 3; 4; 5; 6; 7; 8" beträgt die Wahrscheinlichkeit 1 (100 %).

> **Merke** Die Wahrscheinlichkeit für ein Ereignis nimmt Werte zwischen 0 (0 %) bis 1 (100 %) an.

Üben und anwenden

1 Kann hier ein Zufallsversuch durchgeführt werden? Begründe deine Antwort.

a)

b)

2 Betrachte das Glücksrad.

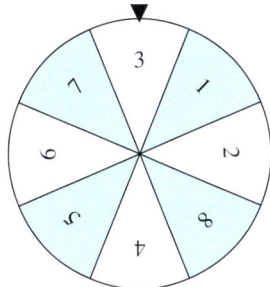

a) Gib alle möglichen Ergebnisse an.
b) Wie groß ist die Wahrscheinlichkeit dafür, dass die „3" gedreht wird?
c) Wie groß ist die Wahrscheinlichkeit für das Drehen eines weißen Feldes?

2 Betrachte das Glücksrad.

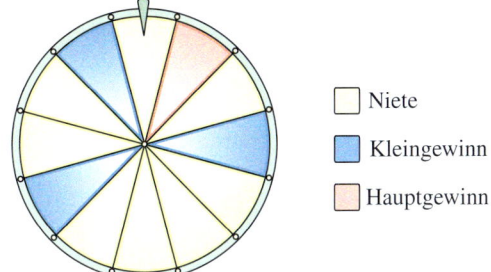

☐ Niete
☐ Kleingewinn
☐ Hauptgewinn

a) Gib alle möglichen Ergebnisse an.
b) Wie groß ist die Wahrscheinlichkeit für das Drehen des Hauptgewinns?
c) Beschreibe ein Ereignis. Gib die Wahrscheinlichkeit für das Ereignis an.

3 Entscheide und begründe, ob es sich jeweils um ein Laplace-Experiment handelt.
a) Wurf einer Münze: Kopf oder Zahl
b) Marmeladenbrot fällt vom Tisch auf die Marmeladenseite oder die Unterseite
c) Elfmeterschuss: Tor oder daneben
d) Ankreuzen im Fragebogen: ja oder nein
e) aus drei farbigen Stäbchen (gelb, grün, blau) verdeckt eines ziehen
f) Uli bekommt im Fach Sport die Note „befriedigend".
g) In einer Schule fehlen am Montag 13 Schülerinnen und Schüler.

3 Begründe, warum es sich um Laplace-Experimente handelt. Gib jeweils die Wahrscheinlichkeit an.
a) Aus einem vollständigen Skatspiel mit 32 Karten möchte Angelina den Kreuz-Buben ziehen.
b) Zehn Schüler knobeln aus, wer eine Eintrittskarte für das Kino gewinnt. Fynn zieht das kürzeste Hölzchen.
c) Beim „Mensch ärgere dich nicht" muss Nele eine „2" werfen, um zu gewinnen.
d) Beim Fußball entscheidet der Münzwurf über die Seitenwahl.

4 Gib jeweils ein sicheres und ein unmögliches Ereignis an. Begründe.

a)

b)

4 Nenne drei verschiedene Beispiele für ein Laplace-Experiment.
Gib jeweils ein sicheres und ein unmögliches Ereignis an.
Begründe deine Antwort.

5 Handelt es sich um Laplace-Experimente?
Begründe deine Antworten.

a) 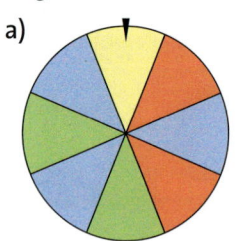 b)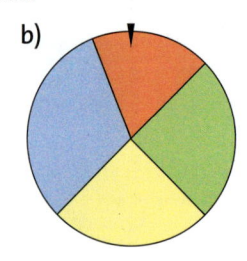

5 Wie groß ist bei jedem Würfel die Wahrscheinlichkeit für eine Drei (Sechs)?

a) 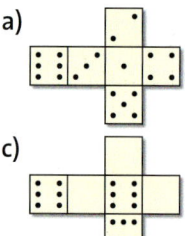 b)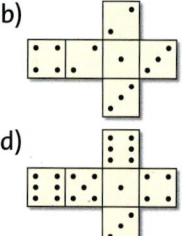

c) d)

6 👥 In einer Lostrommel befinden sich 30 Lose mit den Losnummern 1 bis 30.
Wie groß ist die Wahrscheinlichkeit dafür, dass beim ersten Zug eines
Loses Folgendes gilt: Die Losnummer ist …

a) eine Primzahl.
b) eine Quadratzahl.
c) 21.
d) eine gerade Zahl.
e) kleiner als 18.
f) 36.
g) durch 7 teilbar.
h) durch 30 teilbar.
i) größer als null.

7 Zeichne ein Glücksrad mit 16 gleich
großen Feldern. Färbe die Felder so, dass
folgende Wahrscheinlichkeiten gelten.

7 Zeichne ein Glücksrad, sodass folgende
Wahrscheinlichkeiten gelten:

rot $\frac{1}{4}$, grün $\frac{1}{3}$ und gelb $\frac{1}{6}$.

Färbe die restlichen Felder blau.
Gib an, wie groß ist die Wahrscheinlichkeit
für das Ergebnis „blau" ist.

HINWEIS ZU
DEN AUFGABEN **8**
UND **8**
*Eine Skizze hilft
beim Lösen der
Aufgaben.*

8 Beim Spiel „Wer wird Millionär?" muss bei
einer Frage aus vier Antwortmöglichkeiten
die richtige ausgewählt werden. Wie groß ist
die Wahrscheinlichkeit, …

a) eine Frage durch Raten richtig zu beantworten?
b) eine Frage durch Raten richtig zu beantworten, wenn zwei Antworten mithilfe
des 50:50-Jokers sicher ausgeschlossen
werden können?

8 In einem Gefäß liegen eine schwarze und
fünf weiße Kugeln.

a) Wie groß ist die Wahrscheinlichkeit,
dass du beim blinden Hineingreifen die
schwarze Kugel ziehst?
b) Aynur hat beim ersten Zug eine weiße
Kugel erwischt. Sie legt sie nicht wieder
zurück. Berechne nun die Wahrscheinlichkeit, dass sie beim zweiten Versuch
die schwarze Kugel zieht.

9 👥 In einer Schale befinden sich drei Kugeln.

a) Wie groß ist die Wahrscheinlichkeit dafür, dass beim ersten Zug
das „T" gezogen wird?
b) Angenommen, beim ersten Zug wurde das „T" gezogen und
nicht wieder zurückgelegt. Wie groß ist die Wahrscheinlichkeit, dass beim zweiten Zug das „O" gezogen wird?
c) Es werden nacheinander alle drei Kugeln aus der Schale gezogen. Welche Buchstabenreihenfolgen können auftreten?
Notiere die Möglichkeiten.
Welche ergeben ein richtiges Wort?

Zweistufige Zufallsexperimente beschreiben

Entdecken

1 Zum Mittagessen gibt es in einer Kantine mehrere Haupt- und Nachspeisen zur Auswahl. Damit die Köchin planen kann, muss man am Vortag in einer Tabelle ankreuzen, welches Gericht man essen möchte.
Wie viele unterschiedliche Menüs können bestellt werden?

Hauptspeise ⟍ Nachtisch	Apfel	Joghurt
Spaghetti		
Currywurst mit Pommes		
Salatteller		

2 An einem anderen Tag gibt es in der Kantine Tomatensuppe oder Salat als Vorspeise und Lasagne oder Fischstäbchen als Hauptspeise. Als Nachtisch gibt es Quarkspeise, Banane oder Eis. Die Auswahlmöglichkeiten will eine Auszubildenden als Diagramm darstellen.

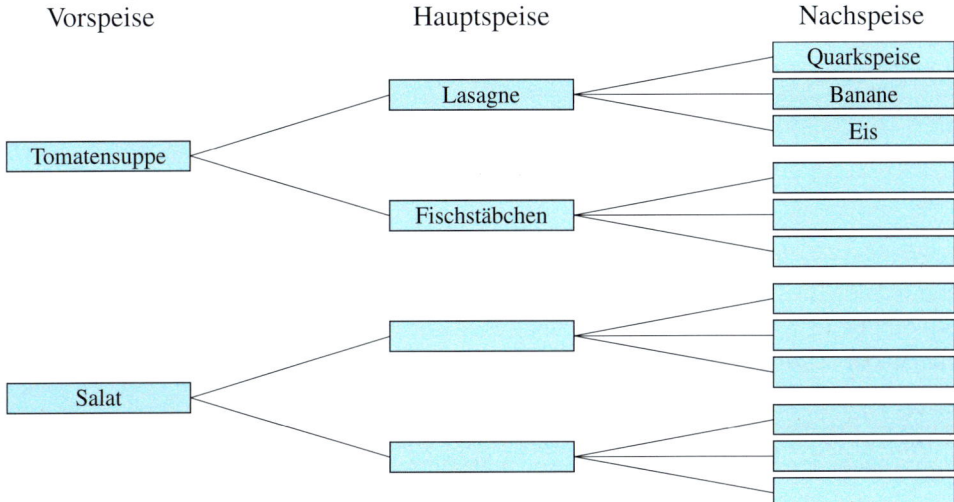

a) Übertrage das Schema in dein Heft und fülle die Felder aus.
b) Wie viele unterschiedliche Menüs können bestellt werden?

3 Die Schulmensa bietet Brötchen und Mehrkornbrötchen an. Sie sind mit Käse, Schinken oder Salami belegt.
a) Gülden meint, dass die Mensa sechs Varianten belegter Brötchen anbietet.
 Bist du dergleichen Ansicht? Begründe und schreibe alle möglichen Kombinationen zwischen Brötchenart und Belag auf, z. B. (Brötchen | Käse) oder (Mehrkorn | Schinken).
b) Neben den Brötchen und den Mehrkornbrötchen sollen noch Roggenbrötchen angeboten werden. Als Belag kommen Leberwurst und Frischkäse dazu.
 Wie viele Kombinationen gibt es nun? Lässt sich die Anzahl berechnen, ohne alle Möglichkeiten aufzuschreiben?

4 Bei den Tennismeisterschaften der Stadt haben bei den Mädchen Marie, Sarah, Dilara und Johanna das Halbfinale erreicht, d.h. sie gehören zu den letzten vier Spielern.
Nun wird ausgelost, wer gegen wen um den Einzug ins Finale spielen soll.
a) Kannst du die Auslosung als Tabelle darstellen?
b) Zeige deinen Mitschülern und Mitschülerinnen die möglichen Spielpaarungen in einem Diagramm (vergleiche Aufgabe 2).
c) Wie viele Spielpaarungen sind tatsächlich möglich?

Verstehen

HINWEIS
*Die Darstellung wird **Baumdiagramm** genannt, weil die Verzweigungen den Ästen und Zweigen eines Baumes ähneln.*

Schülerinnen und Schüler haben einen kleinen Shop eingereichtet, in dem sie auch T-Shirts mit dem Logo ihrer Schule verkaufen. Zur Auswahl stehen T-Shirts in den Größen S, M und L jeweils in den Farben Weiß und Grau. Bei der Auswahl eines T-Shirts sind zwei Entscheidungen nötig – die Größen- und die Farbauswahl.

Der Auswahlvorgang kann als **zweistufiges Zufallsexperiment** verstanden werden. Alle Möglichkeiten der Auswahl lassen sich übersichtlich in einem **Baumdiagramm** darstellen.

Beispiel 1

1. Stufe	2. Stufe	Ergebnisse
Größe	Farbe	geordnete Paare

T-Shirt

S — Weiß (S|Weiß)
S — Grau (S|Grau)
M — Weiß (M|Weiß)
M — Grau (M|Grau)
L — Weiß (L|Weiß)
L — Grau (L|Grau)

Die geordneten Paare kann man oben am Baumdiagramm ablesen. Es sind genau 6.
Im Shop werden drei Größen (1. Teilexperiment) und zwei Farben (2. Teilexperiment) verkauft. Deshalb gibt es $3 \cdot 2 = 6$ mögliche Kombinationen aus Größe und Farbe.
Das zweistufige Zufallsexperiment hat also 6 Ergebnisse.

> **Merke** Die Ergebnisse zweistufiger Zufallsexperimente sind **geordnete Paare**.
> Um die Anzahl der möglichen Ergebnisse zu bestimmen, können die beiden Anzahlen der Ergebnisse der Teilexperimente multipliziert werden.

Man kann die Wahrscheinlichkeit für ein bestimmtes Ergebnis (geordnetes Paar) bestimmen.

> **Merke** Handelt es sich bei beiden Teilen eines zweistufigen Zufallsversuchs um Laplace-Experimente, gilt die bisher bekannte Formel $P(E) = \dfrac{\text{Anzahl der günstigen Ergebnisse}}{\text{Anzahl der möglichen Ergebnisse}}$.

Beispiel 2

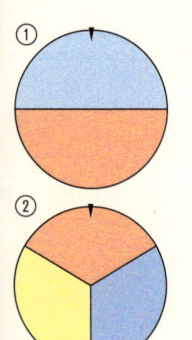

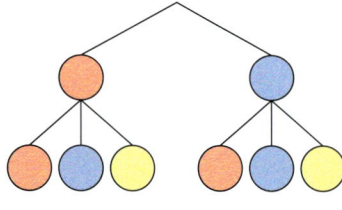

Ein zweistufiger Zufallsversuch besteht aus den Teilexperimenten „Drehen von Glücksrad ①" und „Drehen von Glücksrad ②". Beide stellen Laplace-Experimente dar.
Zeigen beide Glücksräder auf „Rot", erhält man den Hauptpreis. Einen Trostpreis gibt es für einmal „Rot" *und* einmal „Blau", egal in welcher Reihenfolge.
Der zweistufige Zufallsversuch hat $2 \cdot 3 = 6$ verschiedene Versuchsausgänge: (Rot|Rot); (Rot|Blau); (Rot|Gelb); (Blau|Rot); (Blau|Blau); (Blau|Gelb).
Die Wahrscheinlichkeit für den Hauptpreis (Rot|Rot) ist $P(E) = \frac{1}{6}$.
Die Wahrscheinlichkeit den Trostpreis mit (Rot|Blau) oder (Blau|Rot) zu gewinnen ist:

$$P(E) = \frac{\text{Anzahl der günstigen Ergebnisse}}{\text{Anzahl der möglichen Ergebnisse}} = \frac{2}{6} = \frac{1}{3}$$

Üben und anwenden

1 Familie Messerschmidt isst im Restaurant. Es gibt drei verschiedene Hauptspeisen: Steak, Pizza oder Auflauf. Es gibt zwei verschiedene Nachspeisen: Pudding oder Eis.
a) Wie viele Möglichkeiten gibt es, ein Essen zusammenzustellen?
b) Zeichne ein Baumdiagramm.

2 Wie viele Kombinationen könnte man anziehen?
a) Bernd hat fünf Hosen und drei Pullover.
b) Robert hat vier Hosen und vier Pullover.
c) Susanne hat elf Hosen und neun Pullover.
d) Bea hat sieben Hosen und acht Oberteile.
e) Steffi hat fünf Hosen und acht Oberteile.
f) Conny hat zwei Röcke, zwei Hosen und sechs Oberteile.

3 Eine Münze wird zweimal geworfen. Sie landet auf Wappen (W) oder auf Zahl (Z).
a) Zeichne ein Baumdiagramm.
b) Wie viele mögliche Ergebnisse gibt es?

4 Mit dem Würfel, dessen Netz abgebildet ist, wird zweimal hintereinander geworfen. Wie viele Möglichkeiten von Farbkombinationen gibt es?

5 In der Führerscheinprüfung müssen die richtigen Antworten aus vorgegebenen Antworten ausgewählt werden.
1. Frage: Sie nähern sich mit dem Auto Kindern, die auf dem Gehweg spielen. Wie müssen Sie sich verhalten?
① Langsamer fahren und bremsbereit sein.
② Unverändert weiterfahren.
③ Kräftig hupen und weiterfahren.
2. Frage: Wer ist für den verkehrssicheren Zustand eines zugelassenen Fahrzeugs verantwortlich?
① Der Fahrer   ② Der Halter
③ Die Haftpflichtversicherung
Josefine weiß die richtigen Antworten nicht und rät bei beiden Fragen. Wie viele Kombinationsmöglichkeiten hat sie?

1 In einem italienischen Restaurant gibt es drei verschiedene Suppen und fünf verschiedene Pizzen zur Auswahl.
Frau Hüller möchte eine Suppe und eine Pizza essen.
a) Zeichne ein Baumdiagramm.
b) Wie viele Möglichkeiten hat sie?

2 Eine Mensa bietet zum Mittagessen vier Hauptgerichte (Nudeln, Salat, Pizza, Fisch) und zwei Nachspeisen (Birne, Quark) an.
a) Zeichne ein zugehöriges Baumdiagramm.
b) Aus wie vielen Kombinationsmöglichkeiten können die Schülerinnen und Schüler das Essen auswählen?
c) Notiere alle Kombinationsmöglichkeiten als geordnete Paare z. B. (Pizza | Birne).

3 Aus einer Urne mit roten, blauen und gelben Kugeln wird zweimal mit Zurücklegen eine Kugel gezogen.
a) Zeichne ein Baumdiagramm.
b) Wie viele mögliche Ergebnisse gibt es?

4 Max möchte einen Cocktail mit zwei unterschiedlichen Säften mixen. Er hat sechs verschiedene Fruchtsäfte im Haus. Max meint, dass er 30 verschiedene Cocktails mixen kann. Sein Vater ist der Ansicht, dass es nur 15 sind. Welcher Meinung bist du? Begründe.

5 Simone wirft einen Würfel, notiert die Augenzahl und wiederholt das noch einmal. Sie zeichnet zu den möglichen Ergebnissen ein Baumdiagramm.

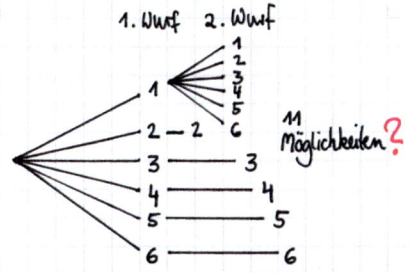

a) Worin liegt der Fehler? Korrigiere das Diagramm.
b) Wie viele mögliche Ergebnisse gibt es?

ZUM WEITERARBEITEN
Jeweils eine Antwort der zwei Fragen in Aufgabe 5 ist richtig. Welche?

6 Eine Münze wird zweimal hintereinander geworfen.

a) Zeichne ein zugehöriges Baumdiagramm.
b) Mit welcher Wahrscheinlichkeit wird zweimal Zahl geworfen?
c) Mit welcher Wahrscheinlichkeit wird mindestens einmal Zahl geworfen?

7 Familie Erlbach erwartet Zwillinge.
a) Welche Geschlechtskombinationen sind möglich?
b) Zeichne ein zugehöriges Baumdiagramm.
c) Sohn Leon von Familie Erlbach meint, dass die Wahrscheinlichkeit für zwei Schwestern bei $\frac{1}{3}$ liegt.
Bist du gleicher Meinung? Begründe.
d) Mit welcher Wahrscheinlichkeit erhält Leon eine Schwester und einen Bruder?

ZU AUFGABE 8

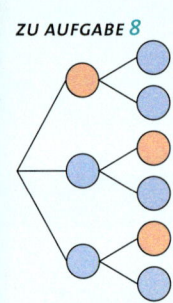

8 Jans Sockenkiste ist fast leer. Es liegen nur noch ein roter und zwei blaue Strümpfe darin. Noch verschlafen nimmt er sich ohne Hinzusehen zwei Strümpfe heraus.
a) Erkläre das Baumdiagramm.
b) Wie groß ist die Wahrscheinlichkeit, dass Jan zufällig zwei blaue Strümpfe erwischt?

9 Bei einem Schulsportfest haben 3 Schüler den Endlauf über 100 m erreicht.

Die Schülerinnen und Schüler der Klasse 9 a schließen Wetten ab, wer als wievielter ins Ziel kommt.

a) Wie viele Möglichkeiten gibt es, die ersten beiden Läufer vorherzusagen?
b) Wie groß ist die Wahrscheinlichkeit die beiden schnellsten vorherzusagen?
c) Wie viele Möglichkeiten gibt es, wenn am Endlauf 4 Läufer teilnehmen?
d) Wie groß ist die Wahrscheinlichkeit nun die beiden schnellsten vorherzusagen?

6 In einem Gefäß befinden sich sechs grüne und zwei weiße Kugeln. Es wird zweimal blind mit Zurücklegen gezogen.
a) Zeichne ein Baumdiagramm.
b) Spielt es eine Rolle, ob in einem Ergebnis mit zwei verschiedenfarbigen Kugeln die weiße zuerst oder zuletzt gezogen wurde? Begründe.
c) Spielt es eine Rolle, ob in einem Ergebnis mit zwei gleichfarbigen Kugeln weiße oder grüne Kugeln gezogen wurden? Begründe.

7 Die fünf Schokolinsen liegen in einer undurchsichtigen Tüte.
a) Schreibe alle möglichen Farbkombinationen als geordnete Paare auf.

b) Melissa meint, es gibt 20 unterschiedliche Farbkombinationen. Bist du gleicher Meinung? Begründe.

8 Zeichne die Lösungen in einem Baumdiagramm ein.
Wie viele zweistellige Zahlen kann man aus den Ziffern 4, 5, 6, 7, 8 und 9 bilden, wenn …
a) jede Ziffer nur einmal vorkommen darf?
b) jede Ziffer auch mehrfach vorkommen kann?

9 Bei Pferderennen bieten Wettbüros die sogenannte Zweierwette an.
Die Zweierwette gewinnt, wer den Sieger und das zweitplatzierte Pferd eines Rennens in der richtigen Reihenfolge gewettet hat.
a) Wie viele Kombinationsmöglichkeiten für die Zweierwette gibt es, wenn …
① fünf,
② sechs,
③ zehn…
Pferde teilnehmen?
b) Wie groß ist die Wahrscheinlichkeit die ersten beiden Pferde vorherzusagen, wenn zehn Pferde teilnehmen?

Pfadregeln

Entdecken

1 Die beiden Glücksräder werden nacheinander gedreht.

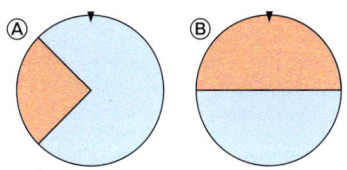

a) Wie groß ist die Wahrscheinlichkeit, mit dem ersten Glücksrad „Rot" zu drehen? Gib die Wahrscheinlichkeit für „Rot" auch beim zweiten Glücksrad an.

b) Um die möglichen Versuchsausgänge des zweistufigen Zufallsexperiments zu veranschaulichen, hat Caterina das Baumdiagramm ① gezeichnet. Sie meint: „Es gibt vier unterschiedliche Versuchsausgänge. Also liegt die Wahrscheinlichkeit, mit beiden Glücksrädern „Rot" zu drehen, bei $\frac{1}{4}$."
Nimm Stellung zu ihrer Aussage.

c) Mark und Eileen schlagen vor, die rechts abgebildeten Baumdiagramme ② und ③ zur Veranschaulichung des zweistufigen Zufallsexperiments zu verwenden. Begründe warum sie diese Wahl getroffen haben.
Nenne Vorzüge und Nachteile der beiden Baumdiagramme.

d) Bestimme die Wahrscheinlichkeit, beide Male „Rot" zu drehen aus dem Diagramm ②. Beschreibe wie du vorgehst.

e) Wie lässt sich die Wahrscheinlichkeit für dieses Ereignis aus dem Baumdiagramm ③ berechnen?

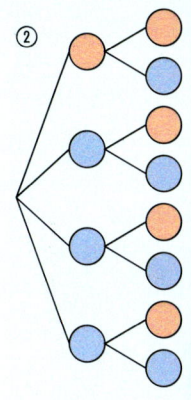

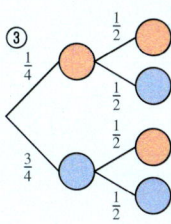

2

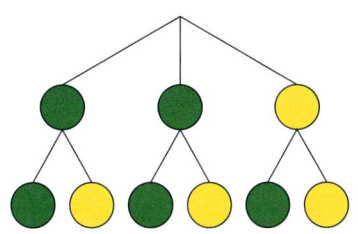

Dieses Baumdiagramm gehört zu einem Zufallsexperiment mit zwei Glücksrädern.

a) Zeichne die beiden Glücksräder als Kreise und färbe sie nach dem Baumdiagramm passend ein.
Erläutere dein Ergebnis.

b) Ist das Ergebnis (Grün|Grün) genauso wahrscheinlich wie das Ergebnis (Gelb|Gelb)?

c) Gib die Wahrscheinlichkeit für (Gelb|Gelb) als Bruch an.

d) Schreibe wie im Baumdiagramm ③ der Randspalte die entsprechenden Brüche an die einzelnen Verbindungen.

e) Jaqueline meint: „ Wahrscheinlich bleibt in 5 von 9 Fällen eines der beiden Glücksräder auf grün stehen." Bist du auch der Meinung? Begründe sie.

3 An einer Schule wurden zufällig Beleuchtung und Bremsen von 150 Fahrrädern kontrolliert. Die Tabelle zeigt das Ergebnis der Kontrolle.

	In Ordnung	Nicht in Ordnung
Beleuchtung		60
Bremsen	135	

a) Fülle die Tabelle vollständig in deinem Heft aus.

b) Erkläre, wie du ein Baumdiagramm zu diesem Zufallsversuch zeichnen kannst.

c) Ein beliebiges Fahrrad wird ausgewählt.
  ① Wie groß ist die Wahrscheinlichkeit, dass nur eine der beiden Prüfungen erfolgreich verläuft?
  ② Mit welcher Wahrscheinlichkeit werden beide Prüfungen bestanden?
  ③ Wie viele Fahrräder waren das?

Verstehen

In einer Klasse wird ein Zufallsexperiment durchgeführt.
Mit verbundenen Augen wird:
1. eine der drei Urnen ausgewählt.
2. aus dieser Urne eine Kugel gezogen.

 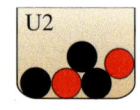 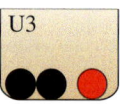

Beispiel 1

Wie groß ist die Wahrscheinlichkeit, bei diesem Experiment eine rote Kugel zu ziehen.

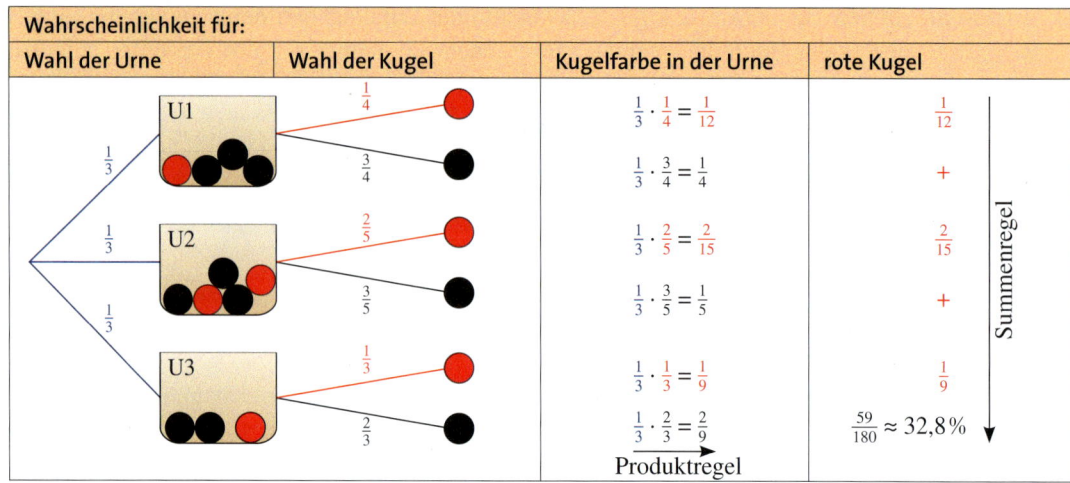

Wahrscheinlichkeit für:			
Wahl der Urne	**Wahl der Kugel**	**Kugelfarbe in der Urne**	**rote Kugel**

Die Wahrscheinlichkeit eine rote Kugel zu ziehen beträgt insgesamt $\approx 32{,}8\,\%$.

Merke **Produktregel:**
Bei zweistufigen Zufallsexperimenten ergibt sich die Wahrscheinlichkeit eines Ergebnisses aus dem Produkt der Wahrscheinlichkeiten der einzelnen Teilergebnisse.

Summenregel:
Die Wahrscheinlichkeit eines Ereignisses ergibt sich durch Addition der Wahrscheinlichkeiten von allen Ergebnissen, die zu diesem Ereignis gehören.

Wahrscheinlichkeiten berechnen mit der Produkt- und Summenregel
1. Zerlege die Situation in Teilversuche und zeichne ein Baumdiagramm.
2. Notiere die Wahrscheinlichkeiten der Versuchsausgänge an den Ästen.
3. Markiere die Pfade, die zu den gewünschten Ergebnissen führen. Berechne die Wahrscheinlichkeiten mit der Produktregel.
4. Berechne die Wahrscheinlichkeit des Ereignisses mit der Summenregel.

Merke Es gibt Zufallsexperimente, bei denen der Ausgang des ersten Teilversuchs die Wahrscheinlichkeit des zweiten Teilversuchs beeinflusst.

Beispiel 2

Aus einer Urne mit drei orangen und zwei blauen Kugeln wird eine Kugel gezogen. **Sie wird nicht zurückgelegt**, dann wird noch einmal gezogen. Wie groß sind die Wahrscheinlichkeiten?

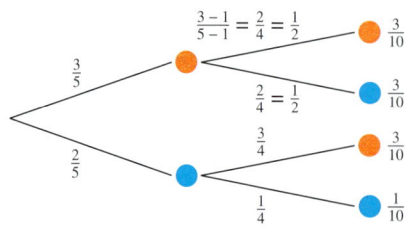

Randspalte:

HINWEIS
*Die Wahrscheinlichkeit für eine zufällige Wahl ist jeweils an den **Pfad** des Baumdiagramms (Ast) geschrieben.*

HINWEIS
Die Produkt- und Summenregel werden auch Pfadregeln genannt.

HINWEIS
*Bei diesem Zufallsexperiment handelt es sich um ein Zufallsexperiment ohne **Zurücklegen**.*

Üben und anwenden

1 An einer Losbude sind $\frac{1}{10}$ aller Lose Gewinne (G) und $\frac{9}{10}$ aller Lose Nieten (N).

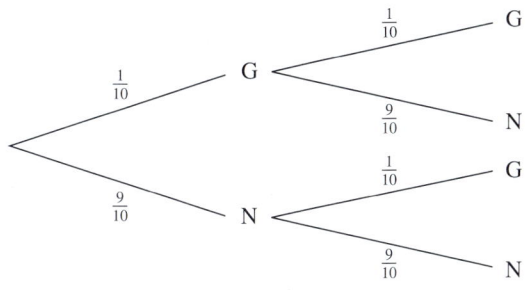

Wie groß ist die Wahrscheinlichkeit, beim Ziehen von zwei Losen …
a) zwei Nieten zu erhalten,
b) mindestens einen Gewinn zu erhalten,
c) mindestens eine Niete zu erhalten,
d) keine Nieten zu erhalten?

2 In einer Urne liegen zwei rote, zwei blaue und zwei gelbe Kugeln.
Erst zieht Arne eine Kugel und legt sie wieder zurück, dann zieht Britta eine Kugel.
a) Zeichne ein Baumdiagramm zu dem Experiment.
b) Wie groß ist die Wahrscheinlichkeit, zwei verschiedenfarbige Kugeln aus der Urne zu ziehen?
c) Was meinst du: werden häufiger verschiedenfarbige oder gleichfarbige Kugeln gezogen?
Begründe deine Antwort.

3 Erfahrungsgemäß wird in einem Mathekurs der 7 d mit 90 %iger Wahrscheinlichkeit das Buch mitgebracht, ein Geodreieck aber nur mit 70 %iger Wahrscheinlichkeit.
Wie groß ist die Wahrscheinlichkeit, dass im Mathekurs weder das Buch noch das Geodreieck fehlt?

4 Die beiden Glücksräder werden gleichzeitig gedreht.
a) Zeichne ein Baumdiagramm.
b) Bestimme die Wahrscheinlichkeit dafür, dass beide Glücksräder auf „Rot" stehen bleiben.
c) Mit welcher Wahrscheinlichkeit erhält man (Rot|Weiß)?

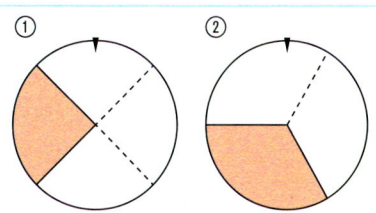

1 Aus den Urnen 1 und 2 wird je eine Kugel gezogen.

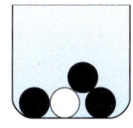 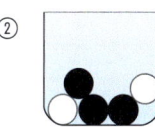

a) Zeichne ein zugehöriges Baumdiagramm.
b) Wie groß ist die Wahrscheinlichkeit, dass beide Kugeln die Farbe „Weiß" haben?
c) Mit welcher Wahrscheinlichkeit sind beide Kugeln schwarz?
d) Yasin meint, dass die Wahrscheinlichkeit, zwei weiße Kugeln zu ziehen, ein Viertel beträgt.
Bist du gleicher Meinung?
Welchen Fehler könnte Yasin gemacht haben?

2 In einer Urne liegen sechs blaue und vier rote Kugeln. Nacheinander werden zwei Kugeln gezogen und nach jedem Zug wieder in die Urne zurückgelegt.
a) Zeichne ein passendes Baumdiagramm.
b) Wie groß ist die Wahrscheinlichkeit, dass...
① zwei blaue Kugeln gezogen werden,
② mindestens eine blaue Kugel gezogen wird,
③ eine rote und eine blaue Kugel gezogen wird,
④ mind. eine rote Kugel gezogen wird?
c) Bei welchem Aufgabenteil von b) musstest du die Summenregel anwenden, bei welchem nicht? Begründe.

3 Beim Freiwurf im Basketball trifft Mike mit einer Wahrscheinlichkeit von 60 %.
Jan hat 38 der letzten 50 Freiwürfe getroffen.
Jeder wirft einmal auf den Korb.
Mit welcher Wahrscheinlichkeit erzielen die beiden Jungs zusammen keinen einzigen Treffer, wenn sie nacheinander werfen?

HINWEIS
Nicht immer braucht man in einem Baumdiagramm alle möglichen Pfade darzustellen. Man kann auch solche Pfade zusammenfassen, die in der Untersuchung nötig oder unnötig sind.

5 Dies ist das Baumdiagramm zu einem Zufallsversuch mit Kugeln.

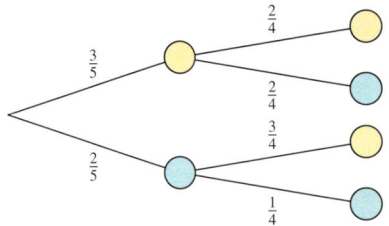

a) Wie viele Kugeln liegen beim Start insgesamt im Gefäß?
b) Wie viele sind beim Start gelb, wie viele sind blau?
c) Gib die Wahrscheinlichkeit für das Ergebnis (Gelb|Gelb) und (Blau|Blau) an.
d) Wie viele Kugeln liegen nach der ersten Ziehung im Gefäß?
e) Wie ist das Experiment abgelaufen?

6 Ein Mathematiklehrer führt einen kurzen Multiple-Choice-Test durch.

ZUR INFORMATION
In manchen Tests braucht man „nur" die richtige Lösung anzukreuzen. Man sagt, dass die Lösungsangabe im „Multiple-Choice-Verfahren" erfolgt.

> 1) Welches Gesetz wurde hier verwendet?
> $3(4a - 5) = 12a - 15$
> ❏ Verbindungsgesetz (Assoziativgesetz)
> ❏ Vertauschungsgesetz (Kommutativgesetz)
> ❏ Verteilungsgesetz (Distributivgesetz)
> 2) Welchen Wert hat der Term $3(4a - 5)$ für $a = 0$?
> ❏ −3
> ❏ −15

a) Löse die Aufgaben des Tests.
b) Ein Schüler muss die Lösungen raten. Mit welcher Wahrscheinlichkeit rät er beide (genau eine, keine) Aufgaben richtig? Zeichne ein Baumdiagramm.
c) Mit welcher Wahrscheinlichkeit rät man beide Aufgaben richtig, wenn bei beiden Fragen eine Antwortmöglichkeit mehr angegeben wird.

5 Beim Spiel „Mensch ärgere dich nicht" muss man zum Start in höchstens drei Würfen eine 6 geworfen haben.

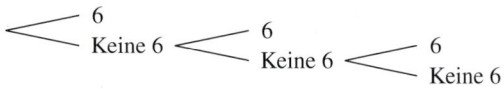

Das Baumdiagramm wurde entsprechend so gezeichnet, dass in den Ergebnissen nur „6 werfen" (6) und „nicht 6 werfen" (Keine 6) betrachtet wird.

a) Übertrage das Baumdiagramm in dein Heft. Vervollständige anschließend die Einzelwahrscheinlichkeiten entlang der Pfade.
b) Wie groß ist jeweils die Wahrscheinlichkeit, mit dem ersten, dem zweiten bzw. dem dritten Wurf eine 6 zu würfeln?

6 Bei einem Berufseignungstest einer Firma gibt es fünf Fragen. Nur eine Antwort zu jeder Frage ist richtig.

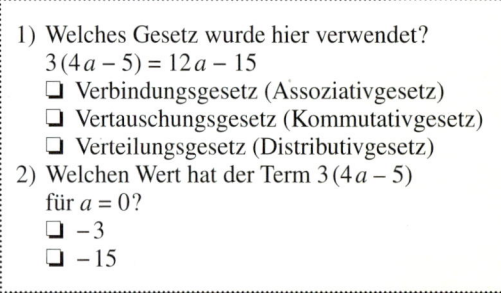

Jens meint, er könne die Aufgaben nur durch zufälliges Tippen erfolgreich lösen.

a) Überprüfe diese Meinung mithilfe eines Baumdiagramms, in dem du die Wahrscheinlichkeiten für richtige und für falsche Antworten untersuchen kannst.
b) Welchen allgemeinen Rat kannst du Jens für Multiple-Choice-Tests geben?

7 Zwei Fußballprofis schießen abwechselnd auf eine Torwand. Der erste Profi trifft mit einer Wahrscheinlichkeit von 25%, der zweite mit einer Wahrscheinlichkeit von 30%.
a) Wie groß ist die Wahrscheinlichkeit, dass beide Profis treffen?
b) Wie groß ist die Wahrscheinlichkeit, dass mindestens ein Profi trifft?
c) Wie groß ist die Wahrscheinlichkeit, dass keiner der beiden Profis trifft?

Thema: Vierfelderfarbtafeln

In der Schulkantine der Julius-Leber-Schule kann zwischen zwei Nachtischen und zwei Hauptspeisen ausgewählt werden. Die Köchin Maria erstellt eine Tabelle, in der die Schüler ihre Wahlkombination eintragen. Maria interessiert aber, wie viele Speisen sie jeweils kochen muss, um somit auch die Zutatenmenge entsprechend einkaufen zu können. Dafür erstellt sie eine sogenannte **Vierfeldertafel:**

	Eis	Pudding	Gesamtzahl
Nudeln	Summe 120	91	120 + 91 = 211
Gyros mit Reis	109	80	109 + 80 = 189
Gesamt-zahl	120 + 109 = 229	91 + 80 = 171	400

Hierbei zeigen die vier blauen Felder die Essenswünsche der Schüler an. Die gelben Felder zeigen hingegen die Summe aus der jeweiligen Zeile oder Spalte der Tabelle.
Maria kann nun aus der Tabelle ablesen, wie viele Schüler ein Eis möchten oder wie viel Gyros sie kaufen muss. Kannst du auch sagen, wie viele Schüler insgesamt in der Kantine essen?

1 Diese Woche hat Maria Unterstützung durch einen Praktikanten. Karl möchte den Schülerinnen und Schülern verschiedene Nachspeisen anbieten.
Dazu erstellt er eine Vierfeldertafel, wie er es bei Maria gesehen hat.
311 Schülerinnen und Schüler wählen Milchreis, davon 220 mit Kirschen. 63 Kinder wünschen sich Grießbrei mit Kirschen, 26 ohne Kirschen.
Fülle die Tabelle für Karl aus.

	mit Kirschen	ohne Kirschen	Gesamtzahl
Milchreis			
Grießbrei			
Gesamt-zahl			

2 👥 Führt in eurer Klasse eine Befragung durch. Bringt dabei in Erfahrung, wie viele Jungen und Mädchen jeweils in einem Sportverein sind und wie viele nicht.
a) Zeichne dazu nun eine Vierfeldertafel in dein Heft, trage die Umfrageergebnisse in die richtigen Felder und ergänze diese um die Gesamtzahlen.
b) Kannst du aus der Tabelle einfach ablesen, wie viele Mädchen in eurer Klasse sind?

3 Bisher wurden in den Vierfeldertafeln nur absolute Häufigkeiten eingetragen. Wenn man jedoch die Zahlen in den Feldern jeweils durch die Gesamtzahl (unten rechts) dividiert, erhält man die relativen Häufigkeiten.
a) Beschreibe die Tabelle rechts.
b) Übertrage die Tabelle, allerdings mit relativen Häufigkeiten, in dein Heft.
c) Schätze, welcher Anteil der Bevölkerung blaue Augen hat.

	blaue Augen	andere Farbe	Gesamtzahl
Männer	9	43	52
Frauen	16	32	48
Gesamt-zahl	25	75	100

ZUM WEITERARBEITEN
Überlege dir, wie du die Daten aus Aufgabe 3 in einem Baumdiagramm darstellen kannst.

Klar so weit?

→ Seite 110

Daten in Diagrammen darstellen und auswerten

1 Für viele Tätigkeiten im Haushalt brauchen wir Wasser. Gib für die einzelnen Tätigkeiten den Anteil am Wasserverbrauch an.

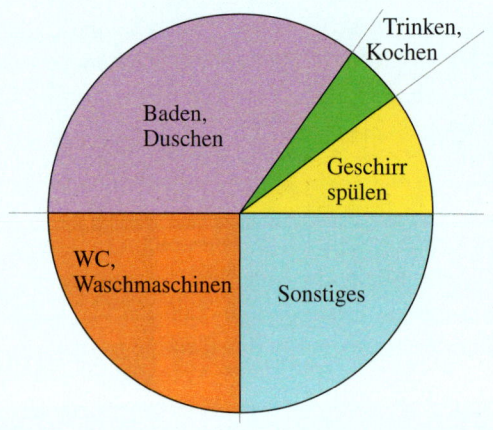

1 Eine Untersuchung befasste sich damit, welche Nahrungsmittel Kinder und Jugendliche zwischen 6 und 17 Jahren bevorzugen. Das Diagramm zeigt die absoluten Zahlen von insgesamt 100 Befragten.

	mind. einmal in der Woche	seltener	nie
Joghurt	81	17	2
Nudelgerichte	80	18	2
Suppe	60	34	6
Pommes frites	59	38	3
Cornflakes	58	31	11

a) Erstelle für jede einzelne Angabe eine Tabelle mit entsprechender Prozentabgabe.
b) Zeichne jeweils ein Kreisdiagramm.

→ Seite 116

Zufall und Wahrscheinlichkeit

2 Hängen diese Vorgänge vom Zufall ab?
a) Ziehung der Lotto-Zahlen
b) Geschlecht eines Kindes
c) Beginn der Sommerferien
d) Ziehen einer Karte bei einem Quartett

2 Handelt es sich um Zufallsversuche?
Falls ja, gib mögliche Ergebnisse an.
a) Ziehung der ersten Kugel bei „6 aus 49"
b) Ziehen eines Loses
c) Ermitteln eines Gewichtes einer Kugel

3 In einer Schale liegen 10 bunte Kugeln. Sie unterscheiden sich nur in ihrer Farbe.
a) Welche Ergebnisse sind beim Ziehen einer Kugel aus der Schale möglich?
b) Handelt es sich bei dem Zufallsversuch um ein Laplace-Experiment? Begründe.

4 Vergleiche die drei Zufallsversuche. Gibt es Unterschiede bei den Wahrscheinlichkeiten? Begründe.

② Ziehen einer Karte aus den sechs gemischten Karten Ass, König, Bube, Sieben, Zehn und Neun

① Werfen eines Würfels

③ Ziehen einer Kugel aus einer Lostrommel, in der sich sechs verschiedenfarbige Kugeln befinden

4 Wie kommt die Klasse 7b zur Schule?

Bus	Fahrrad	Auto	zu Fuß
10	9	5	6

Gib die Wahrscheinlichkeit für die folgenden Ereignisse an: Eine zufällig ausgewählte Person erreicht die Schule…
a) mit dem Fahrrad,
b) zu Fuß,
c) nicht mit dem Auto,
d) mit dem Fahrrad oder zu Fuß.

Zweistufige Zufallsexperimente beschreiben

→ Seite 120

5 Aus dem abgebildeten Würfelnetz wird ein Würfel gebaut.
Er wird zweimal geworfen.

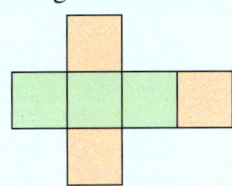

a) Zeichne für diesen Zufallsversuch ein passendes Baumdiagramm und gib die Ergebnisse als geordnete Paare an.

b) Gib alle Ergebnisse an, die zum Ereignis „zwei gleiche Farben" gehören und markiere die passenden Pfade im Baumdiagramm.

5 Aus den abgebildeten Würfelnetzen werden zwei Würfel gebaut und diese nacheinander geworfen.

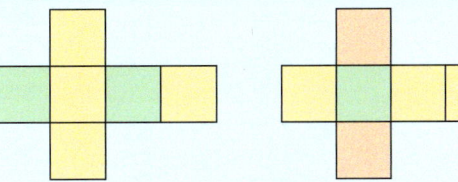

a) Zeichne ein passendes Baumdiagramm und gib die Ergebnisse als geordnete Paare an.

b) Gib die folgenden Ereignisse an und markiere sie im Baumdiagramm:
A: „zwei gleiche Farben"
B: „zwei verschiedene Farben"

Pfadregeln

→ Seite 124

6 In einer siebten Klasse sind 14 Jungen und 12 Mädchen. Die Klassenlehrerin wählt zufällig eine Person und dann noch eine Person für den Tafeldienst aus. Erkläre das Baumdiagramm.

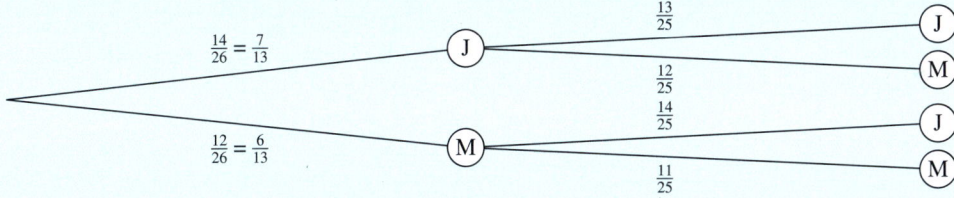

a) Warum verändern sich die Wahrscheinlichkeiten nach der Auswahl der ersten Person?

b) Wie groß ist die Wahrscheinlichkeit dafür, dass zwei Mädchen ausgewählt werden?

c) Bestimme die Wahrscheinlichkeit dafür, dass ein Junge und ein Mädchen zusammen Tafeldienst machen.

7 Aus dieser Urne sollen nacheinander zwei Kugeln mit Zurücklegen gezogen werden.
Bestimme die Wahrscheinlichkeit für folgende Ereignisse:

a) genau zwei weiße Kugeln
b) genau eine rote Kugel
c) mindestens eine blaue Kugel
d) keine blaue Kugel
e) eine rote und eine blaue Kugel in beliebiger Reihenfolge

7 In einer Urne befinden sich vier blaue und sechs rote Kugeln.

a) Zeichne ein Baumdiagramm für zweimaliges Ziehen mit Zurücklegen.

b) Bestimme die Wahrscheinlichkeiten für das Ziehen von …
① genau zwei roten Kugeln,
② mindestens einer roten Kugel,
③ einer blauen und einer roten Kugel,
④ mindestens einer blauen Kugel.

c) Wie verändern sich die Wahrscheinlichkeiten, wenn die Kugeln ohne Zurücklegen gezogen werden?

Vermischte Übungen

HINWEIS

Zum besseren Ablesen der Winkel aus Kreis-diagrammen kann man das Diagramm auf Transparent-papier über-tragen und die Schenkel der Winkel ver-längern.

1   Das Diagramm zeigt die Marktanteile einiger Fernsehsender im Jahresdurch-schnitt 2009.
Bestimme die Marktanteile der einzelnen Fernsehsender.

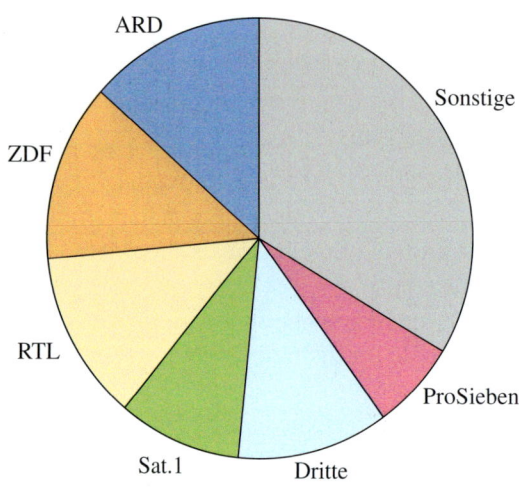

2   Es wird ein Würfel geworfen. Wie groß ist die Wahrscheinlichkeit dafür, dass folgende Ereignisse eintreten? Die Augenzahl ist …
a) gerade.
b) kleiner als zwei.
c) kleiner als sieben.
d) größer als eins.
e) sieben.

3   Ein Torwart führt eine Statistik darüber, ob er einen Elfmeter gehalten hat oder nicht.

Dabei steht „T" für Tor und „G" für gehalten:

TTGTT TGGTT GTTTT
TTTTG TTTTT

Überprüfe die Aussagen.
a) Die Wahrscheinlichkeit dafür, dass ein Elf-meter gehalten wird, liegt bei 5%.
b) Der Torwart wird den nächsten Elfmeter wahrscheinlich nicht halten.
c) Von den nächsten fünf Elfmetern wird der Torwart einen halten.
d) Möglich ist, dass der Torwart von den fol-genden zehn Elfmetern keinen halten wird.
e) Möglich ist, dass der Torwart von den folgenden zehn Elfmetern alle halten wird.

HINWEIS ZU 3

Ein Skatspiel hat die Karten 7, 8, 9, 10, Bube, Dame, König und Ass jeweils in den Farben Kreuz, Pik, Herz und Karo.

1   Eine Schule hat 740 Schülerinnen und Schüler.
Die Anteile der Jahrgangsstufen 5/6, 7/8 und 9/10 zeigt das Kreisdiagramm.

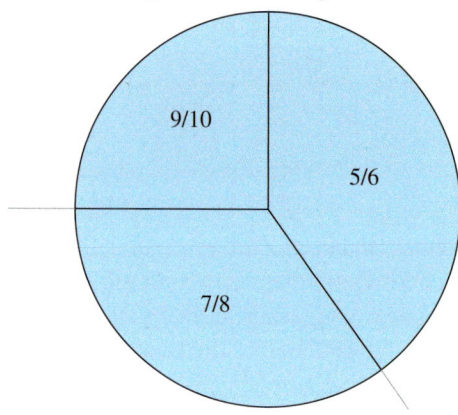

Miss die Winkel und bestimme die jeweiligen Schülerzahlen in den verschiedenen Jahrgangs-stufen.

2   In einer Lostrommel liegen 25 Kugeln, die mit den Zahlen 1 bis 25 beschriftet sind. Eine Kugel wird gezogen und danach wieder in die Trommel zurückgelegt.
Bestimme die Wahrscheinlichkeit für das Ziehen einer …
a) ungeraden Zahl,
b) Primzahl,
c) Quadratzahl,
d) durch drei teilbaren Zahl,
e) geraden und durch drei teilbaren Zahl,
f) negativen Zahl.

3   Aus 32 Skatkarten wird eine Karte gezo-gen. Berechne die Wahrscheinlichkeit für das Ziehen der folgende Ereignisse.
a) mindestens eine rote Karte
b) höchstens zwei Buben
c) Karo-Sieben
d) ein Ass
e) Herz-Ass
f) eine Herz-Karte
g) eine Herz-Karte oder Karo-Karte
h) Kreuz-Ass oder Pik-Ass
i) einen Joker

4 In einem Kaugummiautomaten befinden sich gelbe, rote und blaue Kaugummis. Nacheinander werden zwei Kaugummis gezogen.
a) Zeichne ein Baumdiagramm.
b) Wie viele Möglichkeiten gibt es?

5 Aus einer Urne mit drei gelben und zwei blauen Kugeln wird eine Kugel gezogen, zurückgelegt und dann eine weitere Kugel gezogen.
Wie groß ist die Wahrscheinlichkeit, dass die Kugeln verschiedene Farben haben?

6 Ein Tresor verfügt über zwei Drehknöpfe, die auf die Zahlen 1 bis 8 eingestellt werden können. Nur bei der richtigen Zahlenkombination öffnet sich der Tresor.

a) Wie viele Kombinationsmöglichkeiten gibt es?
b) Bei einem neuen Tresormodell soll es 96 Kombinationsmöglichkeiten geben. Wie ist das möglich?
Nenne zwei Möglichkeiten für Zahlen auf den Drehknöpfen.

7 Ein Paar wünscht sich zwei Kinder. Mit einer Wahrscheinlichkeit von 51% wird ein Junge geboren, bei einem Mädchen sind es 49%.
a) Wie groß ist die Wahrscheinlichkeit, dass beide Kinder Mädchen sind?
b) Bestimme die Wahrscheinlichkeit für zwei Jungen.
c) Wie groß ist die Wahrscheinlichkeit, dass das zweite Kind ein Mädchen ist?

4 In seinem Kleiderschrank findet Thilo genug T-Shirts und Hosen, um daraus 24 verschiedene Kombinationen zu bilden.
Wie viele T-Shirts und Hosen könnten im Schrank liegen?
Finde mehrere Möglichkeiten.

5 Ein Glücksrad mit sechs gleich großen Feldern wird gedreht. Zwei Felder sind blau, drei sind weiß, eines ist rot.
a) Zeichne das Glücksrad in dein Heft.
b) Wie groß ist die Wahrscheinlichkeit, bei zweimaligem Drehen auf unterschiedlich gefärbten Feldern zu landen?

6 Zwei Spielwürfel werden nacheinander geworfen. Die Augenzahl wird notiert. Zum Beispiel wird zuerst eine Vier und dann eine Fünf geworfen, notiert wird $(4|5)$.

a) Wie viele mögliche Ergebnisse hat dieser Zufallsversuch?
b) Gib folgende Ereignisse als Menge geordneter Paare an:
  A: Beide Augenzahlen sind gerade.
  B: Die zweite Augenzahl ist größer als die erste Augenzahl.
  C: Das Produkt der beiden Augenzahlen ist kleiner als 10.
c) Überlege dir zu diesem Zufallsversuch zwei weitere mögliche Ereignisse.

7 Eine Gruppe besteht aus 3 Frauen und 7 Männern. Es werden zufällig zwei Personen ausgewählt.
a) Bestimme die Wahrscheinlichkeit für …
  ① zwei Frauen,
  ② zwei Männer,
  ③ keinen Mann,
  ④ einen Mann und eine Frau.
b) Wie ändern sich die Wahrscheinlichkeiten, wenn die Gruppe aus 6 Frauen und 14 Männern besteht? Begründe.
c) Was verändert sich, wenn man nur weiß, dass die Gruppe aus 30% Frauen und 70% Männern besteht?

Rund ums Blutspenden

Täglich spenden Freiwillige einen kleinen Teil ihres Blutvolumens. Damit helfen sie, das Leben anderer zu retten.

Nach der Spende wird das Blut untersucht und aufbereitet, bevor es z. B. bei einer Operation eingesetzt wird.

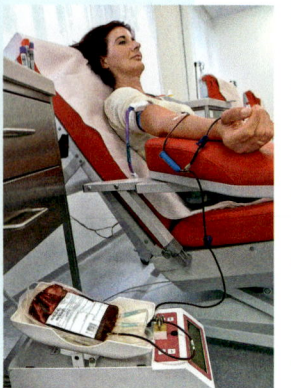

8 Jeder Mensch kann nach einem Unfall oder bei einer schweren Krankheit in die Situation kommen, Blut von einem anderen Menschen zu benötigen.

Es wird geschätzt, dass 80 % aller Deutschen mindestens einmal im Leben Blut oder Blutplasma von einem anderen Menschen brauchen. Im Jahr 2015 lebten in Deutschland insgesamt 81 248 691 Menschen.

a) Wie viele Menschen in Deutschland benötigen mindestes einmal in ihrem Leben eine Blutspende?

b) Bundesweit werden jährlich etwa 5 475 000 Blutspenden benötigt. Bei einer Spende werden 450 cm³ Blut abgenommen.
   Wie viel Liter Blut werden jährlich benötigt?

c) Vergleiche dein Ergebnis aus Aufgabenteil b) mit dem Volumen eines Schwimmbads, das 50 m lang, 25 m breit und 2 m tief ist.

---

9 Blut ist nicht gleich Blut. Ein Merkmal der Unterscheidung sind die sogenannten Blutgruppen A, 0, B und AB.

a) Welche Blutgruppe ist in Deutschland am meisten (wenigsten) vertreten?

b) In einem Fußballstadion sind 27 500 Zuschauer. Gib an, wie viele von ihnen wahrscheinlich zu den einzelnen Blutgruppen gehören.

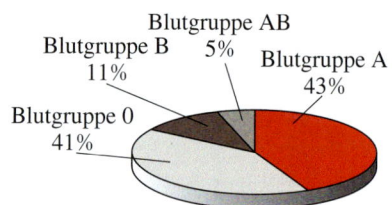

Blutgruppe AB 5%
Blutgruppe B 11%
Blutgruppe A 43%
Blutgruppe 0 41%

---

10 Die Häufigkeit der Blutgruppen ist regional verschieden.

Land \ Gruppe	A	0	B	AB	Gesamtbevölkerung
Deutschland	43 %	41 %	11 %	5 %	81 248 691
Schweiz	47 %	41 %	8 %	4 %	8 325 200
Türkei	42,5 %	33,7 %	15,8 %	8,0 %	80 694 485

Berechne für jedes Land die Wahrscheinlichkeit, dass zwei Ehepartner die gleiche Blutgruppe haben. Zeichne dafür ein Baumdiagramm.

---

11 Neben den 4 Hauptgruppen A, B, 0 und AB gibt es noch andere Merkmale, nach denen Blut unterschieden wird. Das bekannteste ist der sogenannte Rhesus-Faktor. Blut kann Rhesus-Positiv oder Rhesus-Negativ sein. So bezeichnet man beispielsweise Blut der Hauptgruppe A, dass Rhesus-Positiv ist mit A+.

Die Tabelle zeigt die Verteilung des Rhesus-Faktors in Deutschland.

a) Erstelle ein Baumdiagramm für die Wahrscheinlichkeiten in Deutschland eine bestimmte Blutgruppe mit Rhesus-Faktor zu haben.

Rhesus-Positiv	85 %
Rhesus-Negativ	15 %

b) Welche Blutgruppe kommt am seltensten vor?

Zusammenfassung

→ Seite 110

Daten in Diagrammen darstellen und auswerten

In Diagrammen werden Informationen bildlich dargestellt.

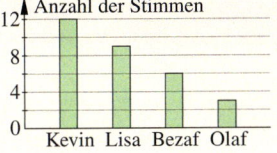
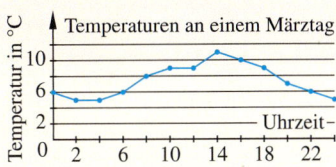
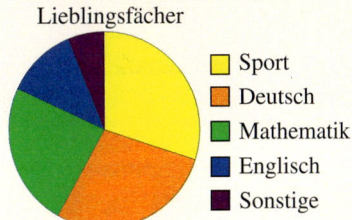

→ Seite 116

Zufall und Wahrscheinlichkeit

Zufallsexperimente, bei denen alle **Ergebnisse gleich wahrscheinlich** sind, nennt man **Laplace-Experimente**.

Für die **Wahrscheinlichkeit P** für das Eintreten eines Ergebnisses e gilt:

$$P(e) = \frac{1}{\text{Anzahl der möglichen Ergebnisse}}$$

Mehrere Ergebnisse eines Zufallsversuchs können zu einem **Ereignis E** zusammengefasst werden.

Für die **Wahrscheinlichkeit P** für das Eintreten eines Ereignisses E gilt:

$$P(E) = \frac{\text{Anzahl der günstigen Ergebnisse}}{\text{Anzahl der möglichen Ergebnisse}}$$

→ Seite 120

Zweistufige Zufallsexperimente beschreiben

Setzt sich ein Zufallsexperiment aus zwei Teilexperimenten zusammen, so nennt man es **zweistufiges Zufallsexperiment**.

Die Ergebnisse zweistufiger Zufallsexperimente sind **geordnete Paare**.

Baumdiagramme verwendet man zur Veranschaulichung von zweistufigen oder mehrstufigen Zufallsexperimenten.

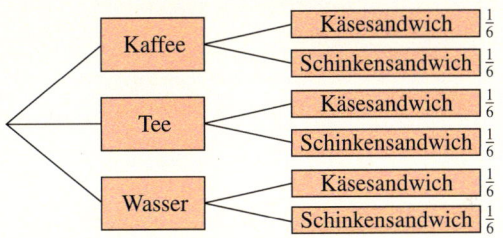

$P(\text{Kaffee} \mid \text{Käsesandwich}) = \frac{1}{6}$

$P(\text{Käsesandwich}) = \frac{1}{6} + \frac{1}{6} + \frac{1}{6} = \frac{3}{6} = \frac{1}{2}$

→ Seite 124

Pfadregeln

Produktregel
Bei zweistufigen Zufallsexperimenten ergibt sich die Wahrscheinlichkeit eines Ergebnisses aus dem Produkt der Wahrscheinlichkeiten der einzelnen Teilergebnisse.

Summenregel
Die Wahrscheinlichkeit eines Ereignisses ergibt sich durch Addition der Wahrscheinlichkeiten von allen Ergebnissen, die zu diesem Ereignis gehören.

Aus einer Urne mit drei gelben und zwei blauen Kugeln wird eine Kugel gezogen und nicht zurückgelegt. Dann wird noch einmal gezogen. Mit welcher Wahrscheinlichkeit wird eine gelbe Kugel gezogen?

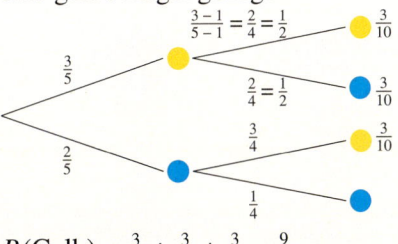

$P(\text{Gelb}) = \frac{3}{10} + \frac{3}{10} + \frac{3}{10} = \frac{9}{10}$

Von Termen zu Gleichungen

Hallo Tobi,

hier ist ein kleines Rätsel für dich:

1) Mein Bruder rechts auf dem Foto ist 5 Jahre jünger als ich.
2) Mein kleiner Cousin ist 2 Jahre alt. Er und meine Schwester zusammen sind so alt wie mein Bruder.
3) Mein Vater ist dreimal so alt wie ich.
4) Wenn ich das halbe Alter meines Bruders vom Alter meines Vaters subtrahiere, dann erhalte ich das Alter meiner Mutter.
5) Meine Oma ist so alt wie mein Vater und meine Mutter zusammen.
6) Der Altersunterschied zwischen meinen Großeltern ist derselbe wie der zwischen meinen Eltern.

Viel Spaß beim Überlegen,
deine Clara

PS: Du weißt nicht mehr, wie alt ich bin?? Ein Tipp: Ich gehe in die 7. Klasse und mein Alter gehört zu den Primzahlen!

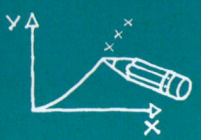

Noch fit?

Einstieg

1 Zahlenfolgen
Ergänze um drei weitere Zahlen.
Formuliere jeweils eine Regel.
a) 17; 34; 51; 68; …
b) 1; 3; 5; 7; …
c) 200; 195; 190; …
d) 4; 9; 14; 19; …

2 Einfache Gleichungen
Setze jeweils eine geeignete Zahl ein.
a) $17 + \blacksquare = 32$
b) $\blacksquare \cdot 12 = 48$
c) $53 - \blacksquare = 37$
d) $57 : \blacksquare = 19$
e) $\blacksquare - 45 = 55$

3 Addieren und Subtrahieren
Schreibe eine Aufgabe und löse sie.
a) Addiere die Zahlen 54 und 226.
b) Bilde die Differenz aus 37 und 17.
c) Der erste Summand ist 527, der Wert der Summe ist 617. Gesucht ist der zweite Summand.
d) Der Wert der Differenz ist 36, der Minuend ist 47. Wie lautet der Subtrahend?

Aufstieg

1 Zahlenfolgen
Ergänze um drei weitere Zahlen.
Formuliere jeweils eine Regel.
a) 1; 4; 9; 16; 25; …
b) 1; 3; 6; 10; 15; …
c) $\frac{1}{2}; \frac{1}{4}; \frac{1}{8}; \frac{1}{16}; …$
d) $\frac{1}{4}; \frac{1}{2}; 1; 2; …$

2 Einfache Gleichungen
Setze jeweils eine geeignete Zahl ein.
a) $120 - \blacksquare = 65$
b) $63 : \blacksquare = 7$
c) $\blacksquare \cdot 8 = 56$
d) $47 - 3 \cdot \blacksquare = 41$
e) $12 + \blacksquare : 6 = 21$

3 Addieren und Subtrahieren
Schreibe eine Aufgabe und löse sie.
a) Der erste Summand ist 158, der zweite Summand ist um 50 größer als der erste Summand. Berechne die Summe.
b) Der Wert der Differenz ist 148, der Subtrahend ist 60. Berechne den Minuenden.
c) Der Wert der Summe beträgt 1 328. Beide Summanden sind gleich groß.

4 Rechenregeln
Ergänze die Regeln zum Rechnen mit Brüchen im Heft.
a) Brüche werden addiert oder subtrahiert, indem man …
b) Zwei Brüche werden multipliziert, indem man …
c) Man dividiert eine Zahl durch einen Bruch, indem man …

5 Rechnen mit Brüchen
a) $\frac{2}{3} + \frac{4}{5}$ b) $3 - \frac{2}{7}$ c) $-\frac{3}{5} - \frac{5}{6}$
d) $\frac{5}{6} \cdot \frac{18}{25}$ e) $\frac{3}{4} \cdot \left(-\frac{5}{6}\right)$ f) $\frac{12}{7} : \frac{36}{77}$

5 Rechnen mit Brüchen
a) $\frac{8}{5} : \frac{12}{15}$ b) $\frac{2}{3} + \frac{4}{7} \cdot \frac{14}{8}$ c) $\frac{9}{8} - \frac{3}{4} : \frac{1}{2}$
d) $\frac{1}{3} : \frac{1}{4} \cdot \frac{4}{6}$ e) $\frac{4}{3} - \frac{2}{3} \cdot \frac{7}{4}$ f) $\frac{7}{5} : \frac{2}{3} \cdot \frac{1}{4}$

6 Berechnungen am Rechteck
Übertrage die Tabelle in dein Heft und ergänze sie.

Länge a	Breite b	Umfang des Rechtecks	Flächeninhalt des Rechtecks
4 cm	3,5 cm		
7,5 dm	1,5 dm		
7 cm		22 cm	
	6 cm		102 cm^2

Lösungen ab Seite 188

Variablen und Terme

1 Auf der Tafel sind Aussagen und Terme angeheftet.

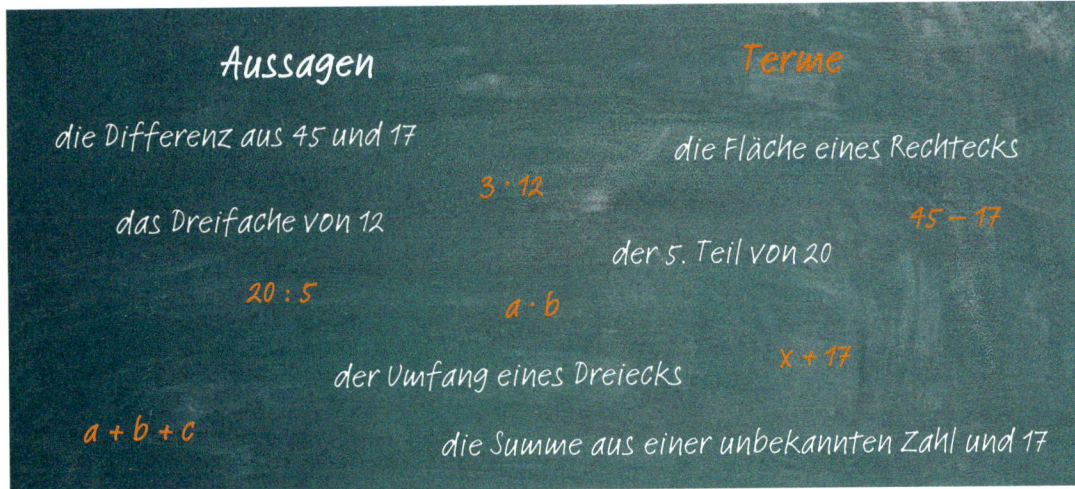

Aussagen

die Differenz aus 45 und 17

das Dreifache von 12

$3 \cdot 12$

20 : 5

$a \cdot b$

der Umfang eines Dreiecks

$a + b + c$

Terme

die Fläche eines Rechtecks

$45 - 17$

der 5. Teil von 20

$x + 17$

die Summe aus einer unbekannten Zahl und 17

a) Ordne jeder Aussage den passenden Term zu.
b) Welche Terme haben Platzhalter? Was kann man für die Platzhalter einsetzen?
c) Bilde vier weitere zusammengehörende Paare.

2 👥 Im Zahlendschungel
Ihr braucht: den Spielplan, einen Würfel und je Mitspieler einen Spielstein.
– Beginnt auf dem Startfeld.
– Wer an der Reihe ist, würfelt. Beachte den Rechenausdruck, auf dem du stehst. Setze die gewürfelte Augenzahl anstelle von x ein und berechne.
– Ist das Ergebnis positiv, ziehe die entsprechende Anzahl
  der Felder vor. Bei einem negativen Ergebnis gehe entsprechend zurück. Bei 0 bleibst du stehen.
– Kommst du auf ein hellgrünes Feld mit Liane, kletterst
  du hoch; kommst du auf ein oranges Lianenfeld,
  rutschst du herunter.

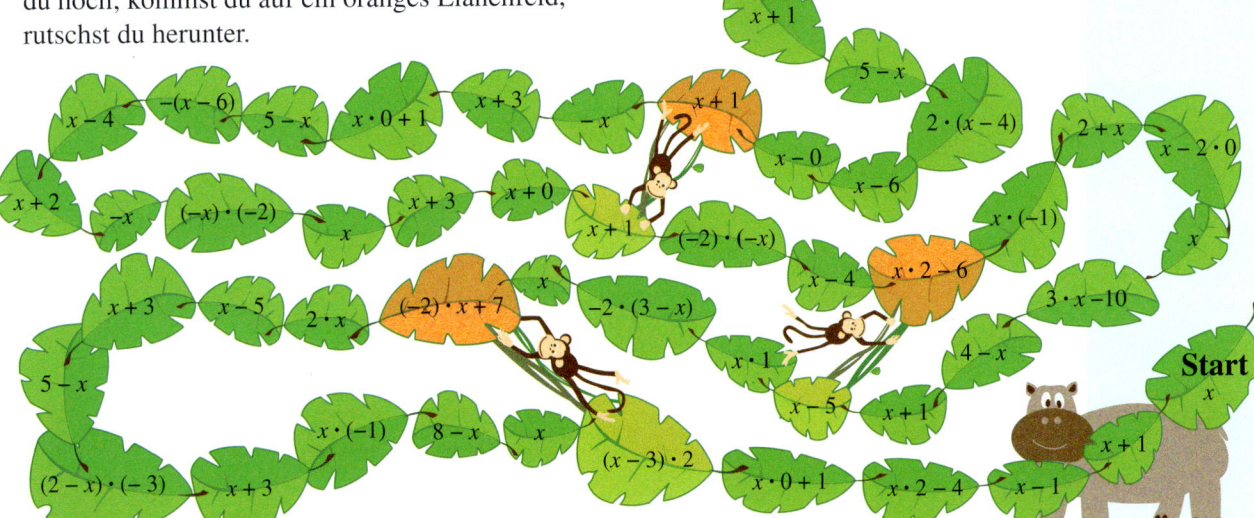

Verstehen

Nico darf sich zum Geburtstag ein Handy aussuchen.
Die laufenden Kosten muss er aber selbst tragen.
Seine Schwester hilft ihm, zwei Angebote zu vergleichen.

PREPAID	
pro MB	0,19 €
Telefonieren (pro Minute):	0,09 €

BASIS	
monatliche Grundgebühr	8 €
Daten Flatrate	5 €
Telefonieren (pro Minute):	0,01 €

Wie viele MB verbrauchst du denn jeden Monat? Und wie viele Minuten telefonierst du?

Hm, das weiß ich doch nicht so genau.

Nicos Schwester hat eine Idee und schreibt auf ein Blatt:

„Prepaid"		**„Basis"**	
		monatl. Grundgebühr:	8 €
MB:	0,19 € · ◆	Flatrate Daten (monatl.):	5 €
Telefonminuten:	0,09 € · ●	Telefonminuten:	0,01 € · ●
insgesamt:		insgesamt:	
0,19 · ◆ + 0,09 · ●		13 + 0,01 · ●	

*Super!
Jetzt kann ich statt ◆ und ● verschiedene Zahlen einsetzen und berechnen, wie viel ich dann zahlen müsste.*

Ein Platzhalter, für den man verschiedene Zahlen oder Größen einsetzen kann, heißt **Variable**.
Statt Zeichen wie ■, ▲, ◆ oder ● verwendet man für Variablen meist kleine Buchstaben, z. B. a, b, c oder auch x, y, z.

BEACHTE
„13 –" oder „x +" sind **keine** Terme.

Beispiel 1 Terme:
12; m; $12 + 3$; $27 : 9$; y^2; $2 - (r + s)$
$13 + 0,01 \cdot y$ (der Tarif „Basis")

Merke Eine sinnvolle Verbindung von Variablen, Zahlen und Rechenzeichen heißt **Term** (Rechenausdruck).

... pro Monat 30 MB und 60 Minuten, also:
$x = 30$ *und* $y = 60$

„Prepaid"	**„Basis"**
$0,19 \cdot x + 0,09 \cdot y$	$13 + 0,01 \cdot y$
$0,19 \cdot 30 + 0,09 \cdot 60 =$	$13 + 0,01 \cdot 60 =$
$= 5,7 \quad + \quad 5,4 \quad = 11,1$	$= 13 + \quad 0,6 \quad = 13,6$

Nico müsste für „Prepaid" 11,10 € und für „Basis" 13,60 € bezahlen.

... vielleicht 45 MB und 100 Minuten, also:
$x = 45$ *und* $y = 100$

„Prepaid"	**„Basis"**
$0,19 \cdot x + 0,09 \cdot y$	$13 + 0,01 \cdot y$
$0,19 \cdot 45 + 0,09 \cdot 100 =$	$13 + 0,01 \cdot 100 =$
$= 8,55 \quad + \quad 9 \quad = 17,55$	$= 13 + \quad 1 \quad = 14$

In diesem Fall müsste er für „Prepaid" 17,55 € und für „Basis" 14 € bezahlen.

Beispiel 2
$2 \cdot y - 6$
mit $y = \frac{1}{2}$

Wert des Terms:
$2 \cdot \frac{1}{2} - 6 = 1 - 6 = -5$

Merke Wenn man für die Variablen Zahlen einsetzt, kann man den **Wert des Terms** bestimmen.

Üben und anwenden

1 Ergänze die Tabelle im Heft.

kein Term	reiner Zahlen-Term	Term mit Variablen
1 und 1		3x + 1

$3x + 1$ $60 +$ $34 : 2$ $3 \cdot (a - 5)$ $: 5 +$

$x \cdot y$ x^2 -7 1 und 1 $4 -$ $2 \cdot 3 \cdot 4$ a

---

2 Terme bilden
a) Bilde aus diesen Zahlen und Variablen mehrere Additionsterme.
b) Bilde aus den Zahlen und Variablen Subtraktionsterme.
c) 👥 Habt ihr zusammen alle Terme gefunden? Begründet.

$\frac{1}{2}$ 4 $1,8$ a $-0,3$ k $3\frac{1}{3}$ f -7 d

2 Terme bilden
a) Bilde aus diesen Zahlen und Variablen mindestens zehn Terme. Nutze dabei alle Rechenzeichen und auch Klammern.
b) 👥 Habt ihr zusammen alle Terme gefunden? Begründet.

---

3 Berechne den Wert des Terms $4 \cdot x$.
Beispiel $x = 3$ ergibt $4 \cdot 3 = 12$
a) $x = 5$ b) $x = 25$ c) $x = 0,7$
d) $x = -3,5$ e) $x = 2,7$ f) $x = -1\frac{1}{2}$

3 Berechne den Wert des Terms $2 \cdot a + 4$.
a) $a = 1$ b) $a = 2$ c) $a = -2$
d) $a = 13$ e) $a = 24$ f) $a = 0$
g) $a = -0,4$ h) $a = -1\frac{3}{4}$ i) $a = -0,245$

---

4 Übertrage die Tabelle in dein Heft und berechne die Werte der Terme.

x	0	1	2	5	-3	0,5
$x + 10$		11				
$x + 2,5$						
$8 \cdot x$					-24	
$3 \cdot x$						
$x - 5$				0		
$17 - x$						
$x : 2$						

4 Übertrage in dein Heft und berechne.

a)
x	4	6		9		48
$x + 28$			35		42	

b)
x	25		32		100	
$x - 16$		14		34		100

c)
x			5		11		17
$5 \cdot x$	15			35		65	

d)
x			3	4			12
$144 : x$	-72				24	18	

---

5 Überprüfe, ob der Term richtig ist. Berichtige falsche Terme im Heft.
a) die Summe aus einer Zahl und 5: $x + 5$
b) das Produkt aus einer Zahl und 7: $x \cdot 7$
c) der 12. Teil einer Zahl: $12 : x$
d) die Differenz aus 20 und einer Zahl: $20 - x$
e) die Hälfte einer Zahl: $x : 2$
f) das Doppelte einer Zahl, vermehrt um 7: $2 \cdot x - 7$

5 Schreibe als Term. Nutze als Variable x.
a) die Summe aus einer Zahl und 35
b) das Siebenfache einer Zahl
c) der 3. Teil einer Zahl
d) die Differenz aus 17 und einer Zahl
e) 10 geteilt durch eine Zahl
f) die Summe aus dem Doppelten einer Zahl und 15

---

6 Welche Terme beschreiben den Umfang des Rechtecks?
a) $2 \cdot a + b$ b) $a + b + a + b$
c) $a \cdot b$ d) $a + a + b + b$
e) $2 \cdot a + 2 \cdot b$ f) $2 \cdot (a + b)$

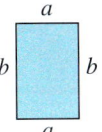

6 Schreibe den Term jeweils mit Worten.
a) $x + 3$ b) $x : 4$
c) $8 \cdot x$ d) $17 - x$
e) $100 : x$ f) $x + x + 3$
g) $x : 2$ h) $5 \cdot x - 3 \cdot x$

7 In einem Eiscafé kostet eine Kugel Eis 1,10 €. Sahne und Streusel kosten je 40 Cent. Stelle jeweils einen Term für die abgebildeten Portionen auf und berechne den Preis.

a)

+ Sahne

b)
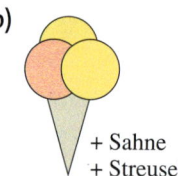
+ Sahne
+ Streusel

c)

+ Streusel

d)
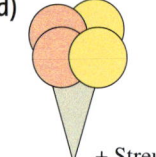
+ Streusel

7 Umfang
a) Stelle jeweils einen Term für den Umfang der Figur auf.
b) Setze für die Variablen folgende Zahlen ein und berechne den Umfang:
$x = 2{,}5$ cm; $a = 17$ m; $y = 0{,}75$ cm

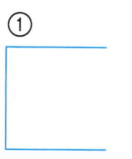

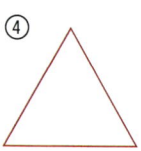
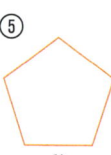

8 Vier Freunde besuchen den Hochheimer Markt.
Beispiel Henry fährt 3-mal mit den Boxautos, 1-mal auf dem Riesenrad und 2-mal Achterbahn. Er berechnet die Kosten:
$3 \cdot b + 1 \cdot r + 2 \cdot a = 3 \cdot 2 + 1 \cdot 5 + 2 \cdot 4 = 19$, also 19 €

a) Lea will 3-mal aufs Kettenkarussell und 1-mal Achterbahn fahren.
   Schreibe zunächst als Term, dann rechne aus.
b) Kim schreibt diesen Term auf: $2 \cdot r + 3 \cdot a + k$
   Welche Fahrgeschäfte hat er wie oft besucht?
   Was muss er zahlen?
c) Yasmin möchte ihre 20 € Kirmesgeld so ausgeben, dass sie alle Fahrgeschäfte mindestens 1-mal besucht.
d) Finde 3 unterschiedliche Möglichkeiten genau 25 € auszugeben.
e) Was würdest du am liebsten besuchen?
   Stelle einen Term auf und berechne.

9 Die neue Mathematiklehrerin stellt sich vor.

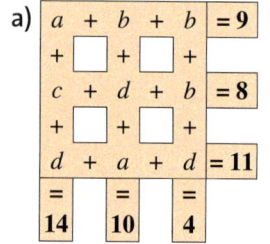

Schreibe einen Steckbrief über dich.
👥 Gebe ihn einer Partnerin oder einem Partner zum Lösen.

9 Ersetze die Variablen so durch Zahlen, dass in jeder Zeile das Ergebnis die außen stehende Zahl ist und dass in jeder Spalte das Ergebnis die unten stehende Zahl ist.
Gleiche Variablen bedeuten gleiche Zahlen.

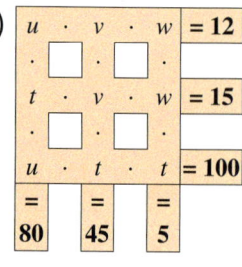

Terme vereinfachen

Entdecken

1 Streichholzfiguren

a) Gib den Umfang der Figuren als Term an. Bezeichne eine Streichholzlänge mit *s*.

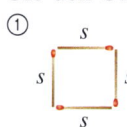  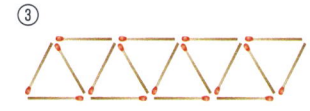 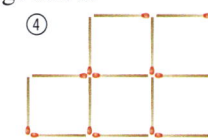

b) Zeichne oder lege weitere Figuren und bestimme den Umfangsterm.

c) Finde Streichholzfiguren, die nur aus Quadraten bestehen, mit Umfangstermen von:
$6 \cdot s$; $8 \cdot s$; $10 \cdot s$; $12 \cdot s$; $14 \cdot s$.

d) Gibt es Streichholzfiguren, die nur aus Quadraten bestehen, die einen Umfangsterm mit ungeradem Faktor vor *s* haben (z. B. $5 \cdot s$; $7 \cdot s$; $9 \cdot s$)? Prüfe nach.

2 Betrachte die folgenden Figuren.

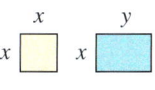 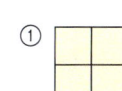  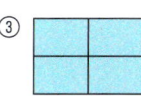 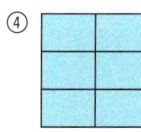

a) Gib jeweils einen möglichst einfachen Term für den Umfang der abgebildeten Figuren an.

b) Die folgenden Terme geben die Flächeninhalte der Figuren an.
Ordne jeder Figur mindestens einen Term zu.

$2x \cdot 2x$	$(x+x) \cdot (x+x+x)$	$4x \cdot x$
$6x^2$	$4x^2 \quad (x+x) \cdot (x+x)$	$2x \cdot 3x$

	$2x \cdot 2y \quad 6xy \quad 4xy$	$3x \cdot 2y$
$3xy + 3xy$	$(x+x) \cdot (y+y)$	$2xy + 2xy$

HINWEIS
Schreibe in Aufgabe 2 a) wie folgt:
① $u = \dots$

c) 👥 Vergleicht eure Zuordnungen. Für die Figuren gibt es mehrere Terme, die aber gleichwertig sind. Formuliert Rechenregeln, wie man Terme vereinfachen kann.
Notiert die Regeln auf einer Folie oder einem Plakat und präsentiert sie.

3 Die Firma Hell beginnt bereits im Mai mit der Herstellung von Weihnachtsbeleuchtungen. Das Modell „Weihnachtsbaum" ist aus einem Leuchtschlauch hergestellt und wird in verschiedenen Größen angeboten.

a) Beschreibe mit eigenen Worten, in welchem Größenverhältnis die anderen Längen zur „Dicke des Stamms" *x* stehen.

b) Gib die Gesamtlänge des Leuchtschlauches mithilfe der Variablen *x* an.

c) Rechne mit deinem Term aus, wie lang der Leuchtschlauch insgesamt sein muss, wenn der „Stamm" eine Dicke von $x = 10\,\text{cm}$ haben soll.

d) Wie dick muss der Stamm sein, wenn man den Baum aus genau 4,55 m Leuchtschlauch herstellen möchte?

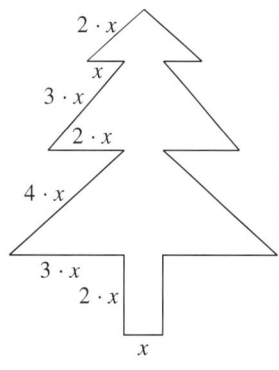

Verstehen

Akin und Max haben Terme für den Umfang des Rechtecks und Quadrats aufgestellt.

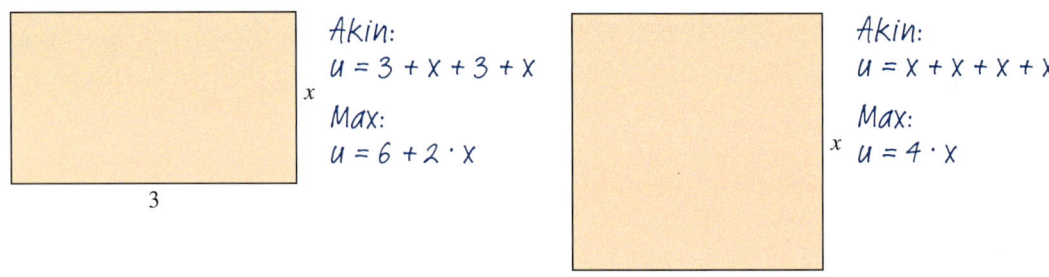

Akin:
$u = 3 + x + 3 + x$

Max:
$u = 6 + 2 \cdot x$

Akin:
$u = x + x + x + x$

Max:
$u = 4 \cdot x$

HINWEIS

*Vereinfachte
Schreibweisen:*

$2 \cdot x = 2x$
$a \cdot b = ab$
$1 \cdot x = x$

> **Merke** Beim **Addieren und Subtrahieren** kann man gleiche Variablen zusammenfassen.
> Eine Variable, die alleine steht, hat immer als gedachte Vorzahl eine 1.
> Unterschiedliche Variablen dürfen nicht addiert bzw. subtrahiert werden.

Beispiel 1

$x + x + x = 3 \cdot x = 3x$ aber: $2x + 3y$ kann nicht weiter zusammengefasst werden
$5a + a = 5a + 1a = 6a$
$c - 4 \cdot c = 1c - 4c = -3c$

Beachte beim Vereinfachen von Termen:

– Treten verschiedene Variablen auf, werden sie alphabetisch sortiert.
– Das Rechenzeichen vor einer Variable musst du beim Sortieren mitnehmen.
– Kennzeichne gleiche Variablen durch unterstreichen. Es hilft dir beim Rechnen.

Beispiel 2

a) $\quad 3a - 2b + 5a + 6b + 2a$ *1. markieren*   b) $\quad x + y - x - 2y$
$= 3a + 5a + 2a - 2b + 6b$ *2. ordnen* $= 1x - 1x + 1y - 2y$
$= 10a + 6b$ *3. zusammenfassen* $= 0x - 1y = -y$

Akin und Max haben Terme für den Flächeninhalt des Quadrats und Rechtecks aufgestellt.

Akin:
$A = x \cdot x$

Max:
$A = x^2$

Akin:
$A = (x + 5) \cdot x$

Max:
$A = x^2 + 5x$

ERINNERE DICH
$9 \cdot 9 \cdot 9 \cdot 9 = 9^4$

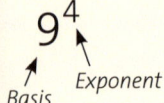

↑   ↖ *Exponent*
Basis

> **Merke** Beim **Multiplizieren** kann man die Reihenfolge der Faktoren vertauschen.
> Gleiche Faktoren kann man zu einer **Potenz** zusammenfassen.

Beispiel 3

a) $\quad x \cdot 5$ b) $\quad 2x \cdot 7$ c) $\quad 3a \cdot 4b$ d) $\quad a \cdot a \cdot a$ e) $\quad c \cdot 3d \cdot 4c$
$= 5 \cdot x$ $= 2 \cdot 7 \cdot x$ $= 3 \cdot 4 \cdot a \cdot b$ $= a^3$ $= 3 \cdot 4 \cdot c \cdot c \cdot d$
$= 5x$ $= 14 \cdot x$ $= 12ab$ $= 12c^2d$

Üben und anwenden

1 Fasse zusammen.
a) $a + a + a$
b) $y + y + y + y + y$
c) $e + e + e + e + e + e + e$
d) $m + m + m - m$
e) $-x - x - x$
f) $a + b + a + a$

2 Fasse zusammen.
a) $5a + a$ b) $7x - x$
c) $10y - 2y$ d) $z - 7z$
e) $12b + b - 9b$ f) $-3x - 4x - x$

3 Vereinfache die Terme so weit wie möglich.
a) $4a + 3 + 7a$
b) $25 - 4y - 10 + 7y$
c) $5x + 6 - 8x - 3 + 12x$
d) $18b - 12 + 9b + 17 - b$

4 Je zwei Kärtchen gehören zueinander. Finde die Paare.

$x + 8x$ $2x + 9x$ $x + 5x + x$

$x + 5x + 6x$ $15x - 5x$

$4x \cdot 2$ $14x - 9x + 2x + x$

$12x - x - 4x$ $4 \cdot 3x$ $13x - 4x$

$20x - 9x$ $3x + 7x$

5 Schreibe als Potenz.
a) $3 \cdot 3 \cdot 3 \cdot 3 \cdot 3 \cdot 3$
b) $x \cdot x \cdot x \cdot x \cdot x \cdot x \cdot x$
c) $5 \cdot k \cdot k \cdot k \cdot k$
d) $a \cdot b \cdot b \cdot a \cdot b$

6 Vereinfache die Produkte.
a) $b \cdot b$ b) $z \cdot z \cdot z \cdot z$
c) $4 \cdot 5a$ d) $12x \cdot 3$
e) $0,5a \cdot 8b$ f) $25f \cdot 5g$
g) $4a \cdot 2a$ h) $13x \cdot 7x$
i) $2x \cdot 3x \cdot 4x$ j) $14y \cdot 2y \cdot y$

1 Ordne die Variablen und fasse zusammen.
a) $z + z + z + z + z + z$
b) $a + b + b + a + b$
c) $x + y + x + x + y + x$
d) $m + n - m + m + n + m - n$
e) $f + e + g + e + g + e$
f) $c - d - d + c + c - d - c$

2 Sortiere alphabetisch und fasse zusammen.
a) $5x - 7y - y + x$ b) $2f - 12g - 5g + f$
c) $-a - 2z + 3a - z$ d) $5m - n - n - 3n$
e) $8b + 7c + 2d - b - 4c - 5b - 2d$

3 Vereinfache die Terme so weit wie möglich.
a) $7a + 12b + 10a + 13b - 4b$
b) $17a + 19b + 26c + 4$
c) $0,5a + 1,3b + 2,8a$
d) $a + a + 2 \cdot 3b$

4 Welche Terme haben den gleichen Wert?

$a + 12b + 18a - 2b + c - 8b - c$ 0

$a - b$ $3,5b + 7a - 3\frac{1}{2}b - 7a$

$4b + 7a$ $\frac{1}{4}a + \frac{1}{8}a + a - \frac{3}{8}a + b$

$3b + 7a + 4 - 2b + 3b - 4$

$\frac{1}{4}a - \frac{1}{5}b + \frac{3}{4}a + \frac{1}{5}b$

$19a + 2b$ a $a + b$

5 Verwende die Potenzschreibweise.
a) $y \cdot y \cdot y \cdot y \cdot y \cdot y \cdot y \cdot y$
b) $x \cdot 4 \cdot x \cdot 3 \cdot x$
c) $a^2 \cdot a \cdot a$
d) $a \cdot b \cdot b \cdot c \cdot b \cdot a$

6 Vereinfache die Produkte.
a) $r \cdot r \cdot r \cdot r \cdot r$ b) $b \cdot a \cdot b$
c) $y \cdot x \cdot y \cdot x \cdot x$ d) $z \cdot z \cdot v \cdot z \cdot z$
e) $3a \cdot 17b \cdot 5a$ f) $12x \cdot 3y \cdot 5y$
g) $0,1m \cdot 3x^2 \cdot 6m$ h) $4y^2 \cdot 3x^2 \cdot 2a$
i) $20a \cdot 3b^2 \cdot 5a$ j) $a \cdot 7b \cdot 2a \cdot 25b$

7 Fasse so weit wie möglich zusammen. Achte auf die Regel „Punkt- vor Strichrechnung".

Beispiel $9 - 4 \cdot 2x = 9 - 8x$

a) $2 + 3 \cdot 2a$ b) $4y \cdot 5 + 3$

c) $10c - 4 + 5c$ d) $8 + 12x : 2$

e) $38x : 2x + 4$ f) $18 - 3x \cdot 10 - 9$

7 Fasse so weit wie möglich zusammen. Achte auf die Regel „Punkt- vor Strichrechnung".

a) $7x \cdot 3 + 3$ b) $16 + 32y : 8$

c) $25e : 5e - 4$ d) $2 \cdot 3a \cdot 4 + 5$

e) $63x - 7 \cdot 9x$ f) $24 - 9b \cdot 3 + 3$

g) $12mn + 3m \cdot 4n$ h) $14x^2 : 7x - 21$

8 Jo und Carina haben noch Probleme beim Vereinfachen der Terme. Erkläre, welche Fehler sie gemacht haben.

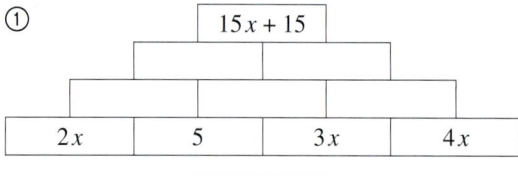

8 Jo und Carina haben noch Probleme beim Vereinfachen der Terme. Erkläre ihnen, welche Fehler sie gemacht haben.

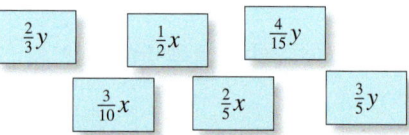

9 Was musst du jeweils zum Term addieren, um $10x + 15$ zu erhalten?

Beispiel $9x + 11 + \underline{x + 4} = 10x + 15$

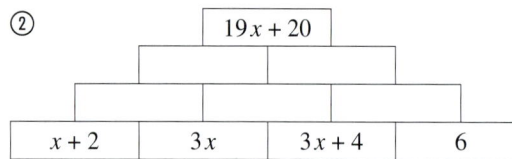

| $9x + 11$ | $11 + 2x$ | $7x$ |
| $20x + 11$ | $x - 3$ | $2x + 5$ |

9 Welche dieser Terme musst du addieren, um den Term $\frac{9}{10}x + \frac{14}{15}y$ zu erhalten? Schreibe die Addition auf.

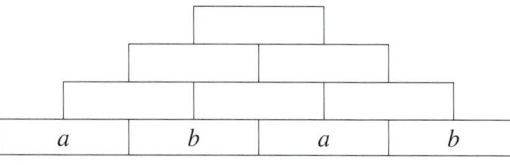

| $\frac{2}{3}y$ | $\frac{1}{2}x$ | $\frac{4}{15}y$ |
| $\frac{3}{10}x$ | $\frac{2}{5}x$ | $\frac{3}{5}y$ |

10 Ergänze die Termmauern, indem du jeweils die zwei benachbarten Terme addierst.

①

| | $15x + 15$ | | |
| $2x$ | 5 | $3x$ | $4x$ |

②

| | $19x + 20$ | | |
| $x + 2$ | $3x$ | $3x + 4$ | 6 |

10 Ergänze die Termmauern der Addition.

| | | | |
| a | b | a | b |

a) Welche Zahl ergibt sich an der Spitze, wenn man für $a = 5$ und $b = 7$ einsetzt?

b) Martin behauptet, dass die Zahl an der Spitze immer durch 4 teilbar ist. Überprüfe seine Behauptung.

ZU AUFGABE 11
Bei magischen Quadraten ist die Summe in den Zeilen, Spalten und Diagonalen gleich (hier 12).

1	6	5
8	4	0
3	2	7

11 Stelle zwei verschiedene Terme für die Summe der Kantenlängen des Quaders auf.

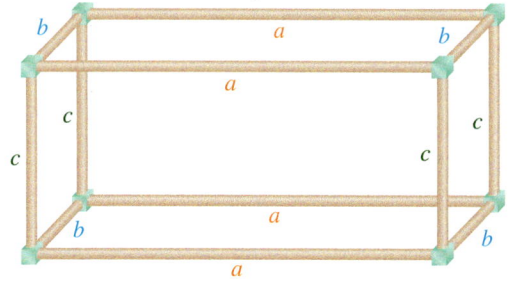

11 Magisches Quadrat

a) Ist es ein magisches Quadrat?

b) Denke dir Zahlen für a, b und c aus und setze sie ein.

👥 Ratet gegenseitig, welche Zahlen ihr eingesetzt habt.

$a + b$	$a - b - c$	$a + c$
$a - b + c$	a	$a + b - c$
$a - c$	$a + b + c$	$a - b$

Terme aufstellen

Entdecken

1 Terme werden oft mit Worten beschrieben und müssen dann in die mathematische Sprache übersetzt werden.

| zu einer Zahl 2 addieren | eine Zahl vermindert um 6 | 5 durch eine Zahl dividieren |

das Produkt aus 3 und einer Zahl   4 von einer Zahl subtrahieren

eine Zahl um 8 vermehren   die Differenz aus 6 und einer Zahl

eine um 5 vergrößerte Zahl   der Quotient aus einer Zahl und 3   das Doppelte einer Zahl

die Summe aus 3 und einer Zahl   4 mit einer Zahl multiplizieren

von einer Zahl 7 abziehen   die Hälfte einer Zahl   eine Zahl verdreifachen

a) Stelle zu jedem Kärtchen einen passenden Term auf.
b) 👥 An welchen Begriffen habt ihr erkannt, dass ihr addieren, subtrahieren, multiplizieren bzw. dividieren musstet? Legt ein Begriffs-Lexikon an oder fertigt ein Lernplakat an.

2 👥 Stellt zu jedem der Körper einen Term auf, mit dem man sein Volumen bestimmen kann.

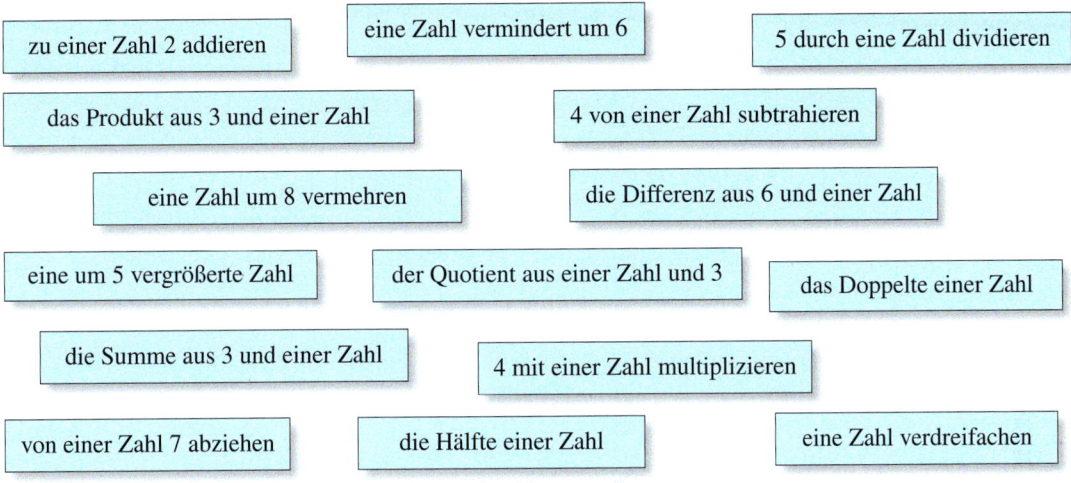

NACHGEDACHT
Wie kann man die Oberfläche der Würfelbauten geschickt bestimmen?

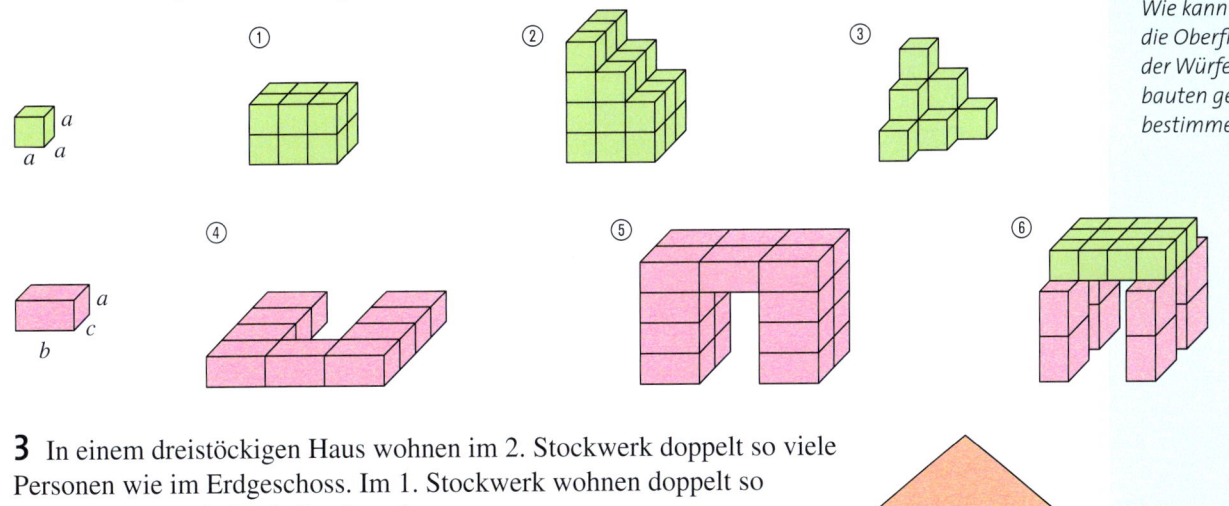

3 In einem dreistöckigen Haus wohnen im 2. Stockwerk doppelt so viele Personen wie im Erdgeschoss. Im 1. Stockwerk wohnen doppelt so viele Personen wie im 2. Stockwerk.
a) Wie viele Personen würden in dem Haus wohnen, wenn im Erdgeschoss 6 Personen wohnen?
b) Kann es sein, dass 21 Personen in dem Haus wohnen?
c) Gib weitere Gesamtzahlen der Hausbewohner an, die zu der oben genannten Regel passen würden.
d) Gib einen Term für die Gesamtzahl der Bewohner des Hauses an.
e) Erfinde eine ähnliche Geschichte für die folgenden Terme:
① $2x + 4x + 5$ ② $0{,}5x + x + 5x$

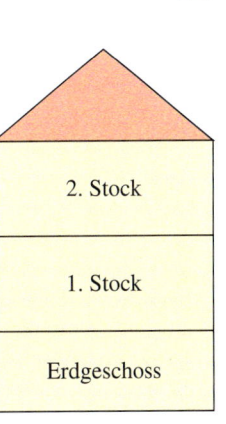

2. Stock

1. Stock

Erdgeschoss

145

Verstehen

Carolins älterer Bruder Philipp jobbt während der Sommerferien in einer Taxizentrale.
Bei telefonischer Taxibestellung wird häufig nachgefragt, wie teuer Fahrten zu bestimmten Zielen sind.
Deshalb legt Philipp einen Term an, mit dem die Berechnung vereinfacht wird.

Grundpreis 3,90 €
Preis pro km 5,40 €

① Länge der Fahrstrecke in km: x

② Anzahl km mal Preis pro km: $x \cdot 1{,}60$
dazu der Grundpreis pro Fahrt: $3{,}90$

③ Gesamtpreis für eine Taxifahrt (in €):
$$x \cdot 1{,}60 + 3{,}90$$

> **Merke** So gehst du bei der Termbildung vor:
> ① Variablen festlegen (z. B. a; x; y)
> ② einzelne Terme bilden (z. B. $6\,a$; $x + 2$)
> ③ einzelne Terme zusammenfügen

> Ab Stadtmitte zu häufigen Zielen:
> Bahnhof ....3 km
> Uniklinik .... 5 km
> Freizeitpark ....12 km
> Flughafen ....22 km

Philipp rechnet nun so:
Fahrt zum Bahnhof:
Fahrt zur Uniklinik:
Fahrt zum Freizeitpark:
Fahrt zum Flughafen:

$\mathbf{3} \cdot 1{,}60\,€ + 3{,}90\,€ = 8{,}70\,€$
$\mathbf{5} \cdot 1{,}60\,€ + 3{,}90\,€ = 11{,}90\,€$
$\mathbf{12} \cdot 1{,}60\,€ + 3{,}90\,€ = 23{,}10\,€$
$\mathbf{22} \cdot 1{,}60\,€ + 3{,}90\,€ = 39{,}10\,€$

Beispiel 1
Subtrahiere vom Dreifachen einer Zahl 25.

① „eine Zahl" x

② „Dreifaches der Zahl" $3 \cdot x$
„subtrahiere 25" $- 25$

③ Gesamtterm: $3 \cdot x - 25$

Beispiel 2
Addiere zur Hälfte einer Zahl das 5-Fache einer anderen Zahl.

① „eine Zahl" x
„eine andere Zahl" y

② „die Hälfte der Zahl" $\frac{1}{2}x$
„das 5-Fache der anderen Zahl" $5y$

③ Gesamtterm: $\frac{1}{2}x + 5y$

Üben und anwenden

$2 \cdot x$

$x \cdot 1{,}40 + 2{,}20$

$x - 19$

ZU AUFGABE 1
Finde Aussagen zu den übrigen Termen.

1 Welcher Term beschreibt die Aussage?
Wofür steht in dem Term die Variable?

$x + 2$ $1{,}40 + x \cdot 2{,}20$ $19 \cdot x$

a) Paul ist 19 Jahre jünger als Max.
b) Die Katze ist 2 Jahre älter als mein Hund.
c) Die Grundgebühr für eine Taxifahrt beträgt 2,20 €. Man zahlt 1,40 € pro Kilometer.
d) Jede Rose kostet 2,20 €, der Versand kostet 1,40 €.

1 Finde jeweils einen passenden Term mit einer oder mit zwei Variablen.
Wofür stehen dabei die Variablen?

a) Der Eintritt ins Schwimmbad kostet für Kinder 1,40 €, für Erwachsene 2,20 €.
b) Das Kantenmodell eines Würfels lässt sich aus 12 gleich langen Drahtstücken bauen.
c) Jedes Foto im Format 13 cm × 18 cm kostet 0,39 €. Der Versand kostet 2,20 €.
d)
> kleine Pizza 3,50 €   große Pizza 7 €
> Lieferung (in der Stadt)   2,50 €

2 Schreibe als Term.

a) Addiere 4 zu einer Zahl.

b) Subtrahiere eine Zahl von 20.

c) Dividiere eine Zahl durch 6.

d) Nimm die Hälfte einer Zahl.

e) Vermindere eine Zahl um 13.

f) Multipliziere eine Zahl mit 4.

g) Setze bei a) – f) die unbekannte Zahl gleich 30. Berechne jeweils.

---

3 Frau Greta spricht über ihre Familie in Rätseln. Übersetze ihre Aussagen in Terme.

a) Benutze für das Alter von Frau Greta x.

  ① Mein Mann ist 2 Jahre älter als ich.

  ② Mein Vater ist doppelt so alt wie ich.

  ③ Meine Tochter ist halb so alt wie ich.

  ④ Mein Sohn ist 26 Jahre jünger als ich.

  ⑤ Ich bin 10-mal so alt wie meine Katze.

  ⑥ Wenn ich mein Alter verdopple und 5 addiere, so erhalte ich das Alter meiner Mutter.

b) Frau Greta ist 28 Jahre oder 40 Jahre alt. Berechne für beide Fälle das dazu passende Alter ihrer Familienangehörigen. Welches Alter passt besser zu Frau Greta?

---

4 Der Eintritt in einen Freizeitpark kostet 5 €. Für jede Karussellfahrt zahlt man zusätzlich 1,20 €.

a) Gib einen Term an, mit dem man die Gesamtkosten für x Karussellfahrten berechnen kann.

b) Berechne mit dem Term aus a), was die Kinder insgesamt ausgegeben haben.

  Aileen: 6 Fahrten;   Moritz: 12 Fahrten;

  Nicole: 8 Fahrten;   Sabine: 10 Fahrten

---

5 Die Kanten eines Tisches sollen mit einer Schmuckleiste beklebt werden.

a) Stelle einen Term für die Gesamtlänge auf.

b) Berechne für $x = 0,65$ m und $y = 1,25$ m.

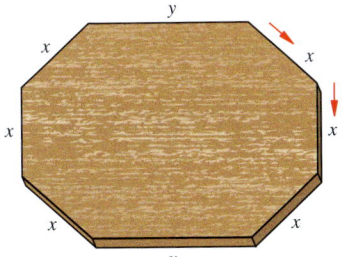

---

2 Schreibe als Term.

a) Addiere zum Doppelten einer Zahl 15.

b) Dividiere eine Zahl durch eine andere Zahl.

c) Ziehe von 17 das Fünffache einer Zahl ab.

d) Addiere zu dem Drittel einer Zahl 9.

e) Multipliziere eine Zahl mit sich selber.

f) Subtrahiere von einer Zahl das Dreifache einer anderen Zahl.

---

3 Rechenausdrücke gesucht

Ben: „Ich denke mir eine Zahl x aus. Dann addiere ich zu dieser Zahl das Dreifache der Zahl und ziehe dann 15 ab."

Lea: „Ich subtrahiere vom Vierfachen meiner Zahl 15 und addiere dann die Zahl."

Jan: „Ich addiere zum Elffachen meiner Zahl das Fünffache der Zahl und ziehe 7 ab."

Samira: „Zum Doppelten meiner Zahl addiere ich 27."

a) Übersetze jedes Zahlenrätsel in einen Term.

b) Welche Ergebnisse erhalten die vier, wenn sie für ihre gedachte Zahl 6 einsetzen?

c) Welche Zahlen haben sie sich jeweils gedacht, wenn jeder als Ergebnis 25 erhält?

---

4 Ein Baum ist 2,20 m hoch. Er wächst jedes Jahr um weitere 5 cm.

a) Gib einen Term an, mit dem man die Höhe des Baums nach n Jahren berechnet.

b) Berechne mit dem Term, wie hoch der Baum nach 3; 7; 12 und 15 Jahren ist.

c) Nach wie vielen Jahren ist der Baum 3,50 m hoch?

---

5 Stelle einen Term auf, um die Länge des Geschenkbandes zu bestimmen. Für die Schleife rechnet man 40 cm Band hinzu.

Setze einen sinnvollen Wert für b ein und berechne.

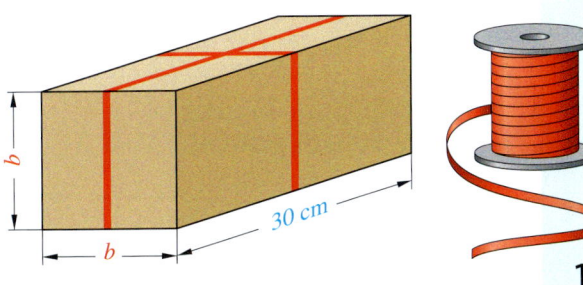

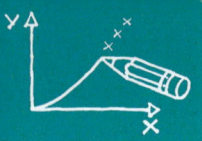
6 Wähle den passenden Term und begründe deine Wahl.

a) Mila hat von ihrem Taschengeld x Euro gespart. Sie kauft sich eine Musik-CD ihrer Lieblingsgruppe für y Euro. Wie viel Euro bleiben übrig?

① $x + y$ ② $y - x$ ③ $x - y$ ④ $x \cdot y$

b) In einem Zoo sind x Löwen und doppelt so viele Bären. Wie viele Löwen und Bären sind es insgesamt?

① $x - y$ ② $x + y$ ③ $x + 2 \cdot x$ ④ $x \cdot y$

c) Eine Wasserrechnung setzt sich zusammen aus 15,40 € Grundpreis und dem Wasserverbrauch mit 2,40 € pro m³.

① $15{,}40 + 2{,}40 + x$ ② $15{,}40 + 2{,}40 \cdot x$
③ $15{,}40 \cdot x + 2{,}40$ ④ $15{,}40 - 2{,}40 \cdot x$

7 Erfinde zu jedem Term eine Sachaufgabe.

a) $z + 2$ b) $m - 8$ c) $2 \cdot x - 4$

8 Gib passende Terme an und vereinfache.

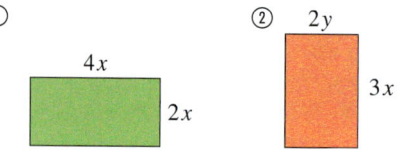

① 4x, 2x
② 2y, 3x

a) Gib zu den beiden Flächen jeweils einen Term zur Umfangsberechnung an.

b) Gib zu den beiden Flächen je einen Term zur Berechnung des Flächeninhaltes an.

9 Betrachte die Musterfolge.

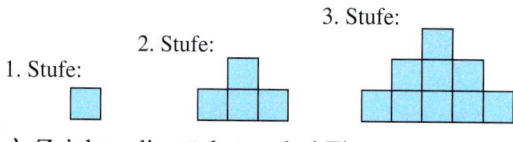

1. Stufe: 2. Stufe: 3. Stufe:

a) Zeichne die nächsten drei Figuren der Musterfolge in dein Heft.

b) Gib einen Term an, mit dem man die Anzahl der Quadrate in jeder Stufe berechnen kann.

c) Berechne die Anzahl der Quadrate in der 10. und in der 100. Stufe.

10 Wie ändert sich der Flächeninhalt eines Rechtecks, wenn man die Seitenlängen ändert? Ergänze die Tabelle im Heft. Formuliere allgemeine Aussagen.

	b wird verdoppelt	b wird vervierfacht
a wird verdoppelt	$2a \cdot 2b = 4ab$	
a wird halbiert		

---

6 Welcher Term beschreibt den Flächeninhalt welcher Fläche?

① a^2 ② $2 \cdot a \cdot b$ ③ $a^2 + b^2$
④ $a \cdot b$ ⑤ $a \cdot b + a^2$ ⑥ $2a^2 + a \cdot c$

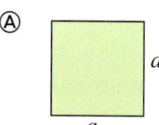

Ⓐ

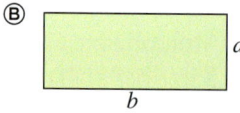

Ⓑ

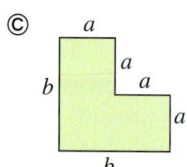

Ⓒ

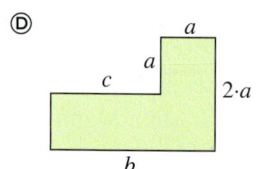

Ⓓ

7 Erfinde zu jedem Term eine Sachaufgabe.

a) $3 \cdot y - 5$ b) $x \cdot y + 10$ c) $r : 4 - 3$

8 Gib jeweils für beide Quader einen passenden Term an und vereinfache ihn.

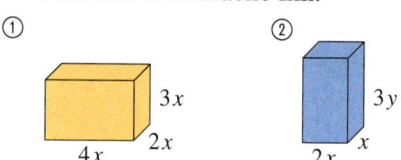

① 3x, 2x, 4x
② 3y, x, 2x

a) Berechnung des Volumens

b) Berechnung der Kantenlänge

c) Berechnung der Oberfläche

9 Die Figur wird in jeder Stufe größer.

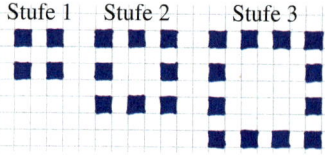

Stufe 1   Stufe 2   Stufe 3

a) Wie viele Quadrate werden in der 4. Stufe sein?

b) Finde einen Term, mit dem man berechnen kann, wie viele Quadrate man in den nächsten beiden Stufen benötigt.

c) Berechne mit deinem Term die Anzahl der Quadrate, die man in der 8. und in der 12. Stufe benötigt.

Gleichungen

Entdecken

1 Findest du fünf Paare von Termen, die den gleichen Wert haben?

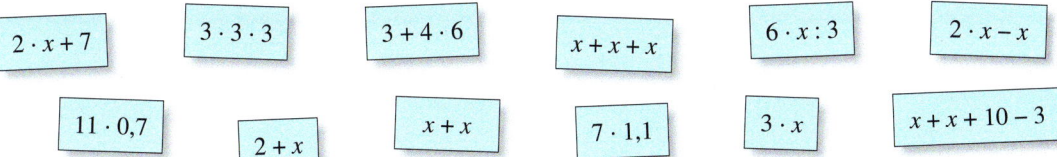

$2 \cdot x + 7$ $3 \cdot 3 \cdot 3$ $3 + 4 \cdot 6$ $x + x + x$ $6 \cdot x : 3$ $2 \cdot x - x$

$11 \cdot 0,7$ $2 + x$ $x + x$ $7 \cdot 1,1$ $3 \cdot x$ $x + x + 10 - 3$

a) Schreibe Terme, die gleichwertig sind, als Gleichungen auf: Term 1 = Term 2
b) Unterscheide zwischen Gleichungen mit und ohne Variable.

2 An Marktständen gibt es häufig Waagen, bei denen das Gewicht mit Gewichtssteinen bestimmt wird.

a) Welche verschiedenen Gewichte kann man mit diesem Satz Gewichtssteine auswiegen?

b) Für welche Warenarten reicht ein solcher Satz aus, für welche eher nicht?
c) 👥 Diskutiert miteinander über den Einsatz solcher Waagen.

3 Jessie und Ahmet haben sich aus der Physiksammlung eine Tafelwaage geborgt und wiegen nun Gebrauchsgegenstände aus dem Schulalltag aus. Zur Tafelwaage gehört dieser komplette Gewichtssatz:

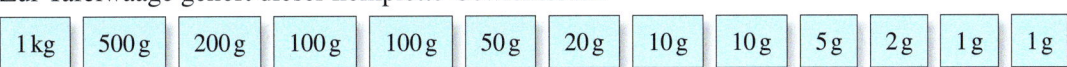

| 1 kg | 500 g | 200 g | 100 g | 100 g | 50 g | 20 g | 10 g | 10 g | 5 g | 2 g | 1 g | 1 g |

a) Warum sind einige Gewichtssteine doppelt vorhanden?
b) Welche Gewichtssteine benötigen sie jeweils für das Mathebuch (569 g), den Zirkel (96 g), das Geodreieck (13 g), den Turnbeutel (852 g) und die Trinkflasche (528 g)?
c) 👥 Besorgt euch ebenfalls eine solche Waage und macht selber Wiegeversuche.

4 Wie schwer sind diese Gegenstände?

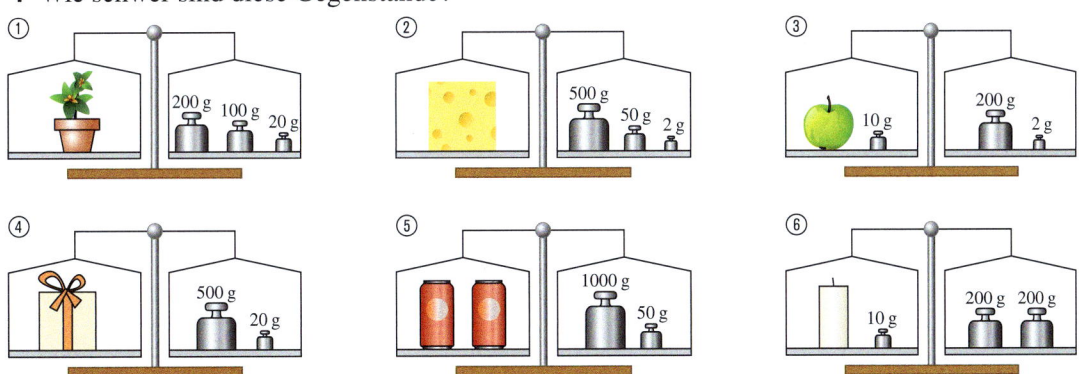

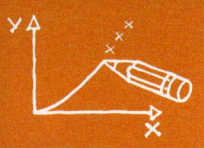

Verstehen

Lea möchte wissen, wie viel eine Dose Katzenfutter wiegt.
Sie legt auf eine Seite der Waage Gewichtssteine.
Auf die andere Seite legt sie so viele Dosen, bis die Waage
im Gleichgewicht ist. Sie stellt fest:
„1000 g + 200 g sind genau so schwer wie vier Dosen".

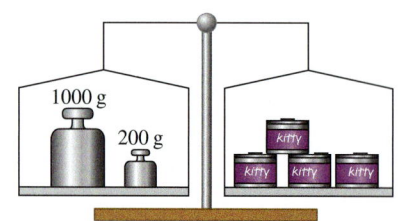

Daraus bildet sie eine **Gleichung**. Das unbekannte Gewicht
einer Dose bezeichnet sie mit „x" und schreibt auf: $1000 + 200 = 4x$
Nach kurzer Überlegung kommt sie zu der Vermutung: $x = 300$

HINWEIS
Der Wahrheits-
wert einer Aus-
sage wird abge-
kürzt durch
(w) = wahr
(f) = falsch

Sie kontrolliert ihre Vermutung durch eine **Probe** und setzt ein: $1000 + 200 \stackrel{?}{=} 4 \cdot 300$
Die Aussage ist wahr, also wiegt jede Dose 300 g. $1200 \stackrel{?}{=} 1200 \; (w)$

> **Merke** Verbindet man zwei Terme durch ein Gleichheitszeichen (=), so erhält man eine **Gleichung**. Eine Gleichung ist wahr, wenn der Wert der Terme auf beiden Seiten gleich ist. Enthält eine Gleichung Variablen, so kann man deren Wert errechnen. Die errechnete Zahl heißt **Lösung der Gleichung**, wenn beim Einsetzen eine wahre Aussage entsteht.

Beispiel 1 Gleichungen ohne Variablen: $3 \cdot 4 = 12$; $23 + 7 = 40 - 10$; $100 - 76 : 4 = 9 \cdot 9$
Gleichungen mit Variablen: $2 \cdot x = 24$; $y + 17 = 41$; $z \cdot z = 100$

Wie viele Kugeln wiegt ein einzelnes blaues Kästchen?
Gleichung: $2 \cdot x + 5 = 11$; x: Gewicht eines blauen Kästchens

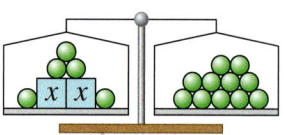

Tim, Lea, Dima und Melanie haben die Gleichung auf unterschiedliche Art gelöst:

NACHGEDACHT
Welche Möglich-
keit, Gleichun-
gen zu lösen,
hältst du für die
beste? Begründe.
Welche findest
du nicht so gut
geeignet?

Beispiel 2 Lea löst durch Probieren:

$x = 1$ ergibt $2 \cdot 1 + 5 \stackrel{?}{=} 11 \; (f)$

$x = 2$ ergibt $2 \cdot 2 + 5 \stackrel{?}{=} 11 \; (f)$

$x = 3$ ergibt $2 \cdot 3 + 5 \stackrel{?}{=} 11 \; (w)$

Die Lösung lautet $x = 3$.

Beispiel 3 Tim löst durch Umkehroperatoren:

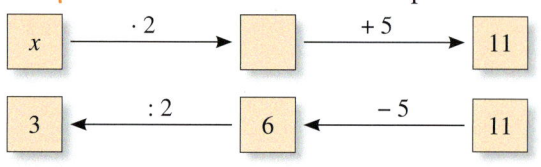

Die Lösung ist 3.

Beispiel 4 Dima und Melanie lösen durch Umformen:

a) Dima denkt sich die Waage im Gleichgewicht, wenn er auf beiden Seiten dieselben
Schritte macht:

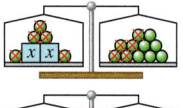

Ich nehme auf jeder Seite
5 Kugeln weg.

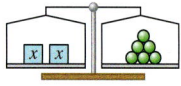

Ich nehme von jeder Seite
die Hälfte weg.

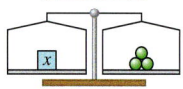

Ein blaues Kästchen wiegt
so viel wie 3 Kugeln.

b) Melanie formt die Gleichung schrittweise
um, bis sich für x ein einfacher Zahlenwert
ergibt:

$$2 \cdot x + 5 = 11 \qquad | -5$$
$$2 \cdot x + 5 - 5 = 11 - 5$$
$$2 \cdot x = 6 \qquad | : 2$$
$$2 \cdot x : 2 = 6 : 2$$
$$x = 3$$

Üben und anwenden

1 Setze ein = oder ≠.
Beispiel $4 + 7 \neq 20 - 8$, denn $11 \neq 12$
a) $16 - 2 \ \square \ 2 \cdot 6$
b) $12 + 12 \ \square \ 6 \cdot 4$
c) $200 : 25 \ \square \ 25 - 18$
d) $2{,}8 + 3{,}9 \ \square \ 6{,}8$
e) $15 + 45 + 70 \ \square \ 200 - 20 - 50$
f) $420 - 180 + 260 \ \square \ 120 + 240 + 140$
g) $3 \cdot 1500 \cdot 2 \ \square \ 6000 \cdot 2 - 4000$

1 Setze ein = oder ≠.
Beispiel $7 + 9 \neq 22 - 8$, denn $16 \neq 14$
a) $5 \cdot 0{,}9 \ \square \ 9 : 2$
b) $71 + 36 \ \square \ 36 \cdot 3$
c) $3^3 \ \square \ 100 - 73$
d) $2{,}5 : 5 \ \square \ 0{,}2 + 0{,}3$
e) $40 \cdot 3 + 35 \ \square \ 200 - 45$
f) $420 : 6 \ \square \ 2 \cdot 3 \cdot 10$
g) $37 + 89 \ \square \ 63 \cdot 2$

2 Vergleiche die linke und die rechte Seite jeder Gleichung. Sind beide Seiten gleichwertig, schreibe in dein Heft hinter die Gleichungen „wahr", sonst „falsch".
a) $x + x + x \overset{?}{=} 3x$
b) $a + 7 \overset{?}{=} 7a$
c) $x + 3x - x \overset{?}{=} 4x$
d) $7z - 5z - z \overset{?}{=} z$
e) $2 \cdot y \overset{?}{=} y + y$
f) $3 - x \overset{?}{=} x - 3$

2 Suche gleichwertige Terme und bilde daraus wahre Gleichungen.
Beispiel $9x + 3 = 2 \cdot 1{,}5x$

$2x + 3$	$2 \cdot 1{,}5x$	$10x - 6 - 7x$
$x \cdot x$	$20x : 4$	$-x$
$3x - 4$	$5x + 3 - 3x$	$3(x - 2)$
$5x$	$9x : 3$	$2x$

3 Wie schwer sind diese Gegenstände?

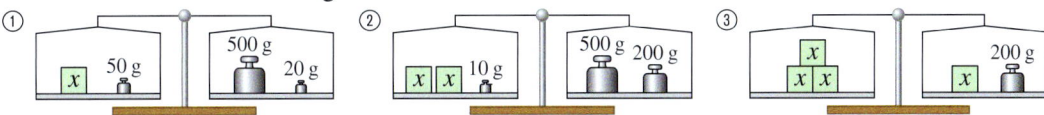

4 Übertrage die Tabelle ins Heft. Setze für die Variablen den gegebenen Wert ein und überprüfe wie im Beispiel, ob die Aussage wahr oder falsch ist.

x	$3 \cdot x = 9$	$7 + x = 9$	$5 \cdot x + 8 = 13$
0	$3 \cdot 0 = 9$ f		
1			
2			
3		$7 + 3 = 9$ f	

4 Übertrage die Tabelle ins Heft. Setze für die Variablen den gegebenen Wert ein und überprüfe, ob die Aussage wahr oder falsch ist.

x	$4x + 3 = 15$	$2x - 8 = 0$	$20 - 5x = 5$
0			
1			
2			
3			
4			

5 Welche Zahl musst du für x einsetzen, damit die Gleichung wahr ist?
a) $6 \cdot x = 24$
b) $4 \cdot x = -8$
c) $13 \cdot x = 0$
d) $25 \cdot x = -75$
e) $120 = x \cdot 6$
f) $x \cdot (-8) = 32$
g) $2x = 0{,}8$
h) $0{,}7x = -32$

5 Welche Zahl musst du für x einsetzen, damit die Gleichung wahr ist?
a) $x + 2 = 7$
b) $13 - x = 6 = 4x$
c) $15 + x = 1$
d) $-x - 4 = 3$
e) $3x = 18$
f) $\frac{1}{2}x = 12$
g) $-3x + 4 = 7$
h) $\frac{3}{4}x = -3$

6 Beschreibe den Text durch eine Gleichung.
Beispiel x ist eine Zahl. Das Vierfache von x ist 100.
Gleichung: $4x = 100$
a) y ist eine Zahl. Die Summe aus y und 27 ist 94.
b) x ist eine Zahl. Die Häfte von x beträgt 20.

Ich denke mir eine Zahl, deren Dreifaches um 1 kleiner als 100 ist, also $3x = 100 - 1$ …

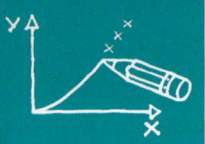

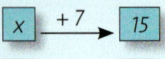

$x = 8$

7 Löse die Gleichung durch die Umkehroperation.
Beachte das Beispiel in der Randspalte.

a) $x + 4 = 10$ b) $x + 9 = 21$
c) $x - 12 = 20$ d) $x - 37 = 63$
e) $x \cdot 3 = 12$ f) $x \cdot 9 = 99$
g) $x : 5 = 10$ h) $x : 20 = 2$

7 Löse die Gleichung durch die Umkehroperation.
Beachte das Beispiel in der Randspalte.

a) $x + 15 = 65$ b) $x + 10 = 3$
c) $x - 18 = 36$ d) $x - 125 = 75$
e) $x \cdot 12 = 96$ f) $x \cdot 5 = -10$
g) $x : 8 = 50$ h) $x : 2 = 0{,}8$

8 Löse die Gleichung durch Umkehroperationen. Stelle dann eine Gleichung auf und setze für x deine Lösung ein. Wenn du eine wahre Aussage erhältst, ist deine Lösung richtig.

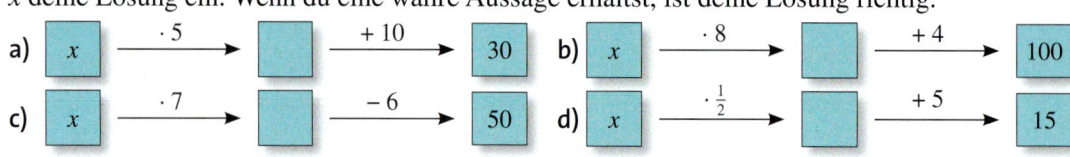

9 Übertrage die Gleichungen in Operatorschreibweise und löse.

a) $2x + 5 = 7$ b) $3x + 7 = 1$
c) $4x + 2 = 14$ d) $7x + 5 = -16$
e) $5x + 1 = 26$ f) $8x + 9 = -7$
g) $3x + 2 = 23$ h) $6x + 28 = 4$

9 Übertrage die Gleichungen in Operatorschreibweise und löse.

a) $6x + 8 = 56$ b) $4x - 5 = 11$
c) $6x - 12 = 24$ d) $9x + 48 = -6$
e) $5x - 8 = -43$ f) $25x + 18 = 93$
g) $3x - 7 = -13$ h) $12x - 8 = 34$

10 Auf der Balkenwaage liegen mehrere gleich schwere Dosen und graue Gewichtsstücke von je 1 kg.

a) Erkläre die einzelnen Schritte, durch die Henry herausfindet, wie schwer eine Dose ist.

b) Stelle zur jeweiligen Ausgangssituation die passende Gleichung auf und versuche, sie schrittweise zu lösen.

11 Finde zu jedem Waagemodell die passende Gleichung und gib einen möglichen Lösungsschritt an.

a)

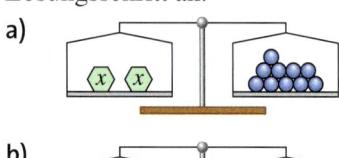

b)

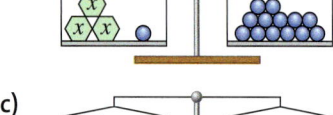

c)

11 Finde zu jedem Waagemodell die passende Gleichung und gib alle Lösungsschritte an.

a)

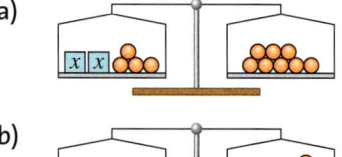

b)

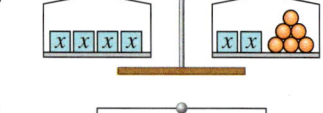

c)

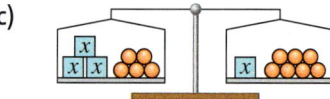

12 Gleichungen kannst du mit dem Waagemodell oder durch einzelne Rechenschritte lösen.

Waagemodell:

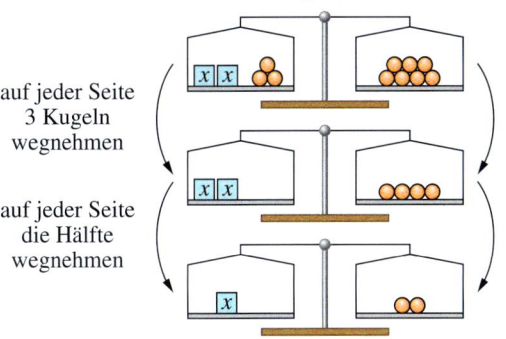

auf jeder Seite
3 Kugeln
wegnehmen

auf jeder Seite
die Hälfte
wegnehmen

Ein Würfel wiegt genau so viel wie 2 Kugeln.

Rechenweg:

$2x + 3 = 7$

| auf beiden Seiten 3 subtrahieren |

$2x + 3 - 3 = 7 - 3$
$2x = 4$

| auf beiden Seiten durch 2 dividieren |

$2x : 2 = 4 : 2$
$x = 2$

Die Gleichung $2x + 3 = 7$ hat die Lösung $x = 2$.

Löse ebenso durch Veränderungen auf der Waage und notiere den Rechenweg.

a)
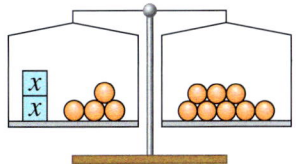

b)
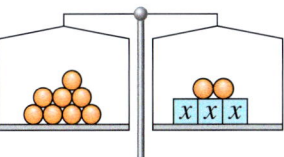

c)
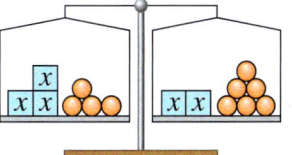

13 Löse nach der Methode, die dir am einfachsten erscheint. Mache auch die Probe.

a) $3 \cdot x = 45$
b) $230 + x = 1\,000$
c) $x + x = 72$
d) $100 : x = 20$
e) $27 + x = 3 \cdot 10$
f) $7 \cdot x + 1 = 50$
g) $5 \cdot 5 = 4 \cdot 4 + x$
h) $84 - 2 \cdot x = 62$

13 Löse nach der Methode, die dir am einfachsten erscheint. Mache auch die Probe.

a) $25 + 3x = 46$
b) $25 - 3x = 7$
c) $62 + 9x = 89$
d) $62 - 9x = 17$
e) $4x - 29 = 11$
f) $80 - 18x = 17$
g) $47 + 7x = 75$
h) $145 + 24x = 37$

14 Errechne die gesuchte Größe.

Beispiel $x + 10 = 25$
$x = 15$

| x | |
| 10 | 25 |

a)
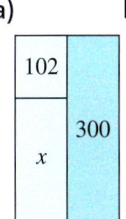
102	
	300
x	

b)
x	
x	
x	60
x	
x	

c)
x	
x	120
	48

d)
x	
x	35
	14

14 In jeder Schachtel sind jeweils gleich viele Hölzer. Übersetze die Knobelaufgaben in die Gleichungsschreibweise und löse sie.

a) ▢ ▢ ||| = |||||||||
b) ▢ ▢ ▢ | = ▢ ▢ |||
c) ▢ ▢ |||| = ▢ |||||
d) ▢ ▢ ▢ ▢ = ▢ ▢ ||||||
e) ▢ ▢ ||| = ▢ |||
f) |||||| ▢ = ▢ ▢ ▢ ||

HINWEIS
▢ = Symbol für eine Schachtel
| = Symbol für ein Hölzchen

15 Rätselhaftes Alter

| Jans Opa feiert einen runden Geburtstag. „Wie alt wird er?" will Jans Freund wissen. „Im nächsten Jahr ist sein Alter eine Quadratzahl", sagt Jan. | „Mein Vater ist in 8 Jahren genau doppelt so alt wie ich dann sein werde.", sagt die 16-jährige Vanessa. Wie alt ist ihr Vater jetzt? | Die Zwillinge Nina und Tom werden in 2 Jahren zusammen 30. Wie alt sind sie heute? | Nicoles Eltern sind zusammen 73 Jahre alt, ihre Mutter ist 5 Jahre jünger als ihr Vater. |

Methode: Tabellenkalkulation – Terme berechnen

Janina soll für das Grillfest ihres Vereins den Einkauf erledigen. Jedes Vereinsmitglied bestellt für sich und seine Familie Getränke in 0,5-l-Flaschen und Bratwurst oder Fleisch.
Janina trägt die Bestellungen in ein **Tabellenblatt** eines Tabellenkalkulationsprogramms ein. Dieses Blatt ist wie eine Tabelle aufgebaut. Die Spalten werden mit Großbuchstaben und die Zeilen mit Zahlen bezeichnet. Jedes einzelne Feld der Tabelle, man sagt auch **Zelle**, kann durch den Spaltennamen und die Zeilennummer genau angegeben werden.

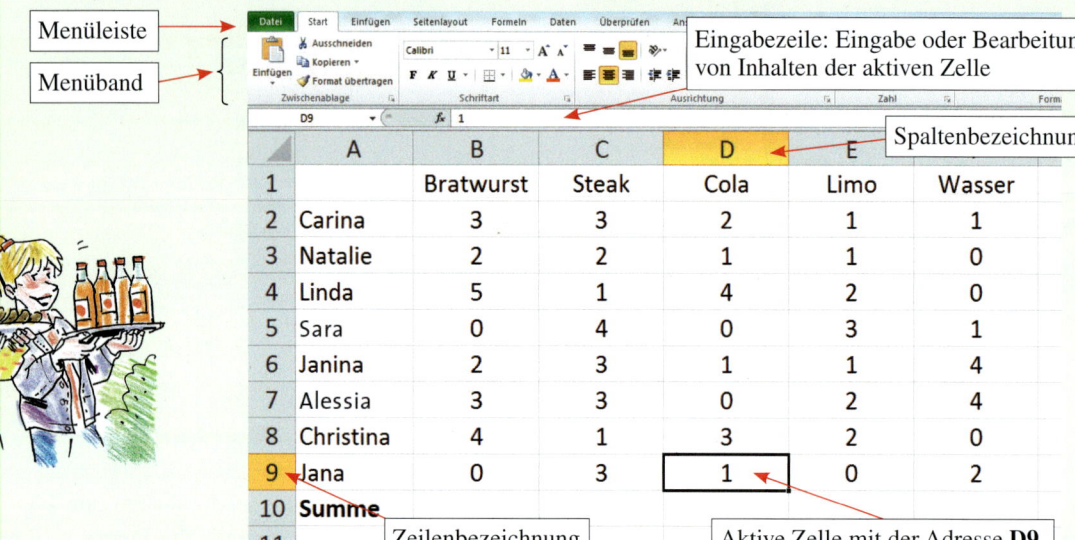

	A	B	C	D	E	
1		Bratwurst	Steak	Cola	Limo	Wasser
2	Carina	3	3	2	1	1
3	Natalie	2	2	1	1	0
4	Linda	5	1	4	2	0
5	Sara	0	4	0	3	1
6	Janina	2	3	1	1	4
7	Alessia	3	3	0	2	4
8	Christina	4	1	3	2	0
9	Jana	0	3	1	0	2
10	**Summe**					
11						

Menüleiste · Menüband · Eingabezeile: Eingabe oder Bearbeitung von Inhalten der aktiven Zelle · Spaltenbezeichnung · Zeilenbezeichnung · Aktive Zelle mit der Adresse **D9**

1 Anlegen einer Tabelle

a) Lege in einem Tabellenkalkulationsprogramm eine neue Datei an und speichere sie unter dem Namen „Grillfest".

b) Übertrage die Bestellungen genau in die entsprechenden Felder. Dazu musst du die entsprechende Zelle mit der linken Maustaste anklicken. Dann kannst du in der Eingabezeile das Wort oder die Zahl eingeben.

2 Rechnen in der Tabelle

Janina möchte nun ausrechnen, wie viele Getränke und Fleisch insgesamt eingekauft werden müssen. Dazu klickt sie die Zelle B10 an und gibt in der Eingabezeile die Formel „=B2+B3+B4+B5+B6+B7+B8+B9" ein.

a) Gib die Formel in das Feld B10 ein. Sobald du die Eingabe-Taste ⏎ gedrückt hast, berechnet das Programm die Summe der bestellten Bratwürste.

b) Um die Summe der anderen Spalten zu berechnen, kannst du genauso vorgehen (du musst aber beachten, dass die Zellen anders heißen).
Es geht aber auch einfacher:
Klicke auf das Feld B10. Es zeigt einen Rahmen mit einer „Ecke" unten rechts: [19]
Wenn man diese „Ecke" mit der linken Maustaste anfasst und nach rechts in die Felder C10 bis F10 zieht, werden diese Felder automatisch mit der zugehörigen Formel ausgefüllt.
Überprüfe, ob du alles richtig gemacht hast, indem du selbst die Spaltensumme einer Spalte berechnest.

c) Christina möchte ihre Bestellung ändern, weil ihr Bruder krank ist. Sie bestellt nun nur 2 Bratwürste, 1 Steak, 1 Cola und 2 Limos.
Ändere ihre Bestellung in der Tabelle. Was passiert in Zeile 10?

HINWEIS
Noch schneller lässt sich die Summe wie folgt bestimmen: Klicke die Zelle B10 an und klicke dann auf das Summenzeichen Σ im Menüband.

3 Erstellen einer Abrechnung

Janina möchte für jeden eine eigene Kostenabrechnung erstellen. Dazu legt sie ein neues Tabellenblatt an, in das sie die Bestellungen und die Preise eingibt.

	A	B	C	D	E
1	**Abrechnung für**	**Carina**			
2					
3	Fleisch u. a.	Anzahl	Stückpreis in €	Preis in €	
4	Bratwurst	3	0,8	=B4*C4	
5	Steak	3	1,65		
6	Cola	2	0,75		
7	Limo	1	0,7		
8	Wasser	1	0,35		
9					
10			Gesamtkosten:		

HINWEIS
*Ein neues Tabellenblatt auswählen:
Klicke am unteren Rand des Fensters auf „Tabelle2":*

a) Lege das Tabellenblatt an und fülle es wie oben aus.
b) Gib in das Feld D5 eine Formel ein, mit der man den Preis für die 3 Steaks berechnen kann.
c) Ergänze auch die Formeln für die Felder D6, D7 und D8.
d) Mit welcher Formel lassen sich die Gesamtkosten in Zelle D10 berechnen?
e) Speichere die Datei unter dem Namen „Carina".
f) Erstelle nun eine Abrechnung für Claus (7 Bratwürste, 2 Steaks, 4 Cola), indem du Veränderungen in Spalte B vornimmst. Speichere die Datei unter dem Namen „Claus".

BEACHTE
Formeln müssen in der Eingabezeile mit einem „=" beginnen.

4 Formatieren der Abrechnung

Wenn man die Abrechnung schöner gestalten möchte, kann man die einzelnen Zellen formatieren. Dazu markiert man eine oder mehrere Zellen. Dann wählt man in der Menüleiste den Reiter „Start". Im Menüband kann man nun den Zellen eine bestimmte Schriftart, Schriftfarbe, eine Füllfarbe oder einen Rahmen zuweisen.

a) Verschönere die Abrechnung, indem du die Überschrift und einzelne Zellen farbig hinterlegst und die Schrift und die Schriftgröße änderst.
b) Markiere mit der linken Maustaste alle Zellen, die auf der Rechnung zu sehen sein sollen, und lege den Druckbereich fest (siehe Randspalte). Unter dem Menüpunkt „Datei" → „Drucken" kann man die fertige Abrechnung vor dem Druck ansehen.

ZU AUFGABE 4b
*Menü:
Seitenlayout
→ Druckbereich
→ Druckbereich
   festlegen*

5 Veränderungen der Abrechnung

Betrachte noch einmal das Tabellenblatt ganz oben auf dieser Seite.
a) Jeder soll zusätzlich 2,50 € bezahlen für Brot, Grillsaucen, Salate usw. Wie muss die Formel in Zelle D10 verändert werden?
b) Was wird berechnet, wenn man die Formel „=B6*C6+B7*C7+B8*C8" eingibt?

6 Eva hat die folgende Tabelle erstellt. Erläutere sie.

	A	B	C	D	E	F	G	H	I	J	K
1	**Fleisch**	**Stückpreis**	**Carina**	**Natalie**	**Linda**	**Sara**	**Janina**	**Alessia**	**Christina**	**Jana**	**Anzahl gesamt**
2	Bratwurst	0,80 €	3	2	5	0	2	3	4	0	19
3	Steak	1,65 €	3	2	1	4	3	3	1	3	20
4	Cola	0,75 €	2	1	4	0	1	0	3	1	12
5	Limo	0,70 €	1	1	2	3	1	2	2	0	12
6	Wasser	0,35 €	1	1	0	1	4	4	0	2	13
7		Preis gesamt:	9,90 €	6,70 €	10,05 €	9,05 €	9,40 €	10,15 €	8,50 €	6,40 €	70,15 €

Klar so weit?

→ Seite 138

Variablen und Terme

1 Bestimme den Wert der Terme.
Beispiel $x - 3,5$ für $x = 0,7$: $0,7 - 3,5 = -2,8$
a) $a + 2,5$ für $a = 0,2$
b) $1,3\,y$ für $y = 7$
c) $6x - 15$ für $x = 7$
d) $\frac{1}{2}z + 19$ für $z = 22$

1 Berechne den Wert der Terme.
a) $3x + 7y - 5$ $x = 4$ $y = 5$
b) $4a - 3b - 2$ $a = 0,5$ $b = -2$
c) $10 - 6m + 3p$ $m = 2,5$ $p = -3$
d) $a \cdot b - 3a$ $a = -3$ $b = -2$
e) $x : y - y + 2x$ $x = 24$ $y = -3$

2 Vervollständige die Preistabelle im Heft.

Gewicht Äpfel (kg)	x	0,5	1	2	2,8
Preis (€)	$1,50 \cdot x$				

2 Vervollständige die Preistabelle im Heft.

Gewicht Pilze (kg)	x	0,2	0,8	1	1,5
Preis (€)	$8,90 \cdot x$				

→ Seite 142

Terme vereinfachen

3 Ergänze die Termmauern, indem du jeweils die zwei benachbarten Terme addierst.
a)
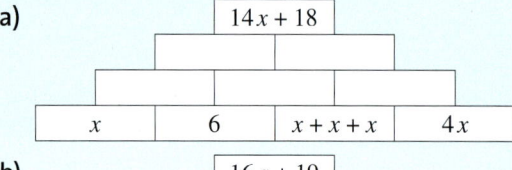
b)
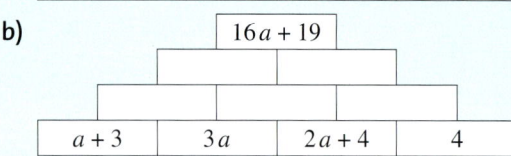

3 Ergänze die Termmauern, indem du jeweils die zwei benachbarten Terme addierst.
a)
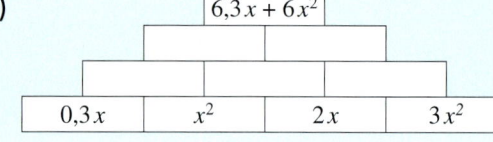
b)
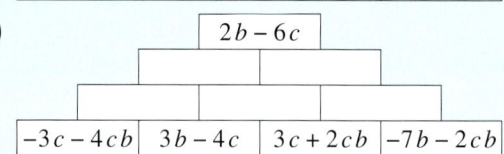

4 Vereinfache die Terme.
a) $7x - 2x - x$
b) $2 + y - 2y$
c) $2x \cdot x$
d) $3a \cdot 7a$
e) $3 + x \cdot 4 \cdot 2$
f) $y + 6x - 9y + x$
g) $3x \cdot 6y \cdot x$

4 Vereinfache die Terme.
a) $z + 12 - 9z$
b) $-5m + n + 7m - 3n$
c) $x \cdot x + x$
d) $2a \cdot 3 + 4$
e) $5c \cdot 6d \cdot 11c$
f) $2y \cdot 2,1x \cdot y \cdot 0,4x$
g) $4a \cdot 0,4a \cdot 4b \cdot a$

5 Übertrage die Tabelle ins Heft. Vereinfache zuerst die Terme. Berechne dann jeweils den Wert des Terms.

Ausgangsterm	$a - 6a$	$2a + 3b - 7a$	$3a \cdot 4b$	$2a \cdot 4 + b + b$	$5b + a \cdot a - b$
vereinfachter Term	$-5a$				
$a = 2$; $b = -7$	$-5 \cdot 2 = -10$				
$a = -3$; $b = 9$					
$a = -1$; $b = -10$					

→ Seite 146

Terme aufstellen

6 Gib einen Term an, mit dem die Gesamtlänge der Strecke berechnet werden kann.

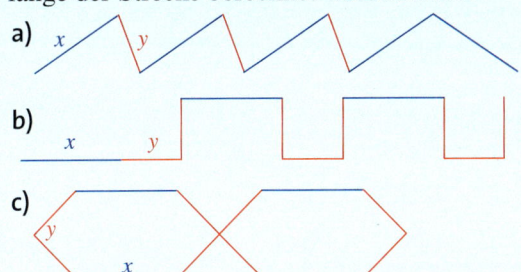

6 Gib für die Berechnung des Umfangs jeweils einen Term an. Berechne.

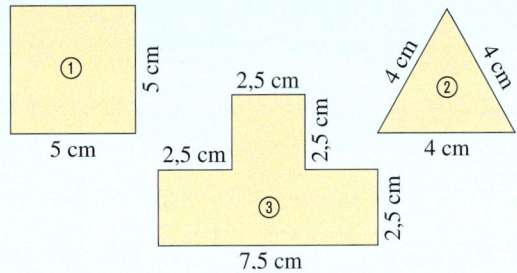

7 Schreibe einen entsprechenden Term auf.
a) Bilde die Hälfte einer Zahl.
b) Berechne das Fünffache einer Zahl.
c) Vom Dreifachen einer Zahl wird ihr Doppeltes subtrahiert.
d) Vermindere das Sechsfache einer Zahl um ihre Hälfte.

7 Stelle einen entsprechenden Term auf.
a) Addiere zum Fünffachen des Produkts aus a und b das Zweifache dieses Produkts.
b) Addiere zur Hälfte einer Zahl das Dreifache einer anderen Zahl.
c) Subtrahiere vom Sechsfachen einer Zahl das Vierfache dieser Zahl und die Hälfte einer anderen Zahl.

Gleichungen

→ Seite 150

8 Lösung der Gleichungen ist jeweils eine der Zahlen 1 bis 6. Ordne richtig zu.
a) $2 \cdot x + 7 = 15$ b) $x \cdot x + x = 30$
c) $25 = 90 : x - 5$ d) $7 \cdot x - 30 = 12$
e) $x \cdot x \cdot x + 2 = 10$ f) $27 : x + 8 = 35$

8 Bestimme aus den Zahlen -16; -3; $1,5$; 16 und 49 die Lösung der Gleichung.
a) $2x + 5 = 37$ b) $5 - 2x = 37$
c) $-2x + 5 = 11$ d) $8x + 20 = 32$
e) $6x + 29 = 11$ f) $-70 + 5x = 175$

9 Löse die Gleichungen.
Überprüfe durch eine Probe.
a) $x + 9 = 17$ b) $x - 14 = 8$
c) $4x = 24$ d) $5x = 75$
e) $2x = 0,8$ f) $4x = -48$
g) $2x + 5 = 7$ h) $3x + 7 = 1$

9 Löse die Gleichungen.
Überprüfe durch eine Probe.
a) $x + 6 = -39$ b) $x - 27 = -4$
c) $1,5x = 12$ d) $-8x = 72$
e) $6x + 8 = 56$ f) $9x + 48 = -6$
g) $4x - 5 = 11$ h) $3x - 7 = -13$

10 Stelle zu jedem Bild eine Gleichung auf und berechne die gesuchte Größe.
Beispiel Gleichung zu a) $x + 17 = 35$

a)
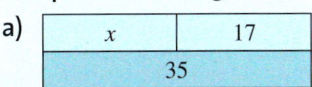

b)
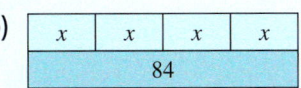

c)
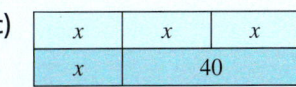

d)
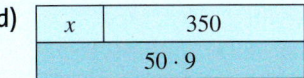

e)
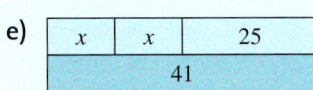

f)

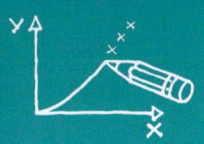

Vermischte Übungen

1 Sonderangebote zur Neueröffnung eines Geschäfts

> Textilien heute zum halben Preis

> Sonderpackung mit 100 g mehr Inhalt

NEUERÖFFNUNG!

> Beim Kauf einer Kiste Apfelsinen 3 Stück extra!

> doppelte Gewinn- chance bei unserem Kundenquiz

> zur Brötchentüte heute 2 Brötchen gratis

$x + 2$ $x : 2$ $x + 100$ $2x$ $x + 3$

a) Ordne jedem Angebot den passenden Term zu.
b) Wofür steht jeweils die Variable?
c) 👥 Denke dir weitere „Sonderangebote" aus. Lasse von einem Partner den Term aufstellen.

2 Übertrage die Tabelle in dein Heft und berechne den Wert der Terme.

x	4	8	10	12
$x + 9$	13			
$5x$				
$3x - 9$				

2 Übertrage die Tabelle in dein Heft und berechne den Wert der Terme.

x	2	6	10	12
$11x + 11$				
$10 : x + \frac{1}{2}$				
$x^2 - x$				

3 Vereinfache den Term und berechne dann seinen Wert für $x = 2$ (für $x = 5$; für $x = 8$).
a) $23x + 17x + 37x$
b) $75x - 33 - 12x$
c) $-3x + 5x + 12x - 36$
d) $3x - 5 + 12 - 2x - 21$
e) $8x + 9x - 5x - 13x$

3 Fasse die Terme zusammen.
Setze zuerst $a = 3$; $b = 5$ und berechne.
Berechne dann für $a = 2$; $b = -5$.
a) $4a + 7b + 8b + 3a + 4b + 6a$
b) $9a - 1{,}1b + 13b + 5a - 1{,}1b + 23a$
c) $751a + 643b + 12 + 456a + 864 + 114b$
d) $367a + 872b + 421a + 467b + 578 + a$

NACHGEDACHT
Ist es bei einigen der Flächen aus Aufgabe 4 möglich, verschiedene Terme anzugeben? Welche Vereinbarungen müsste man treffen, damit es für jede Fläche nur einen „erlaubten" Term zum Flächeninhalt gibt?

4 Skizziere die Flächen in deinem Heft.
Gib einen Term an, mit dem man den Umfang der Figuren berechnen kann.

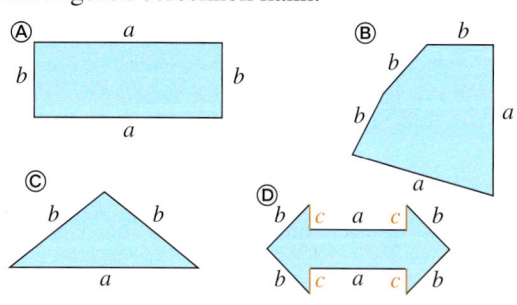

4 Skizziere die Flächen in deinem Heft.
Bezeichne gleich lange Seiten mit der gleichen Variable und gib einen Term an, mit dem man den Umfang der Figuren berechnen kann.

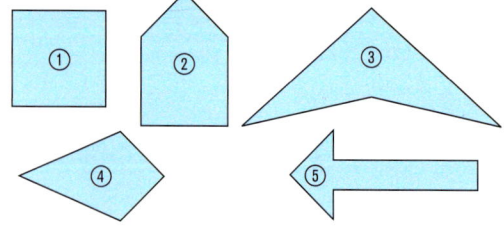

5 Schreibe als Term bzw. beschreibe mit Worten.
a) eine um 5 größere Zahl
b) das Vierfache einer Zahl
c) das Elffache einer Zahl, verkleinert um 3
d) $x - 6$ e) $3y + 9$ f) $100 - z : 5$

5 Schreibe als Term bzw. beschreibe mit Worten.
a) der 7. Teil einer Zahl
b) eine Zahl, mit sich selbst multipliziert
c) die Hälfte einer Zahl, vermindert um 5
d) $2x + 9$ e) $60 - 10z$ f) $y^2 - 17$

6 Taxikosten setzen sich aus einem festen Grundpreis und den Kosten pro gefahrenem Kilometer zusammen.

a) Lies aus der Grafik den Grundpreis und die Kosten pro gefahrenem Kilometer ab.

b) Gib einen Term zur Berechnung der Gesamtkosten an.

c) Berechne die Taxikosten für 10 km; 20 km und 30 km.

d) Wie weit ist jemand gefahren, der 6 € (12 €; 21 €) bezahlen musste?

e) In jeder Stadt gelten eigene Taxigebühren: Zeichne ein solches Koordinatensystem für einen Grundpreis von 2 € und 1,80 € Kosten pro gefahrenem Kilometer. Vergleiche.

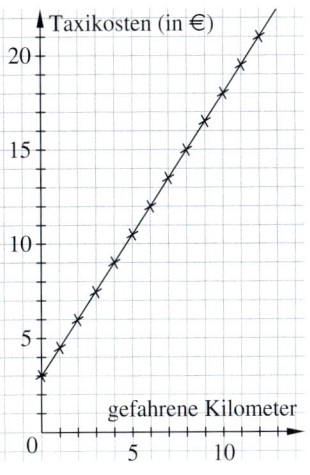

7 Das Term-Mobile ist im Gleichgewicht, wenn an den beiden Enden jedes Balkens insgesamt wertgleiche Terme hängen.

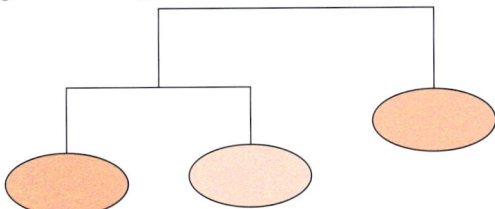

a) Bringe das Mobile mit drei passenden Termen ins Gleichgewicht.

$5x - 5 + x$ $\qquad$ $15 + 20x - 10 - 8x$

$\qquad 10 + 3x \cdot 2 - 15$

$15x + 4 \cdot 3x - 25$

b) 👥 Denkt euch selbst Terme aus, die das Mobile im Gleichgewicht halten.

7 Das Term-Mobile ist im Gleichgewicht, wenn an den beiden Enden jedes Balkens insgesamt wertgleiche Terme hängen.

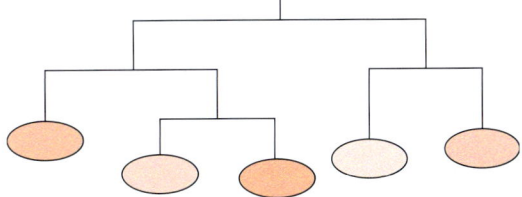

a) Bringe das Mobile mit den vorhandenen Termen ins Gleichgewicht.

$5x + 8 - x$ $\qquad$ $4x + 16 + 10x - 6x$

$\qquad 10x + 20 - 2x - 4$

$5x + 16 + 3x$ $\qquad$ $2x + x + 8 + x$

b) 👥 Denkt euch selbst Terme aus, die das Mobile im Gleichgewicht halten.

8 Wie viele Kugeln wiegt ein Würfel?

a) 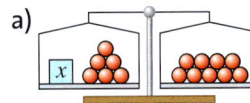   b)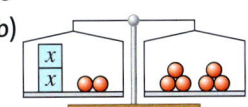

8 Wie viele Kugeln wiegt ein Würfel?

a)   b)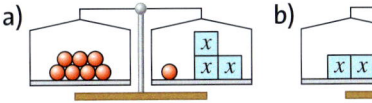

9 Löse die Gleichungen. Beschreibe deinen Lösungsweg.

a) $x + 42 = 71$ b) $57 - x = 19$

c) $x - 74 = 47$ d) $x + x = 101$

e) $24x = 48$ f) $12x = 144$

g) $2x = 5$ h) $2{,}5x = 50$

i) $\frac{1}{3}x = 7$ j) $x : 5 = 42$

k) $2x + 5 = 27$ l) $9x - 48 = 33$

9 Löse die Gleichungen. Beschreibe deinen Lösungsweg.

a) $x - 17 = 54$ b) $a \cdot a = 400$

c) $6y + 42 = 48$ d) $z : 6 = 12$

e) $136 - 2x = 98$ f) $-x = -45$

g) $105 = 25 + 8c$ h) $7d = -28$

i) $\frac{1}{3}a - 2 = 1$ j) $2x - 5 = x$

k) $2m + 12 = -8$ l) $24 : n = 48$

10 Für einen Salat werden 100 ml Salatsoße benötigt. Dabei soll die Menge an Öl doppelt so groß sein, wie die Menge an Essig. Für weitere Inhaltsstoffe wie Senf, Flüssigzucker und Gewürze rechnet man 10 ml. Wie viel ml Essig bzw. Öl werden gebraucht?

Tipp: Bezeichne die Menge an Essig mit x und stelle eine Gleichung auf.

159

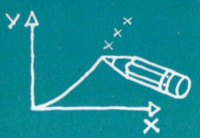
Ein Besuch im Spaßbad

	Erwachsene	Kinder (bis 16 Jahren)
Einzelkarte	5,50 €	4,40 €
Gruppenkarte (10 Personen)	49,00 €	37,00 €
Jahreskarte	295,00 €	240,00 €

11 Eintrittspreise

Die Klasse 7 c besucht mit 26 Schülerinnen und Schülern und 2 Lehrern ein großes Spaßbad.
a) Berechne den günstigsten Eintrittspreis für die ganze Klasse.
b) Wie kann der Gesamtpreis aufgeteilt werden? Wie viel muss dann jeder bezahlen? Vergleiche mit den Einzelpreisen.
c) Wie häufig müsste das Spaßbad besucht werden, damit sich eine Jahreskarte für einen Erwachsenen (für ein Kind) lohnt?

12 Wettschwimmen

a) Eva benötigt x Sekunden, um eine 25-m-Bahn zu schwimmen. Max braucht 3 Sekunden länger, Sarah ist 1,4 Sekunden schneller.
Stelle Terme (ohne Maßeinheit) für Max' und Sarahs Zeit auf.
b) Jan und Sam schwimmen z Bahnen. Jan braucht für jede 25-m-Bahn 27 Sekunden, Sam 2,4 Sekunden länger.
Wie viele Sekunden Vorsprung hat Jan nach z Bahnen?
Wie lange brauchen sie für 1 000 m?
Bei der wievielten Bahn wird Sam von Jan überholt?
c) Wie schnell schwimmst (oder läufst; hüpfst; …) du?
Stelle einen Term auf, der deine 50-m-Zeit mit der eines Partners vergleicht.

13 Renovierung

👥 Das Sportbecken im Außenbereich wird von innen neu gestrichen.
a) Die Farbe für 10 m² kostet 14 €.
b) Nach Abschluss der Renovierung füllen die Pumpen pro Minute 400 l Wasser in das Becken.
c) Während der zweiwöchigen Renovierung kommen ca. 40 % weniger Besucher als sonst.

TIPP ZU 13 C
Beachte die in Aufgabe 14 angegebenen Besucherzahlen.

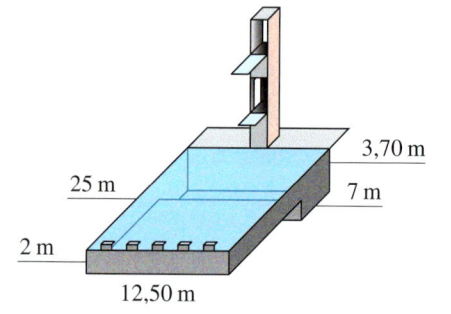

3,70 m

25 m

7 m

2 m

12,50 m

14 Besucherzahlen

👥 Präsentiert eure Ergebnisse mit Plakaten.

	2013	2014	2015	2016
Kinder	166 000	166 800	178 000	214 000
Erwachsene	83 000	111 200	89 000	107 000

a) Welche Informationen könnt ihr aus der Tabelle ablesen?
b) Stellt die Veränderung der Besucherzahlen in einem geeigneten Diagramm dar.
c) Schätzt die Gesamteinnahmen pro Jahr.

Zusammenfassung

Variablen und Terme

→ Seite 138

Variablen sind Platzhalter, in die man Zahlen oder Größen einsetzen kann.

$a;\quad x;\quad \blacklozenge;\quad \blacktriangle$

Eine sinnvolle Verbindung von Variablen, Zahlen und Rechenzeichen heißt **Term** (Rechenausdruck).

$12;\qquad m;\qquad 12 + 3;\qquad 27 : 9;$
$y^2;\qquad 2 - (r + s);\qquad 13 + 0{,}07 \cdot y$

Wenn man für die Variablen Zahlen einsetzt, kann man den **Wert des Terms** bestimmen.

Der Wert des Terms $14 \cdot y - 6$
für $y = 0{,}5$ ist: $14 \cdot \mathbf{0{,}5} - 6 = 7 - 6 = 1$

Terme vereinfachen

→ Seite 142

Beim **Addieren und Subtrahieren** kann man zusammenfassen:
– gleiche Variablen
– gleiche Potenzen

$x + 4y - x - 6y =$
$= \underline{x - x} + \underline{4y - 6y} = 0x - 2y = -2y$

$\underline{a^2} + \underline{ab} + a^3 + \underline{ab} + \underline{a^2} + \underline{2ab} =$
$= a^3 + 2a^2 + 4ab$

Achtung: Nicht zusammenfassen darf man:
– *unterschiedliche* Variablen
– Potenzen mit *verschiedenen* Exponenten

Beim **Multiplizieren** kann man die Reihenfolge der Faktoren beliebig vertauschen. Gleiche Faktoren kann man zusammenfassen.

$3a \cdot 7b = 3 \cdot 7 \cdot a \cdot b = 21ab$

$x \cdot 3x \cdot y \cdot 2 = 2 \cdot 3 \cdot x \cdot x \cdot y = 6x^2 y$

Terme aufstellen

→ Seite 146

So stellst du einen Term auf:
① Variable festlegen
② Terme bilden

③ Terme zusammenfügen

Subtrahiere vom Dreifachen einer Zahl 8.
① „eine Zahl" $\qquad\qquad x$
② „Dreifaches der einen Zahl" $\quad 3 \cdot x$
„subtrahiere 8" $\qquad\qquad -8$
③ Gesamtterm: $\qquad\qquad 3 \cdot x - 8$

Gleichungen

→ Seite 150

Eine **Gleichung** entsteht, wenn man zwei Terme durch ein Gleichheitszeichen verbindet. Sie ist wahr, wenn der Wert der Terme auf beiden Seiten gleich ist.

$100 - 8 \cdot 9 = 2 \cdot 2 \cdot 7$
$100 - 72 = 4 \cdot 7$
$28 = 28 \ (w)$

Enthält eine Gleichung Variablen, so kann man deren Wert errechnen. Die errechnete Zahl heißt **Lösung der Gleichung**, wenn beim Einsetzen eine wahre Aussage entsteht.

$3x + 12 = 51 \quad | -12$
$3x = 39 \quad | :3$
$x = 13$

Probe:
$3 \cdot \mathbf{13} + 12 = 51$
$39 + 12 = 51$
$51 = 51 \ (w)$

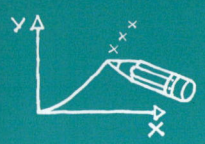

Teste dich!

4 Punkte

1 Berechne den Wert des Terms für $x = 5$ und $y = 3$.
a) $x + 3x$ b) $0{,}5x + 2y$ c) $7y - 5x$ d) $0{,}75y + 3{,}5$

3 Punkte

2 Betrachte den Term $x^2 - 4x + x - 0{,}5x + 2$.
a) Vereinfache den Term.
b) Berechne den Wert des Terms für $x = 4$.
c) Berechne den Wert des Terms für $x = -1{,}8$.

3 Punkte

3 Schreibe als Term und berechne den Wert des Terms.
a) Gesucht ist die Summe der Zahlen 78 und 56.
b) Gesucht ist das Doppelte von 5 vermehrt um 8.
c) Gesucht ist das Dreifache der Summe aus 78 und 79.

3 Punkte

4 Stelle jeweils einen entsprechenden Term auf.
a) Clara benötigt für 100 m Strecke x Sekunden, Sophie 1,25 Sekunden mehr.
b) Hanna ist x Jahre alt, ihre Oma ist 5,5-mal so alt.
c) Josefine zahlt für ihr Handy monatlich 5 € Grundgebühr, für jede SMS 9 ct und für Telefongespräche pro Minute 22 ct.

4 Punkte

5 Fasse zusammen.
a) $4m - 0{,}3n + 2{,}7m - 4n + 3m - n$
b) $2x + 3x^2 - 2x^3 + 4x^2 - 4x + 5x^3$
c) $7a^2 - 3b^2 + 0{,}2a^2 - 0{,}75b^2$
d) $24m^2 - 15n^2 + 5m^2n - 6n + 16m^2 - 7mn^2$

4 Punkte

6 Löse die Klammern auf und fasse die Terme zusammen, wenn es möglich ist.
a) $3x + (2 - y)$ b) $12x - (a + 3x)$
c) $x - 3 - (2y + 3z)$ d) $12{,}5x - (15y - 13{,}7x - 15{,}9y)$

4 Punkte

7 Umfang und Flächeninhalt
a) Notiere je einen Term mit Variablen zur Berechnung …
① … des Umfangs.   ② … des Flächeninhalts.
b) Setze in den Termen die passenden Werte für die Variablen ein, beachte die Maßangabe in der Zeichnung. Berechne Umfang und Flächeninhalt.

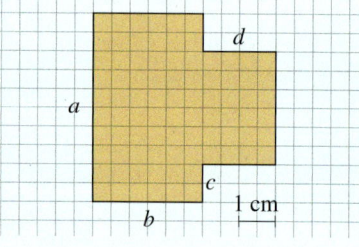

6 Punkte

8 Die Pakete sollen mit Paketschnur verschnürt werden.

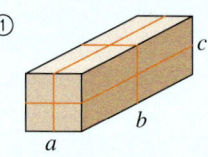

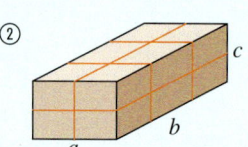

a) Gib für jedes Paket einen Term an, mit dem man die Länge der Paketschnur (ohne Knoten) berechnen kann. Vereinfache die Terme.
b) Für Schlaufen und Knoten benötigt man zusätzlich 30 cm Schnur. Verändere deine Terme aus a) so, dass dies berücksichtigt wird.
c) Berechne jeweils die Länge der Schnur mit Schlaufen und Knoten, wenn $a = 20$ cm, $b = 40$ cm und $c = 15$ cm ist.

Gold: 29–31 Punkte, Silber: 24–28 Punkte, Bronze: 19–23 Punkte   Lösungen ab Seite 188

Winkel und Figuren

Das Gemälde „Behauptend" von Wassily Kandinsky entstand im Jahr 1926. Wie in vielen seiner Gemälde verwendet der Künstler Kandinsky auch hier überwiegend geometrische Figuren.

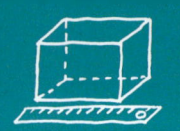

Noch fit?

Einstieg   **Aufstieg**

1 Winkelgrößen bestimmen
Gib jeweils die Größe des Winkels an, ohne zu messen.

a)   b)   c)   d)

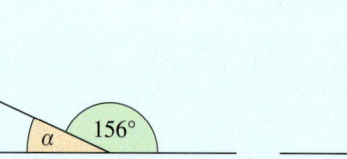
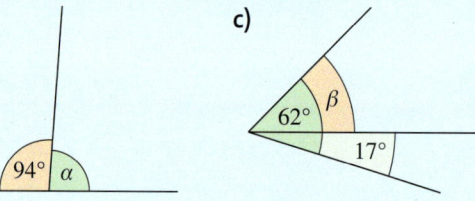
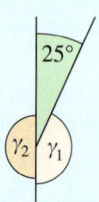

2 Achsensymmetrie
Übertrage die Zeichnung ins Heft und spiegle an der Spiegelgeraden g.

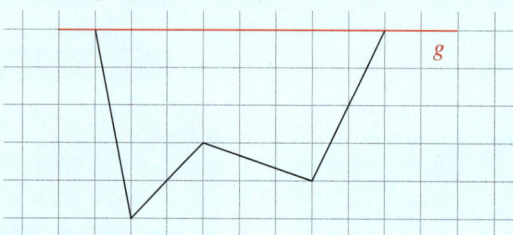

2 Achsensymmetrie
Übertrage die Zeichnung ins Heft und spiegle an der Spiegelgeraden g.

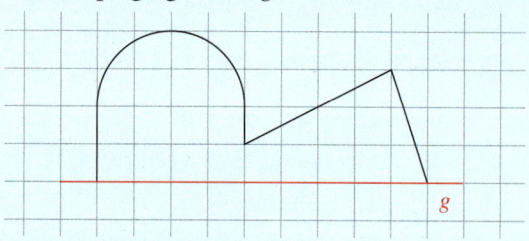

3 Vierecke zeichnen
Übertrage die Vierecke in dein Heft und zeichne jeweils die Diagonalen ein. Welche Dreiecksarten entstehen? Benenne nach Seiten und nach Winkeln.

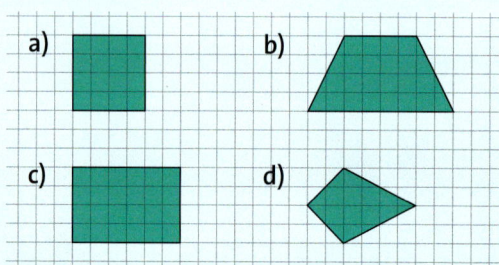

3 Behauptungen prüfen
Welche Behauptung ist richtig, welche ist falsch? Überprüfe zeichnerisch.
a) Ein rechtwinkliges Dreieck kann auch zwei rechte Winkel haben.
b) Ein Dreieck mit drei gleich langen Seiten hat auch drei gleich große Winkel.
c) In einem gleichseitigen Dreieck gibt es vier Spiegelachsen.
d) Bei einem unregelmäßigen Dreieck können zwei Seiten gleich lang sein.
e) Gleichseitige Dreiecke besitzen alle denselben Flächeninhalt.

4 Dreiecke konstruieren
Konstruiere das Dreieck ABC.
a) $b = 5\,cm$; $c = 8\,cm$; $\alpha = 100°$
b) $a = 6\,cm$; $b = 9\,cm$; $\gamma = 40°$
c) $a = 2\,cm$; $c = 6\,cm$; $\beta = 80°$

4 Dreiecke konstruieren
Konstruiere das Dreieck ABC.
a) $a = 2,6\,cm$; $c = 3,9\,cm$; $\beta = 43°$
b) $a = b = 4\,cm$; $\gamma = 60°$
c) $b = c = 5,5\,cm$; $\beta = 75°$

5 Kurz und knapp
a) In einem Rechteck sind alle Winkel … .
b) Zwei Geraden sind parallel zueinander, wenn …
c) Zwei Geraden sind senkrecht zueinander, wenn …
d) Die Verbindung gegenüberliegender Eckpunkte im Rechteck nennt man …

Lösungen ab Seite 188

Winkel an Geradenkreuzungen

Entdecken

1 Rechts findest du einen Ausschnitt aus dem Stadtplan von Hanau.
Die Straßen kreuzen sich in unterschiedlichen Winkeln.

a) Wie viele unterschiedliche Winkel findest du an der Kreuzung Kempener Straße und Wilhelmstraße? Wie ist es an der Kreuzung Geldorpstraße und Turmstraße?
Was fällt dir im Vergleich auf?

b) Miss mit deinem Geodreieck die Winkel an den beiden Kreuzungen aus a).
Musst du wirklich alle Winkel messen?

c) Miss an einer anderen Kreuzung einen Winkel. Finde dort so viele Winkelgrößen wie möglich ohne Messen heraus.

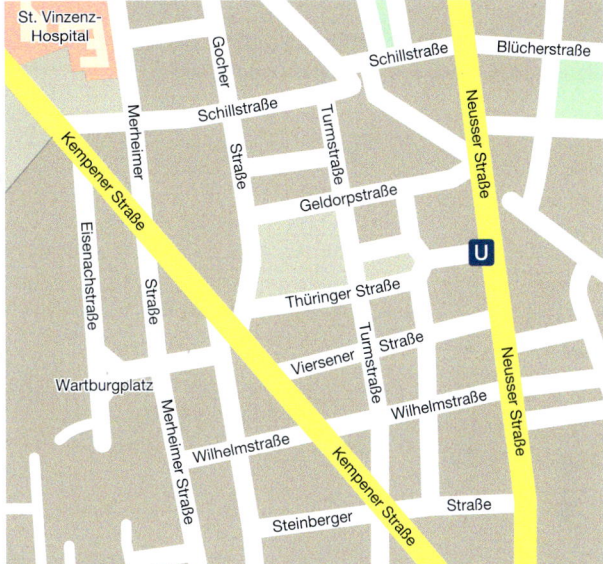

d) Bestimme ohne weiteres Messen die Winkelgrößen an benachbarten Kreuzungen. An welchen Stellen gelingt das nicht?

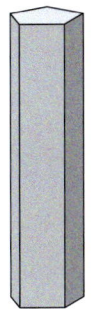

2 Manchmal kann man Winkel nicht direkt messen. Bei einer Säule z. B. kann man die Innenwinkel β nicht messen.
Celine und Marcel haben mithilfe von Holzleisten zwei Möglichkeiten gefunden, wie man den Winkel trotzdem messen kann.
Erkläre, wie sie vorgegangen sind.

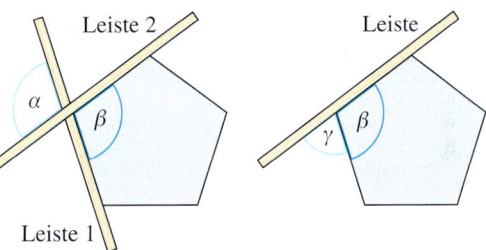

So misst Celine den gesuchten Winkel.

Marcel benötigt nur **eine** Holzleiste.

3 Manche Winkelgrößen kann man nur mit einem Trick herausfinden.
Bestimme die Böschungswinkel α und β beim unten gezeichneten Gartenteich. Natürlich muss dein Geodreieck dabei außerhalb des Erdbodenbereichs bleiben.
Finde in der Zeichnung mehrere Möglichkeiten, die Böschungswinkel herauszubekommen.

SCHON GEWUSST?
Städte, die geplant entstanden sind, haben meistens viele gerade Straßen und gleiche Kreuzungswinkel. Bei natürlich gewachsenen Städten findet man viele verschiedene Kreuzungswinkel und wenig geradlinige Straßen.

TIPP
Das Geodreieck darf ruhig auch mal nass werden.

HINWEIS
Bei einem Gartenteich aus Teichfolie darf der Böschungswinkel nicht größer als 45° sein.

165

Verstehen

Überall in der Natur und in der Technik finden wir Winkel.

Manche Winkel kann man nicht direkt messen, weil sie nicht erreichbar sind.

Oft kann man ihre Größe bestimmen, indem man andere Winkel zu Hilfe nimmt.

Sunshine Bridge, Florida   *Norfolk-Tanne*

An einer Kreuzung zweier Geraden entstehen immer vier Winkel.

Beispiel 1

$\alpha = \gamma$,
denn α und γ sind Scheitelwinkel.

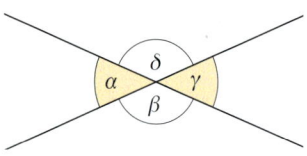

Merke Winkel, die sich an einer Geradenkreuzung **gegenüberliegen**, sind **gleich groß**.

Die gegenüberliegenden Winkel nennt man **Scheitelwinkel**.

Beispiel 2

$\alpha + \beta = 180°$,
denn α ist Nebenwinkel von β.

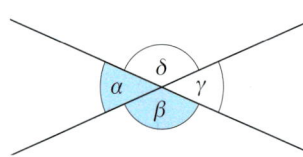

Merke Winkel, die an einer Geradenkreuzung **nebeneinanderliegen**, ergeben zusammen einen **180°-Winkel**.

Die nebeneinanderliegenden Winkel nennt man **Nebenwinkel**.

Wenn zwei parallele Geraden von einer dritten Gerade geschnitten werden, so entstehen zwei gleiche Geradenkreuzungen. Insgesamt findest du an diesen Kreuzungen acht Winkel.

Beispiel 3

$\alpha = \beta$, denn α und β sind Stufenwinkel.

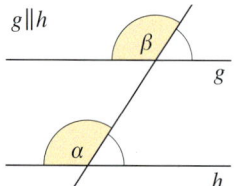

Merke An benachbarten Geradenkreuzungen aus zwei Parallelen sind die Winkelverhältnisse identisch.

Dabei sind einander entsprechende Winkel **gleich groß**.

Diese Winkel nennt man **Stufenwinkel**.

HINWEIS
*So argumentierst du mathematisch:
„α und β sind Stufenwinkel. Also sind α und β gleich groß. β und δ sind Scheitelwinkel. Also sind β und δ gleich groß. Dann müssen auch α und δ gleich groß sein."*

Beispiel 4

$\alpha = \delta$, denn α und δ sind Wechselwinkel.

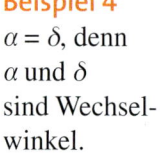

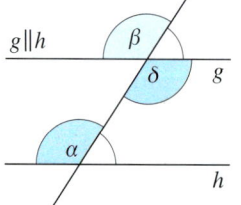

Merke Aus der Kombination der Winkelbeziehungen Stufenwinkel und Scheitelwinkel ergibt sich ein neues Paar **gleich großer** Winkel.

Diese Winkel nennt man **Wechselwinkel**.

So kannst du auch prüfen, ob zwei Geraden parallel sind: Schneide die Geraden mit einer dritten Gerade und vergleiche die Winkelgrößen an den entstandenen Geradenkreuzungen miteinander.

Üben und anwenden

1 Diese Andreaskreuze findet man an Bahn-
übergängen.

a) Der obere Winkel des ersten Andreaskreuzes
(Deutschland) misst 60°. Bestimme die anderen Winkelgrößen. Warum funktioniert das mit
nur einer bekannten Größe?

b) Skizziere das zweite Andreaskreuz (Österreich)
in deinem Heft. Zeichne je ein Paar von Schei-
tel-, Neben-, Stufen- und Wechselwinkeln ein.

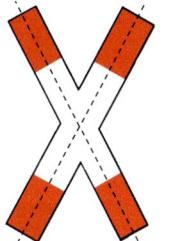

„Andreaskreuz":   *„Andreaskreuz": mehrgleisige*
Deutschland   *Bahnübergänge Österreich*

NACHGEDACHT
*Im linken
Andreaskreuz
gibt es ins-
gesamt zwei
Paare von
Scheitelwinkeln
und vier Paare
von Neben-
winkeln. Welche
sind das?*

2 Gib die Größe der markierten Winkel an.

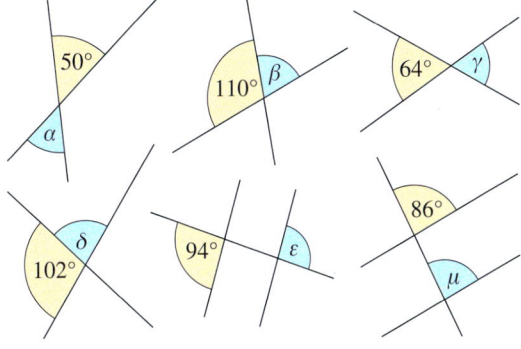

2 Gib die Größe der markierten Winkel an.

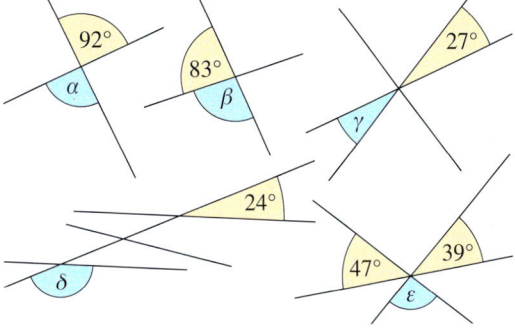

3 Übertrage das Fachwerkmuster möglichst
genau in dein Heft. Finde je ein Paar von
Scheitelwinkeln, Nebenwinkeln, Stufen-
winkeln und von Wechselwinkeln.

3 Übertrage das Fachwerkmuster möglichst
genau in dein Heft.
Welche Winkelgrößen kannst du ohne zu
messen *nicht* bestimmen?

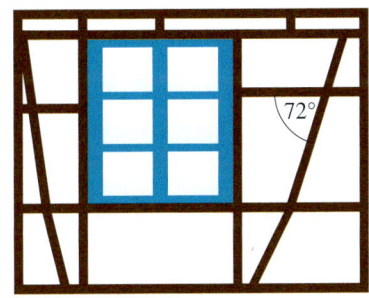

4 Zeichne mit vier
Geraden ein Trapez wie
rechts gezeigt. Bestimme
mit dem Geodreieck die
Größe aller Innenwinkel.
Achtung: Kein Teil deines
Geodreiecks darf dabei in
den farbigen Bereich hin-
einragen.

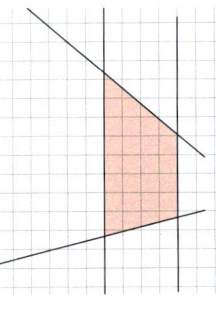

4 Zeichne mit vier
Geraden ein Trapez wie
rechts gezeigt. Bestim-
me mit dem Geodreieck
die Größe aller Innen-
winkel. *Achtung*: Kein
Teil deines Geodreiecks
darf dabei in den farbi-
gen Bereich hineinragen.

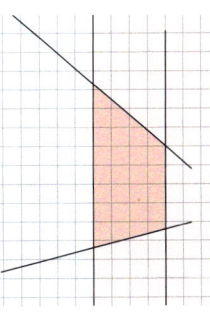

167

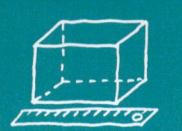

5 Vervollständige die Aussagen zum abgebildeten Treppengeländer in deinem Heft.

a) α_1 ist Nebenwinkel von ▨ und Scheitelwinkel zu ▨.

b) β_1 und ▨ sind Stufenwinkel.

c) γ_2 und ▨ sind Wechselwinkel.

d) α_2 und ▨ sind Stufenwinkel.

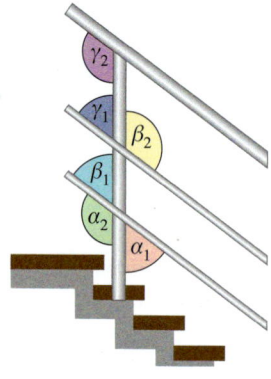

5 Vervollständige die Aussagen zum abgebildeten Treppengeländer in deinem Heft.

a) β_2 ist Nebenwinkel von ▨ und Wechselwinkel von ▨.

b) β_1 und γ_1 sind ein Paar ▨.

c) β_1 und α_1 sind gleich groß, weil ▨.

d) γ_2 und ▨ ergeben zusammen 180°.

ZUM WEITERARBEITEN Finde in Aufgabe 6 jeweils eine Begründung.

6 Vervollständige die Tabelle im Heft. Die Farben beziehen sich auf das Treppengeländer aus Aufgabe 5.

	α_1	α_2	β_1	β_2	γ_1	γ_2
a)	20°		20°	✕		✕
b)			36°			✕
c)		135°				✕
d)	✕				✕	129°
e)	✕				17°	✕

7 Prüfe, ob die folgenden Aussagen richtig oder falsch sind. Zeichne, falls möglich, ein Beispiel zur Begründung deiner Antwort.

a) Der Nebenwinkel eines rechten Winkels ist ebenfalls ein rechter Winkel.

b) Ein stumpfer Winkel hat immer einen stumpfen Nebenwinkel.

c) Ein spitzer Winkel hat immer einen spitzen Scheitelwinkel.

d) Addiert man zur Größe eines beliebigen Winkels die Größe seines Nebenwinkels und seines Scheitelwinkels, so ist das Ergebnis immer größer als 180°.

7 Prüfe, ob die folgenden Aussagen richtig oder falsch sind. Zeichne, falls möglich, ein Beispiel zur Begründung deiner Antwort.

a) Der Wechselwinkel eines rechten Winkels ist immer ein rechter Winkel.

b) Ein stumpfer Winkel hat immer einen spitzen Stufenwinkel.

c) Ein überstumpfer Winkel kann keinen Nebenwinkel haben.

d) Addiert man zur Größe eines Winkels α zweimal die Größe seines Nebenwinkels β, so gilt:
$\alpha + 2\beta = 360° - \alpha$

8 Die Fliesen für das Bad müssen schräg abgeschnitten werden.

a) Miss die Größe des roten und des grünen Winkels. Was fällt dir auf?

b) Beschreibe, an welchen Stellen der grüne Winkel noch zu finden ist.

c) Begründe:
$\alpha + \beta = 180°$

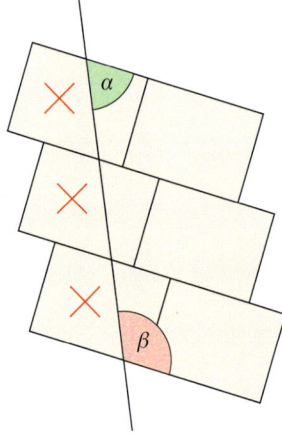

8 Die Fliesen für die Küche müssen schräg abgeschnitten werden. Der rot markierte Winkel misst 123°. Die Größe des grün markierten Winkels muss an der Schneidemaschine eingestellt werden.

a) Auf welche Gradzahl muss man die Maschine einstellen?

b) Begründe, wie man die Größe des grünen Winkels bestimmen kann.

Vierecke beschreiben und zeichnen

Entdecken

1 👥 Arbeitet zu zweit.

Partner 1: Zeichne zwei kongruente *gleich-schenklige* Dreiecke auf Karton und schneide sie sorgfältig aus.

Partner 2: Zeichne zwei kongruente *recht-winklige* Dreiecke auf Karton und schneide sie sorgfältig aus.

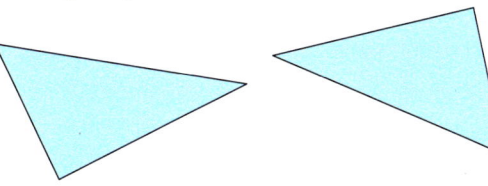

a) Bilde aus deinen zwei Dreiecken so viele unterschiedliche Vierecke wie möglich. Die Seiten müssen aneinander passen. Zeichne die Vierecke in dein Heft.

b) Vergleicht eure verschiedenen Vierecke. Beschreibt, welche eurer Vierecke gemeinsame Eigenschaften haben.

2 Das links gezeigte Fliesenornament hat die Form einer Windrose.

a) Aus wie vielen unterschiedlichen Fliesen besteht das Ornament?

b) Welche der Vierecke aus dem Ornament haben besondere Eigenschaften? Erkläre.

c) Gibt es Fliesen im Ornament, die keine Vierecke sind?

ZUM WEITERARBEITEN
Entwerfe ein eigenes Fliesen-ornament.

3 Aus zwei sich kreuzenden Spaghetti entsteht ein Viereck, wenn man die Endpunkte miteinander verbindet. Zeichne auf diese Weise Vierecke mit einer Spaghettinudel, die du in zwei Teile zerbrichst.
Untersuche, wie sich das Viereck verändert, …

a) wenn du den Winkel veränderst, in dem sich die Spaghetti kreuzen.

b) wenn du die Lage einer Spaghetti veränderst.

c) wenn du die Länge einer Spaghetti veränderst.

d) Probiere auch Sonderfälle aus (beide Spaghetti sind gleich lang, die Spa-ghetti kreuzen sich im rechten Winkel). Schreibe deine Entdeckungen auf.

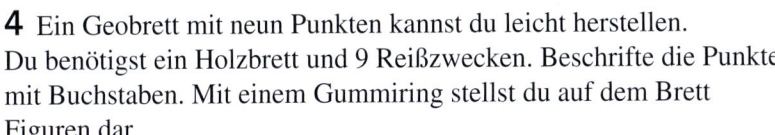

4 Ein Geobrett mit neun Punkten kannst du leicht herstellen.
Du benötigst ein Holzbrett und 9 Reißzwecken. Beschrifte die Punkte mit Buchstaben. Mit einem Gummiring stellst du auf dem Brett Figuren dar.

a) Finde so viele verschiedene Vierecke wie möglich.

b) Fertige eine Tabelle an. Beschreibe darin besondere Eigenschaften deiner Vierecke.

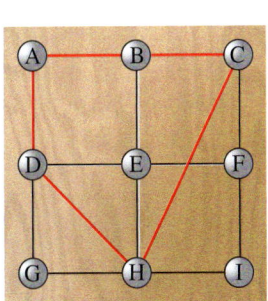

Viereck	Besondere Eigenschaften
ACHD	Rechter Winkel bei *A*
…	…

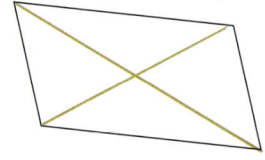

Verstehen

Jana und Chris haben mit Spaghettinudeln verschiedene Vierecke gelegt. Manche dieser Vierecke haben besondere Eigenschaften.

Beispiel 1

Das abgebildete Fenster hat sich verformt. Die Winkel im ursprünglich rechteckigen Fenster haben sich verändert. Ein solches Viereck nennt man Parallelogramm.

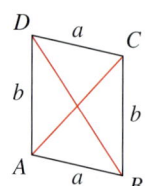

Merke Ein **Parallelogramm** hat folgende Eigenschaften:
– gegenüberliegende Seiten sind gleich lang
– gegenüberliegende Seiten sind parallel
– die Diagonalen halbieren sich in ihrem Schnittpunkt, dem Symmetriezentrum

Beispiel 2

Diese Skatkarte ist das „Karo-Ass". Das Viereck nennt man Raute.

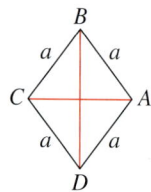

Merke Eine **Raute** hat folgende Eigenschaften:
– alle Seiten sind gleich lang
– gegenüberliegende Seiten sind parallel
– die beiden Diagonalen stehen senkrecht aufeinander
– die Diagonalen halbieren sich in ihrem Schnittpunkt, dem Symmetriezentrum

Beispiel 3

Einen Flugdrachen kann man aus zwei Leisten, die senkrecht aufeinander befestigt werden, selbst bauen. Ein solches Viereck nennt man Drachenviereck.

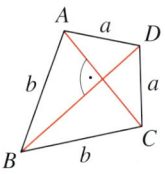

Merke Ein **Drachenviereck** hat folgende Eigenschaften:
– je zwei Seiten sind gleich lang
– die beiden Diagonalen stehen senkrecht aufeinander
– eine Diagonale ist die Symmetrieachse

Beispiel 4

Ein Staudamm hat in seinem Querschnitt eine besondere Form. Ein solches Viereck nennt man Trapez.

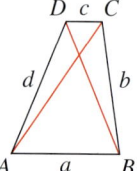

Merke Ein **Trapez** hat folgende Eigenschaften:
– ein Paar gegenüberliegender Seiten ist zueinander parallel

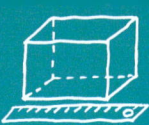

Üben und anwenden

1 Welche Vierecksarten kannst du in dem Haus erkennen?

2 Beschreibe, wo an den abgebildeten Gegenständen Parallelogramme oder Trapeze vorkommen.

a)

b)

1 Welche Vierecksarten kannst du in dem Zaun erkennen?

2 Welche Vierecke könnten sich hier versteckt haben?

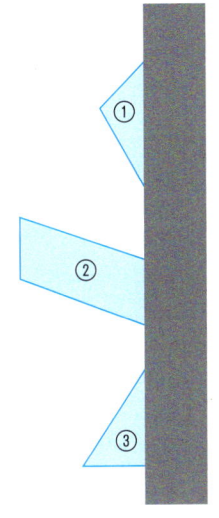
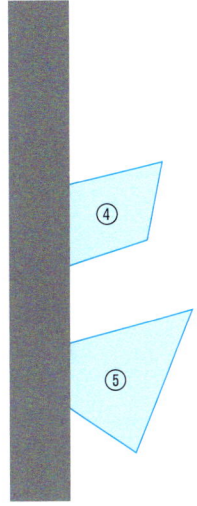

3 Suche in deiner Umgebung nach Vierecken: Wo findest du Quadrate, Rechtecke, Rauten, Parallelogramme, Drachen oder Trapeze?

4 Beschreibe, woran du dieses Viereck sicher erkennst.
a) Quadrat
b) Rechteck
c) Raute

4 Beschreibe, was du unter folgenden Vierecksarten verstehst.
a) Parallelogramm
b) Trapez
c) Drachenviereck

5 Zeichne zu jeder Vierecksart zwei Beispiele ins Heft. Beschreibe, wodurch sich die beiden Beispiele unterscheiden.
a) Quadrat
b) Rechteck
c) Raute

5 Zeichne zu jeder Vierecksart zwei Beispiele ins Heft. Beschreibe, wodurch sich die beiden Beispiele unterscheiden.
a) Parallelogramm
b) Trapez
c) Drachenviereck

ZUM WEITERARBEITEN
Ist das ein Drachenviereck? Begründe.

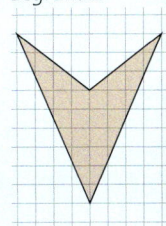

171

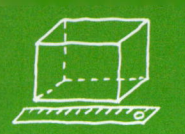

Methode: Vierecke konstruieren

Es gibt mehrere Möglichkeiten, aus vier unterschiedlich langen Strecken ein Viereck zu konstruieren. Deshalb benötigt man zum eindeutigen Zeichnen eines Vierecks mindestens fünf Angaben.

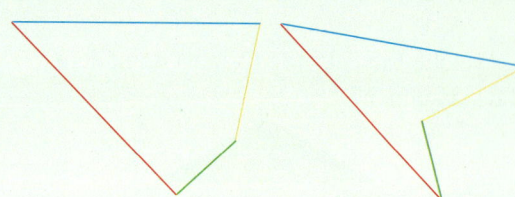

NACHGEDACHT

Gibt es spezielle Vierecke, bei denen eine Angabe reicht, um sie eindeutig zeichnen zu können?

Bei speziellen Vierecken sind aber weniger Angaben erforderlich, weil sich zusätzliche Informationen aus den speziellen Eigenschaften dieser Vierecke ergeben. Beim *Parallelogramm* reicht es beispielsweise aus, zwei Seitenlängen und eine Winkelgröße zu kennen. Die Eigenschaften, dass gegenüberliegende Seiten gleich lang, parallel zueinander und gegenüberliegende Winkel gleich groß sind, ergeben sich. Du kannst das Parallelogramm dann mit Zirkel und Lineal oder mit dem Geodreieck konstruieren.

Von einen Parallelogramm sind $\overline{AB} = 6\,\text{cm}$, $\overline{BC} = 3,9\,\text{cm}$ und $\alpha = 60°$ gegeben.

PLANFIGUR

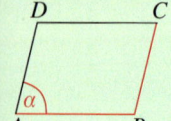

Konstruktion mit Zirkel und Lineal:

 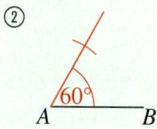 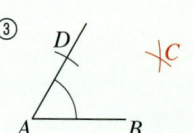 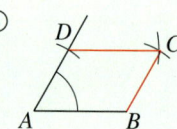

| ① Zeichne die Strecke $\overline{AB} = 6\,\text{cm}$. | ② Zeichne an $\overline{AB}$ in A den Winkel $\alpha = 60°$. Markiere auf dem freien Schenkel, 3,9 cm von A entfernt, den Punkt D. | ③ Zeichne um D den Kreis mit dem Radius $r = 6$ cm. Zeichne um B den Kreis mit dem Radius $r = 3,9$ cm. Im Schnittpunkt der beiden Kreise liegt der Punkt C. | ④ Verbinde die Punkte BCD zu einem Parallelogramm. |

Konstruktion mit dem Geodreieck:

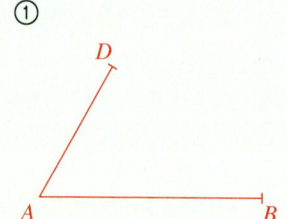 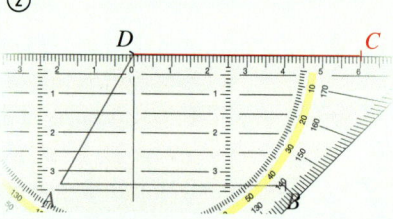 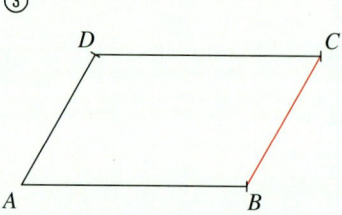

| ① Zeichne die Strecke $\overline{AB} = 6\,\text{cm}$ und trage in A im Winkel von 60° die Strecke $\overline{AD} = 3,9\,\text{cm}$ ab. | ② Zeichne parallel zur Strecke $\overline{AB}$ die Strecke $\overline{CD} = 6\,\text{cm}$. | ③ Verbinde die Punkte B und C zu einem Parallelogramm. |

Um ein *Drachenviereck* konstruieren zu können, benötigt man drei Angaben, nämlich zwei Seitenlängen und einen Winkel. Da zwei benachbarte Seiten gleich lang und ein Paar gegenüberliegender Winkel gleich groß sind, kann man das Drachenviereck dann eindeutig zeichnen.

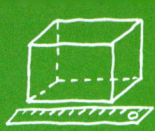

Konstruktion mit Zirkel und Lineal:
Von einem Drachenviereck sind gegeben: $\overline{AB} = 5\,\text{cm}$, $\overline{BC} = 6\,\text{cm}$, $\alpha = 60°$.

① 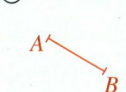 ② 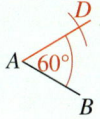 ③ 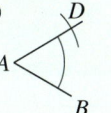 ④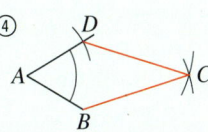

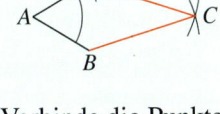

Zeichne die Strecke $\overline{AB} = 5\,\text{cm}$.	Zeichne an $\overline{AB}$ in A den Winkel $\alpha = 60°$. Markiere auf dem freien Schenkel, 5 cm von A entfernt, den Punkt D.	Zeichne um B und D je einen Kreis mit dem Radius $r = 6\,\text{cm}$. Im Schnittpunkt der beiden Kreise liegt der Punkt C.	Verbinde die Punkte BCD zu einem Drachenviereck.

Für die Konstruktion eines Trapezes benötigt man vier Angaben. Weil zwei Seiten des Trapezes parallel sind, kann man das Trapez damit eindeutig zeichnen. Du kannst zum Beispiel folgendermaßen vorgehen:
Von einem Trapez sind gegeben: $\overline{AB} = 2,8\,\text{cm}$, $\overline{BC} = 1,5\,\text{cm}$, $\alpha = 70°$, $\beta = 55°$, $\overline{AB} \parallel \overline{CD}$.

① ② ③ ④

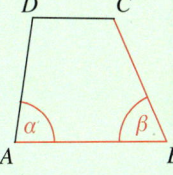

1 Ergänze zu der dargestellten Konstruktion eines Trapezes eine Konstruktionsbeschreibung.

2 Konstruiere das Parallelogramm $ABCD$.

a)  b) 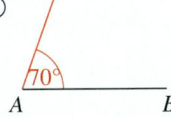 c)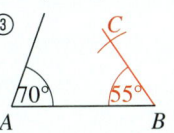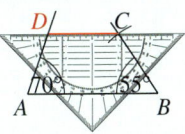

3 Konstruiere ein Parallelogramm $ABCD$ mit den folgenden Maßen:
a) $a = 7\,\text{cm}$; $b = 5\,\text{cm}$; $\alpha = 60°$
b) $b = 3,5\,\text{cm}$; $c = 6\,\text{cm}$; $\beta = 110°$

4 Konstruiere das Drachenviereck $ABCD$.

a) 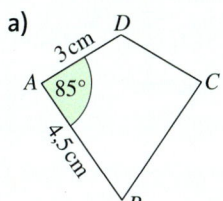 b) 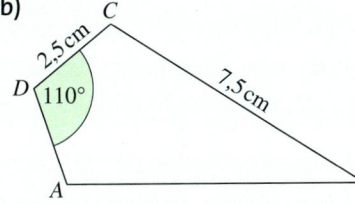 c)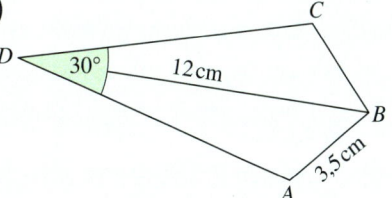

5 Konstruiere das Trapez $ABCD$. Lassen sich alle Trapeze eindeutig zeichnen?
a) $a = 6\,\text{cm}$; $b = 5,5\,\text{cm}$; $d = 6,5\,\text{cm}$; $\alpha = 125°$
b) $c = 10\,\text{cm}$; $d = 5\,\text{cm}$; $\gamma = 35°$; $\delta = 40°$
c) $a = b = d = 6\,\text{cm}$; $\alpha = 135°$
d) $a = 5,5\,\text{cm}$; $h = 4,5\,\text{cm}$; $b = 5\,\text{cm}$; $d = 6\,\text{cm}$

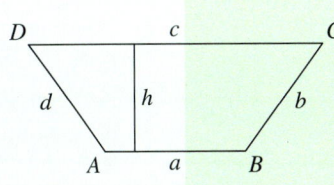

6 Übertrage die Tabelle ins Heft und vervollständige sie.

Eigenschaft	Viereck
zwei Paare parallele Seiten	A, B, D, E
Rechteck	
alle Seiten gleich lang	
zwei verschiedene Seitenlängen	
zwei Seiten gleich lang	
vier Symmetrieachsen	
Parallelogramm	
kein rechter Winkel	

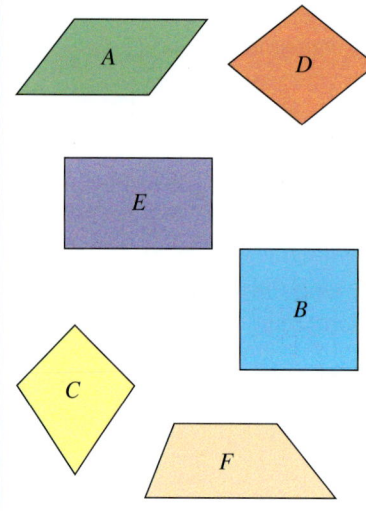

6 Bianca, Marcel, Chris und Michelle unterhalten sich über die links abgebildeten Vierecke. Wer hat recht? Begründe.

a) Bianca: „Da sind fünf Trapeze, drei Drachen und vier Parallelogramme."

b) Marcel: „Ich sehe aber nur sechs verschiedene Vierecke."

c) Chris: „Ich sehe zwei Rechtecke, zwei Parallelogramme und zwei andere Vierecke."

d) Michelle: „Für mich sind da vier Drachen, vier Parallelogramme und vier Trapeze."

7 Das „Haus der Vierecke"

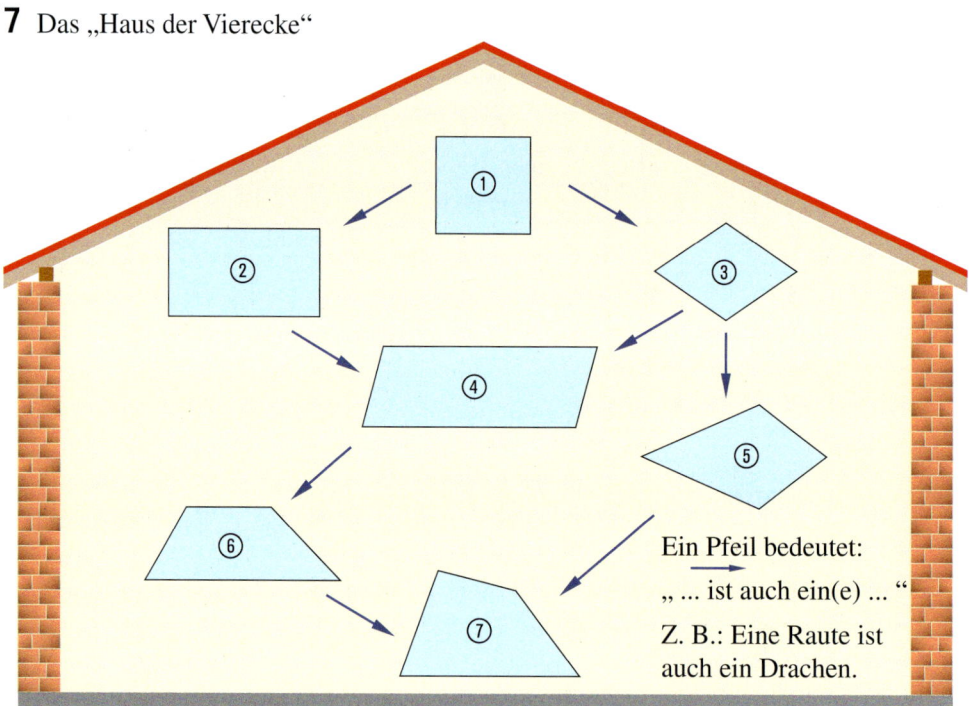

Ein Pfeil bedeutet:
⟶
„ ... ist auch ein(e) ... "
Z. B.: Eine Raute ist auch ein Drachen.

a) Übertrage die Zeichnung in dein Heft. Zeichne die Symmetrieachsen ein und benenne die Vierecke.

b) Welche Eigenschaften werden vom einen Viereck zum anderen „vererbt"?
   Beispiel Das Rechteck erbt zwei Symmetrieachsen vom Quadrat.

c) Wie kann man aus einem der Vierecke ein anderes erzeugen?
   Beispiel Wenn man ein Quadrat an einer Seite auseinanderzieht, entsteht ein Rechteck.

d) Arbeitet zu zweit: Erstellt Quizfragen zu euren Lösungen aus 7b) oder 7c) und befragt euch gegenseitig. Wer kennt die meisten richtigen Antworten?
   Beispiel Welches Viereck erbt vier rechte Winkel vom Quadrat?

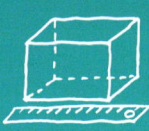

Winkelsumme in Dreiecken und Vierecken

Entdecken

1 Zeichne ein beliebiges Viereck und schneide es aus. Beschrifte die vier Innenwinkel. Reiße nun die vier Ecken ab und lege die Ecken an den Scheitelpunkten zusammen.
Was stellst du fest?

2 👥 Arbeitet zu zweit. Zeichnet je ein Dreieck und schneidet es aus. Beschriftet die Winkel. Dann reißt alle Ecken ab. Legt die Ecken beider Dreiecke an den Scheitelpunkten zusammen.
a) Was stellt ihr fest?
b) Was stellt ihr fest, wenn ihr die Ecken eines der Dreiecke entsprechend anordnet?

3 👥 Arbeitet in Gruppen. Zuerst zeichnet jedes Gruppenmitglied ein beliebiges Dreieck ins Heft und misst die Innenwinkel. Tragt dann für jedes Dreieck die gemessenen Winkel in eine Tabelle ein. Was fällt euch auf? Vergleicht mit der ganzen Klasse eure Ergebnisse.

Name	α	β	γ	Was fällt dir auf?
Marcel				
…				

4 Wenn du ein dynamisches Geometrieprogramm verwendest, kannst du Aufgabe 3 auch mit dem Computer bearbeiten.
① Zeichne mit dem *Vieleck-Werkzeug* ein Dreieck. Die Hilfe rechts oben im Programmfenster erklärt dir immer, wie es gemacht wird.
② Wähle das Winkelwerkzeug und klicke dein Dreieck an. Die Winkel α, β und γ werden automatisch eingezeichnet und gemessen.
③ Gib in der Befehlszeile den Term $\alpha + \beta + \gamma$ ein und drücke die Eingabe-Taste. Mit dem Winkelsymbol am Ende der Eingabezeile erhält man die griechischen Buchstaben.
④ Verändere das Dreieck, indem du die Eckpunkte verschiebst.
Lies das Ergebnis des Terms (δ) ab.
⑤ Mache das Gleiche mit einem Viereck.

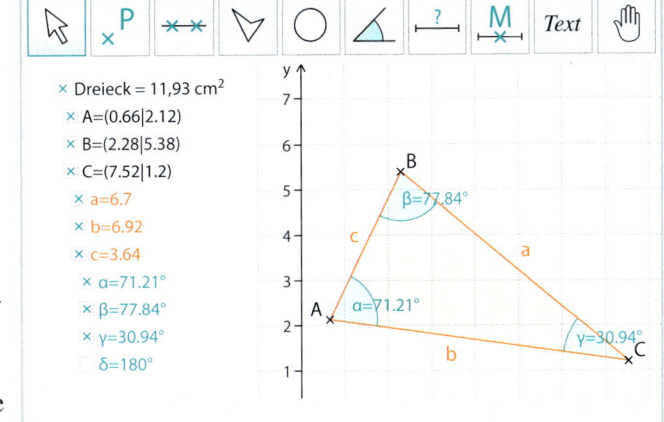

5 Pia überlegt: „Bei einem DIN-A4-Blatt gibt es vier rechte Winkel. Die Summe der Innenwinkel beträgt also 360°. Wenn ich ein Stück von dem Blatt schräg abschneide, verändern sich zwei Eckwinkel: Einer wird größer, der andere wird kleiner....“

a) Wie groß ist die Winkelsumme in Pias neuem Viereck? Begründe deine Antwort.
b) Wie groß ist die Winkelsumme, wenn man noch einmal ein Dreieck abschneidet? Überprüfe deine Vermutung durch Messen.

Verstehen

Die Leiter in der Baugrube bildet zusammen mit dem Boden und der Wand ein rechtwinkliges Deieck.
Aus Sicherheitsgründen muss die Leiter in einem Winkel von 65° bis 75° stehen.
Der Winkel muss vor dem Herabsteigen bekannt sein und kann deshalb nicht direkt gemessen werden.
Er kann aber berechnet werden, falls die beiden anderen Winkel bekannt sind.

Beispiel 1

Die Leiter lehnt in einem Winkel von 24° an der Wand der Baugrube. Dieser Winkel bildet zusammen mit den Wechselwinkeln zu β und zu dem rechten Winkel einen gestreckten Winkel (180°). Somit beträgt die Summe der drei Innenwinkel des Dreiecks 180°. So kann β berechnet werden:

$$90° + 24° + \beta = 180°$$
$$114° + \beta = 180°$$
$$\beta = 66°$$

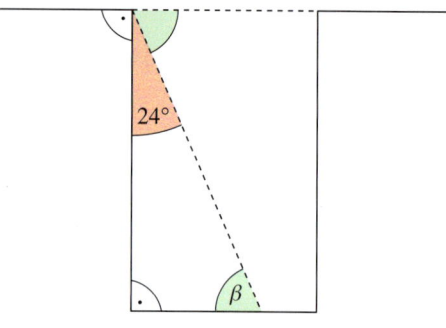

Die Leiter kann also sicher bestiegen werden.

> **Merke** In jedem Dreieck ABC beträgt die **Summe der Innenwinkel** 180°:
> $\alpha + \beta + \gamma = 180°$.

Das Wissen über die Winkelsumme im Dreieck kann man dazu anwenden, die Summe der Innenwinkel im Viereck zu berechnen.

Beispiel 2

Das Viereck $ABCD$ wurde durch die Diagonale $\overline{AC}$ in zwei Dreiecke zerlegt.
In jedem Dreieck beträgt die Summe der Innenwinkel 180°.

Die Summe der Innenwinkel des Vierecks ist genauso groß wie die Summe der Winkel beider Dreiecke zusammen.
Für die Summe der Innenwinkel des Vierecks gilt:
180° + 180° = 360°

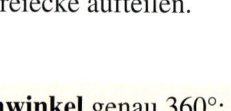

Jedes Viereck kann man durch eine seiner Diagonalen in zwei Dreiecke aufteilen.
Deshalb gilt die Winkelsumme für jedes beliebige Viereck.

> **Merke** In jedem Viereck $ABCD$ beträgt die **Summe der Innenwinkel** genau 360°:
> $\alpha + \beta + \gamma + \delta = 360°$.

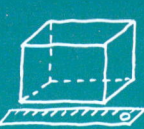

Üben und anwenden

1 Berechne zu den zwei gegebenen Winkeln eines Dreiecks die Größe des dritten Winkels.
Beispiel

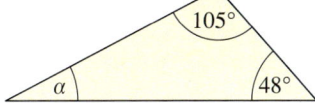

$\alpha = 180° - 48° - 105° = 27°$

a) **b)** **c)**

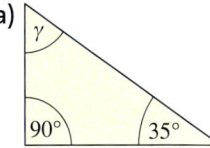

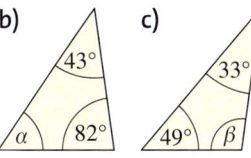

1 Berechne zu den zwei gegebenen Winkeln eines Dreiecks die Größe des dritten Winkels.
Beispiel $\alpha = 40°; \beta = 2\,\alpha$

$$\gamma = 180° - \alpha - 2\,\alpha = 180° - 3\,\alpha$$
$$= 180° - 3 \cdot 40° = 60°$$

a) $\alpha = 30°$ **b)** $\beta = 100°$

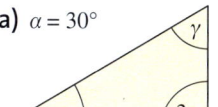

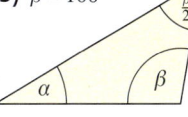

c)

$\alpha = \beta$

---

2 Berechne die fehlenden Winkel im Dreieck *ABC*.

Winkel	a)	b)	c)	d)	e)	f)	g)	h)	i)
α	50°	45°		37°	43°	87°		73,5°	8,7°
β	70°		55°		75°		102°		28,9°
γ		90°	55°	73°		56°	27,5°	99,5°	

---

3 Markus hat in zwei Dreiecken jeweils zwei Winkel gemessen. Kann er richtig gemessen haben? Begründe.
a) $\alpha = 65°; \beta = 118°$ **b)** $\beta = 95°; \gamma = 88°$

3 Lara hat in einem gleichschenkligen Dreieck zwei Winkel gemessen. Kann sie richtig gemessen haben? Begründe.
a) $\alpha = 40°; \gamma = 101°$ **b)** $\alpha = 80°; \gamma = 25°$

4 Begründe jeweils:
Gibt es ein Dreieck mit …
a) drei Winkeln, jeder kleiner als 60°?
b) drei Winkeln, jeder größer als 60°?

4 Begründe: Gibt es …
a) ein Dreieck mit zwei rechten Winkeln?
b) verschiedene gleichschenklige Dreiecke mit einem rechten Winkel?

5 Begründe, dass die Innenwinkelsumme in jedem Dreieck 180° beträgt. Schreibe den Text in dein Heft und ergänze die Lücken.

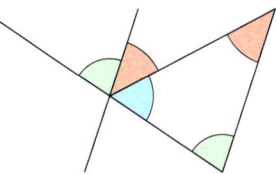

Die roten Winkel sind _____, die grünen Winkel sind _____.
Deshalb sind die beiden roten bzw. die beiden grünen Winkel _____.
An der Geradenkreuzung bilden der rote, der grüne und der blaue Winkel einen _____
_____. Deshalb beträgt die Summe der Innenwinkel im Dreieck _____.

5 Begründe, dass die Innenwinkelsumme in jedem Dreieck 180° beträgt. Verwende dazu einer der abgebildeten Zeichnungen.

①
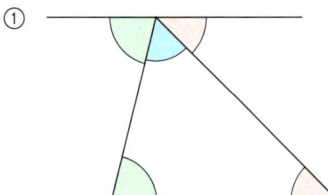

②
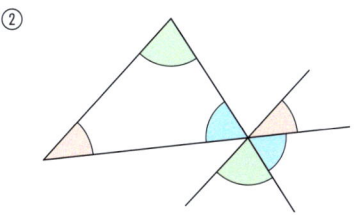

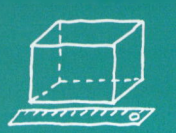

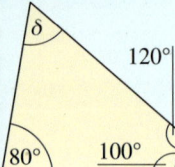

ZU AUFGABE 6

6 Berechne die fehlenden Winkel.
Beispiel $\alpha = 80°$; $\beta = 100°$; $\gamma = 120°$
$\delta = 360° - 80° - 100° - 120°$
$= 60°$

a)
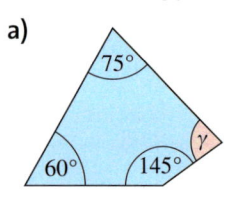

b)
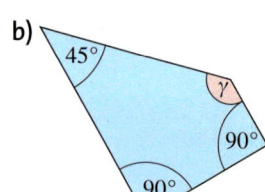

c) d)
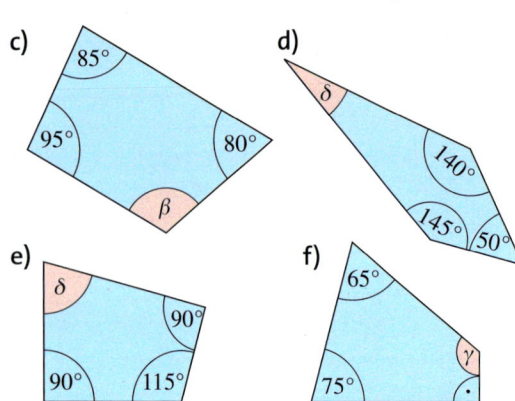

e) f)

7 Berechne zu den drei gegebenen Winkeln eines Vierecks die Größe des vierten Winkels.
a) $\alpha = 70°$; b) $\beta = 92°$; c) $\alpha = 56°$;
   $\beta = 120°$; $\gamma = 84°$; $\gamma = 135°$;
   $\gamma = 100°$ $\delta = 104°$ $\delta = 78°$

6 Berechne zu den drei gegebenen Winkeln eines Vierecks die Größe des vierten Winkels.
Beispiel $\alpha = \beta = \gamma = 80°$
$\delta = 360° - 3 \cdot 80°$
$= 120°$
a) $\alpha = 90°$; b) $\beta = 50°$; c) $\alpha = 34°$;
   $\beta = 110°$; $\gamma = 2\beta$; $\gamma = \beta$;
   $\gamma = \beta$ $\delta = 3\beta$ $\delta = 106°$

7 Berechne …
a) die fehlenden Winkel der Rauten.

① ②
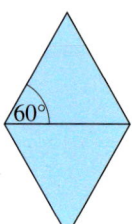 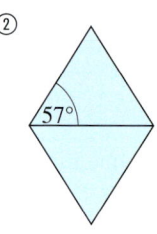

b) alle Innenwinkel des Trapezes. Beachte, das Trapez wird aus drei gleichschenkligen Dreiecken gebildet.

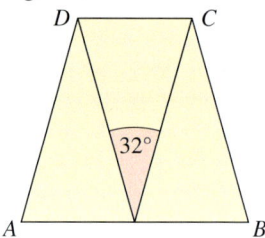

8 Berechne die fehlenden Winkel im Viereck *ABCD*.

Winkel	a)	b)	c)	d)	e)	f)	g)	h)	i)
α	110°	85°	90°		42°	87°	58,5°	73,5°	26,4°
β	70°	65°		127°		125°	102°	131,2°	
γ	120°		90°	73°	84°		67,5°		4,8°
δ		110°	74°	94°	84°	94°		48,1°	6,9°

9 Christopher hat in einem Parallelogramm jeweils zwei Winkel gemessen. Kann er richtig gemessen haben? Begründe.
a) $\alpha = 45°$; $\gamma = 145°$ b) $\beta = 64°$; $\delta = 128°$
c) $\alpha = 90°$; $\beta = 90°$

9 Michelle hat in einem Drachenviereck jeweils drei Winkel gemessen. Kann sie richtig gemessen haben? Begründe.
a) $\alpha = 40°$; $\beta = 120°$; $\gamma = 140°$
b) $\alpha = 45°$; $\beta = 132°$; $\gamma = 90°$

10 Begründe mit einem Beispiel oder einem Gegenbeispiel:
Gibt es ein Viereck mit …
a) vier stumpfen Winkeln?
b) nur drei rechten Winkeln?

10 Begründe mit einem Beispiel oder einem Gegenbeispiel: Gibt es ein Viereck mit …
a) einem Winkel größer als 180°?
b) vier gleichgroßen Winkeln, die keine rechten Winkel sind?

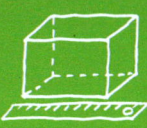

Methode: Beweisen in der Geometrie

In der Mathematik stellt man **Behauptungen** auf. Behauptungen können wahr oder falsch sein. Man kann die Behauptungen entweder mit einem **Gegenbeispiel** widerlegen oder mit einem **Beweis** ihre allgemeine Gültigkeit zeigen. Für den Beweis nutzt man bereits bekannte Aussagen, sogenannte **Voraussetzungen**.

1 Beweis des Winkelsummensatzes für Vierecke

Daniel soll zeigen, dass die Winkelsumme im Parallelogramm 360° beträgt.
Er benutzt sein Wissen über Scheitelwinkel, Nebenwinkel, Stufenwinkel und Wechselwinkel.
Ergänze seinen Beweis.

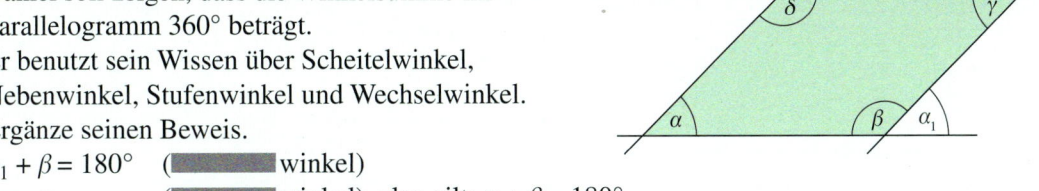

$\alpha_1 + \beta = 180°$ (███winkel)

$\alpha_1 = \alpha$ (███winkel), also gilt: $\alpha + \beta = 180°$

$\alpha_1 = \gamma$ (███winkel), also gilt: $\alpha = \gamma$

$\beta = \beta_1$ (███winkel) und $\beta_1 = \delta$ (███winkel), also gilt: $\beta = \delta$

Es gilt: $\alpha + \beta + \gamma + \delta = \alpha + \beta + \alpha + \blacksquare = 180° + \blacksquare = 360°$.

2 Beweis des Winkelsummensatzes für Dreiecke

Daniel soll eine weitere Aufgabe lösen.
Als Voraussetzung benutzt er den Winkelsummensatz für Parallelogramme. Wie kann er damit begründen, dass die Winkelsumme im Dreieck 180° beträgt?

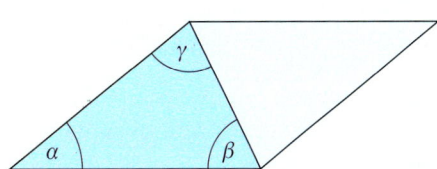

3 Winkelsumme im Sechseck

a) Zeichne ein beliebiges Sechseck.
b) Miss die Winkel und berechne die Winkelsumme. Formuliere eine Behauptung über die Winkelsumme im Sechseck: „Im Sechseck beträgt die Winkelsumme immer …"
c) Beweise deine Behauptung mithilfe des Winkelsummensatzes für Dreiecke.
d) Beweise deine Behauptung mithilfe des Winkelsummensatzes für Vierecke.
e) Findest du noch eine weitere Begründung für deine Behauptung?

4 Winkelsumme im Achteck

Carina behauptet: Jedes Achteck besteht aus acht Dreiecken und seine Winkelsumme beträgt daher $8 \cdot 180° = 1440°$.

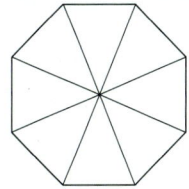

a) Überzeuge Carina durch ein Gegenbeispiel, dass sie nicht recht hat.
b) Bestimme die richtige Winkelsumme.

5 Außenwinkel im Dreieck

a) Zeichne ein Dreieck ABC und miss die Winkel α, β und γ.
b) Verlängere die Seiten des Dreiecks wie in der Abbildung.
   Miss nun auch die Außenwinkel α_1, β_1 und γ_1.
   Formuliere eine Behauptung über die Summe der Außenwinkel $\alpha_1 + \beta_1 + \gamma_1$.
   „Die Summe der Außenwinkel $\alpha_1 + \beta_1 + \gamma_1$ beträgt immer …"
c) Beweise deine Behauptung.
   Hinweis: $\alpha + \beta + \gamma + \alpha_1 + \beta_1 + \gamma_1 = 540°$; $\alpha + \beta + \gamma = 180°$.

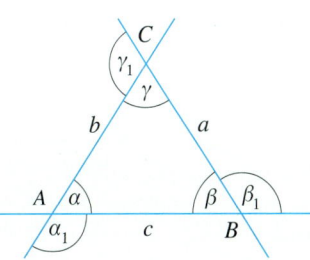

Klar so weit?

→ Seite 166

Winkel an Geradenkreuzungen

1 Betrachte die Geradenkreuzung.
a) Wie heißt der Scheitelwinkel von α?
b) Nenne die Neben-
winkel von β.
c) Berechne β, γ und δ
für $\alpha = 47°$
($\alpha = 55°$).

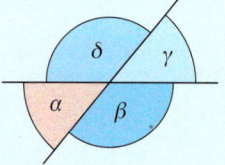

1 Begründe, weshalb die eingefärbten Winkel gleich groß sind.

a)   b)

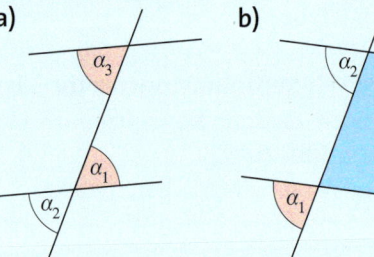

2 Rechts siehst du den Querschnitt eines Deichs.
a) Erkläre, wie die Winkel gemessen wurden.
b) Finde alle Innenwinkel heraus.
Erkläre, wie du vorgegangen bist.

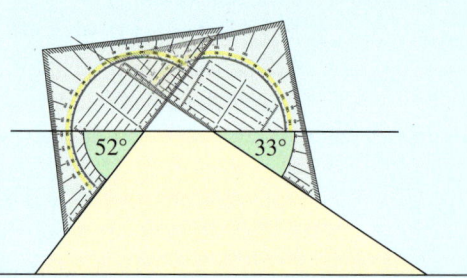

3 Bestimme alle eingezeichneten Winkelgrößen ($\alpha_1 = 23°$).

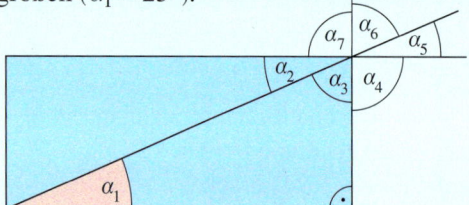

3 Bestimme alle eingezeichneten Winkelgrößen.

$\alpha_1 = 18°$

$\alpha_1 = \alpha_3$

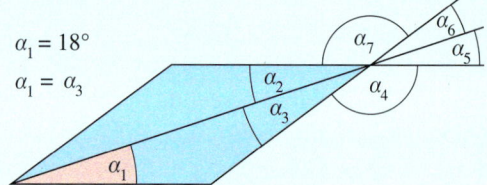

→ Seite 170

Vierecke beschreiben und zeichnen

4 Gib jeweils alle Drachenvierecke, alle Qua-
drate, alle Rechtecke und alle Trapeze an.
Begründe deine Auswahl mit dem „Haus der
Vierecke".

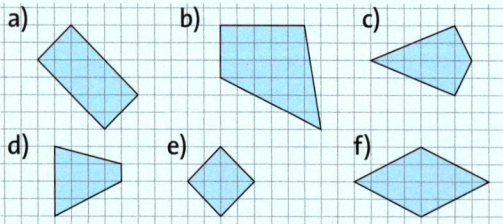

4 Trage die gegebenen Seiten eines Vierecks
mehrfach in dein Heft. Ergänze sie zu besonderen Vierecken. Welche Vierecke aus dem
„Haus der Vierecke" kannst du mit welchen
vorgegebenen Winkeln darstellen?

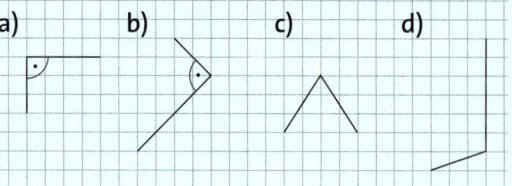

5 Ist jedes Rechteck auch ein Quadrat?
Begründe deine Antwort.

5 Ist jedes Parallelogramm eine Raute?
Begründe deine Antwort.

6 Zeichne ein Viereck mit …

a) einem rechten Winkel, das aber kein Quadrat oder Rechteck ist.

b) vier gleich langen Seiten, das aber kein Quadrat ist.

c) nur einer Symmetrieachse, das aber kein Drachen ist.

d) zwei Symmetrieachsen.

e) vier Symmetrieachsen.

7 Wahr oder falsch? Begründe.

a) Jedes Quadrat ist eine Raute.

b) Jede Raute ist ein Parallelogramm.

c) Manche Rechtecke sind Quadrate.

6 Zeichne, wenn möglich, ein Viereck mit den angegebenen Eigenschaften bzw. begründe, warum dies unmöglich ist.

a) ein Quadrat, das kein Rechteck ist

b) eine Raute, die auch ein Rechteck ist

c) ein Drachenviereck, das auch ein Trapez ist

d) ein Trapez, das auch ein Drachenviereck ist

e) ein Parallelogramm, das achsensymmetrisch ist

7 Wahr oder falsch? Begründe.

a) Es gibt Rauten, die keine Quadrate sind.

b) Jedes Parallelogramm ist ein Trapez.

c) Manche Drachenvierecke sind Trapeze.

Winkelsumme in Dreiecken und Vierecken

→ Seite 176

8 Berechne die fehlenden Winkel.

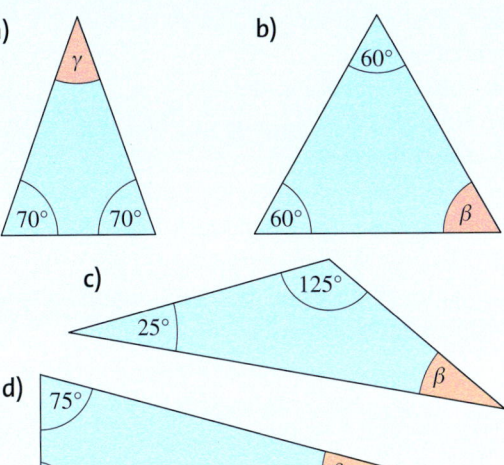

8 Berechne die fehlenden Winkel.

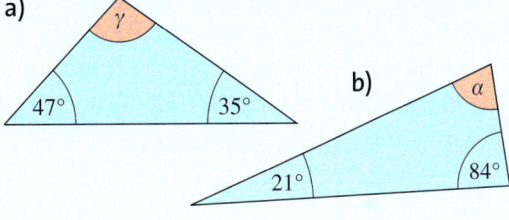

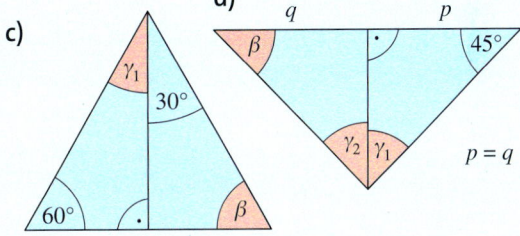

9 Berechne δ in diesem Trapez $ABCD$.

a) $\alpha = 57°$

b) $\alpha = 75°$

c) $\alpha = 62°$

d) $\alpha = 45°$

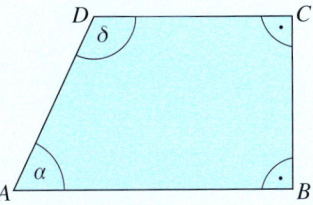

9 Es sind $\alpha = 68°$, $\beta = 74°$ und $\gamma = 106°$.

a) Berechne δ.

b) Gib die Winkelsumme im Parallelogramm $ABCD$ an.

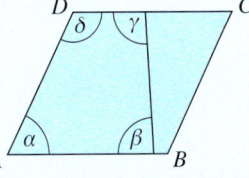

10 Berechne den fehlenden Winkel δ in einem Viereck.

a) $\alpha = 40°$; $\beta = 50°$; $\gamma = 60°$

b) $\alpha = 135°$; $\beta = 10°$; $\gamma = 120°$

10 Berechne den fehlenden Winkel δ in einem Viereck.

a) $\alpha = 63°$; $\beta = 58°$; $\gamma = 143°$

b) $\alpha = 135{,}2°$; $\beta = 44{,}8°$; $\gamma = \alpha$

Vermischte Übungen

1 Gib die Größe der benannten Winkel an und begründe.

a)

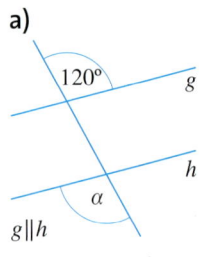

120° g

α

h

g∥h

b)

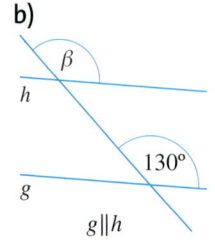

β

h

130°

g

g∥h

c)

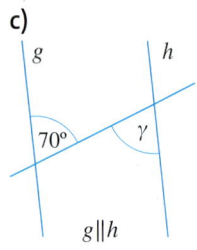

g   h

70°   γ

g∥h

d)

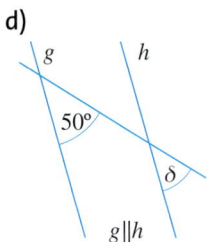

g   h

50°

δ

g∥h

2 Suzan hat herausgefunden, wie sie die Winkel in ihrem Zimmer mit Geodreieck und einem Blatt Papier messen kann.

a) Erkläre, wie die Methode von Suzan funktioniert.

b) Welchen Winkel hat die Zimmerecke, wenn Suzan am Geodreieck 97° abliest?

c) Miss mithilfe von Suzans Methode die Winkel in unterschiedlichen Ecken, z.B. in deinem Zimmer.

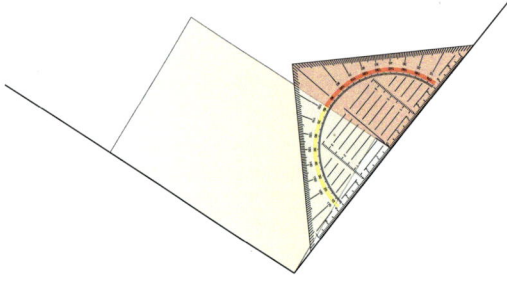

3 Übertrage die Zeichnung in dein Heft. Benenne alle Winkel, die gleich groß sind, mit dem gleichen griechischen Buchstaben und begründe, warum die Winkel gleich groß sein müssen.

Überprüfe dein Ergebnis durch Messen.

1 Betrachte das Parallelogramm.

a) Begründe, warum die rot eingezeichneten Winkel gleich groß sind. Es gibt verschiedene Möglichkeiten.

b) Finde weitere Paare gleich großer Winkel und begründe möglichst unterschiedlich.

c) Berechne die Größe aller eingezeichneten Winkel, wenn $\alpha_1 = 35°$ ist.

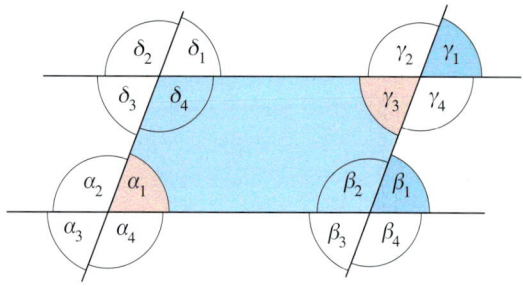

2 Lotta hat herausgefunden, wie sie einen Winkel in ihrem Zimmer mit Geodreieck und zwei Blättern Papier messen kann.

a) Erkläre, wie die Methode von Lotta funktioniert.

b) Welchen Winkel hat die Zimmerkante, wenn Lotta am Geodreieck 82° abliest?

c) Miss die Winkel unterschiedlicher Außenkanten und Ecken. Wandle Lottas Methode dazu entsprechend ab.

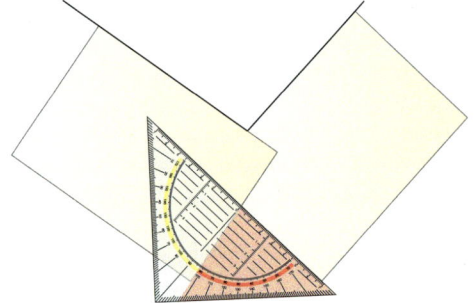

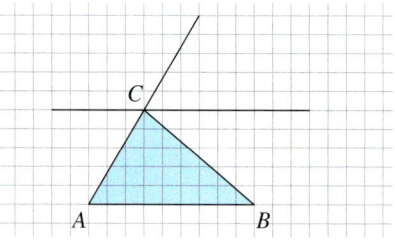

4 Gib die Größe aller Winkel an.

a)

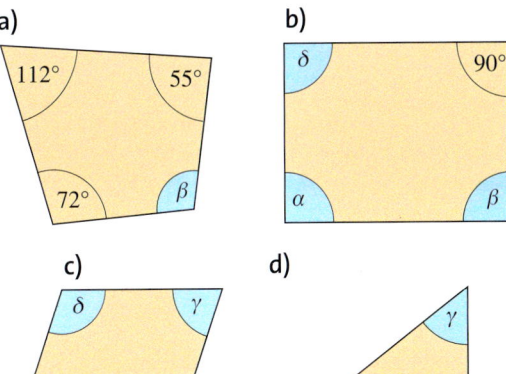

b)

c)

d)

4 Gib die Größe der markierten Winkel an.

a)

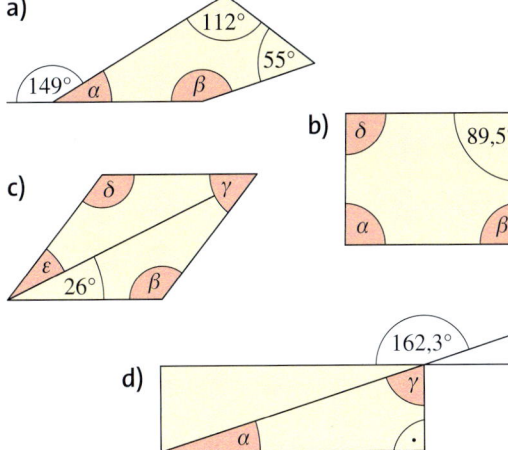

b)

c)

d)

ZUM WEITERARBEITEN
Ergänze das Dreieck ABC mit A (5|0), B (5|5) und C (2,5|1) zu einem Parallelogramm, das keine Raute ist.

5 Zusammenhänge zwischen Vierecken
a) Erläutere die folgende Abbildung:

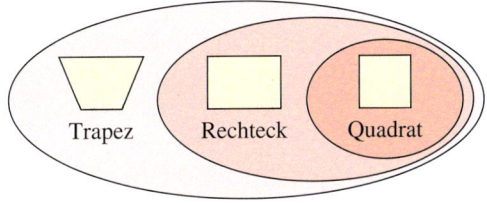

b) Zeichne eine ähnliche Abbildung wie in a) für die drei Begriffe Quadrat, Raute und Trapez.

5 Zusammenhänge zwischen Vierecken
a) Erläutere die folgende Abbildung:

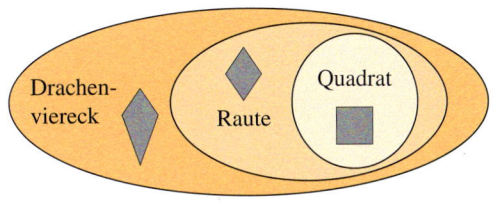

b) Zeichne eine ähnliche Abbildung wie in a) für die drei Begriffe Trapez, Rechteck und Parallelogramm.

6 Berechne jeweils den fehlenden Winkel. Gib gegebenenfalls besondere Eigenschaften der Vielecke an.

	a)	b)	c)	d)	e)
α	50°	90°		115°	34°
β		90°	23°	65°	152°
γ	80°		67°		
δ	✕	90°	✕	65°	131°

6 Berechne jeweils den fehlenden Winkel. Gib gegebenenfalls besondere Eigenschaften der Vielecke an.

	a)	b)	c)	d)	e)
α	45°		90°		87,5°
β			23°	65°	
γ	25,7°				99,5°
δ	✕		✕		73°

7 Übertrage die Linien in dein Heft und ergänze sie zu dem angegebenen Viereck. Markiere gleiche Winkel mit dem gleichen griechischen Buchstaben, miss oder berechne die Winkel. Zeichne die Symmetrieachsen ein.

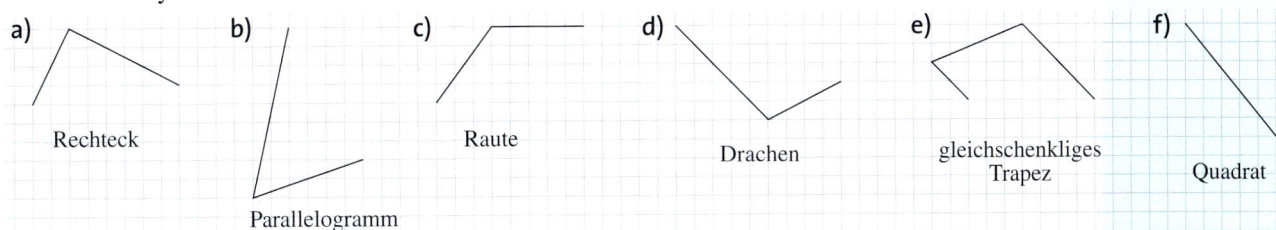

8 Rechts ist ein Teil einer Fachwerkbrücke über den Main in Frankfurt abgebildet. Sina und Mersin wollen die Winkel α und β an der Oberseite der Brücke berechnen. Sie messen dazu die farbig markierten acht Winkel.

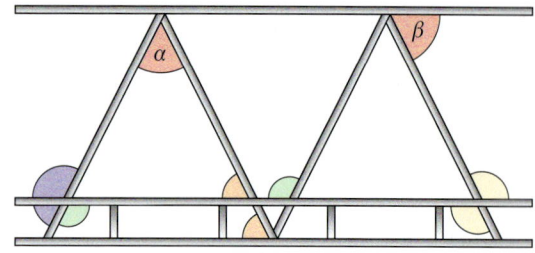

a) Welche Winkelarten findest du in der Zeichnung?

b) Welche unterschiedlichen Winkelpaare an Geradenkreuzungen findest du? Die Winkelpaare sind jeweils in der gleichen Farbe markiert.

c) Wie viele unterschiedliche Winkelgrößen messen Sina und Mersin?

d) Erkläre, wie Sina und Mersin die gesuchten Winkel bestimmen können. Finde dafür möglichst viele verschiedene Möglichkeiten.

HINWEIS
*Jede Dreiecks-
seite steht für
eine Fachwerk-
strebe.*

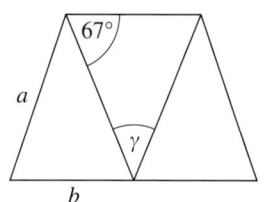

9 Eine Fachwerkbrücke besteht aus gleichschenkligen Dreiecken.

a) Berechne den Winkel γ. Begründe.

b) Gib einen Term für die Gesamtlänge der Fachwerkstreben im abgebildeten Teilstück an und berechne sie für $a = 6{,}4\,\text{m}$ und $b = 5\,\text{m}$.

c) Wie lautet der Term für die Gesamtlänge der Fachwerkstreben, wenn die Brücke aus 15 solcher dreieckigen Teilstücke besteht?

10 Abgebildet sind drei weitere Beispiele für Fachwerkbrücken.

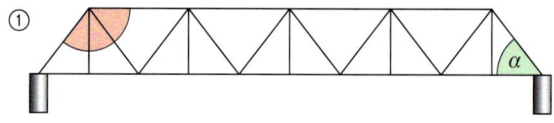

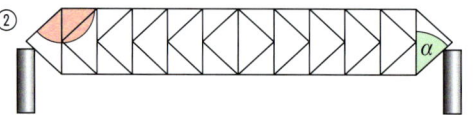
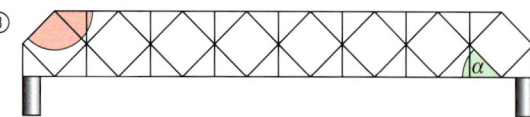

a) Berechne die rot eingezeichneten Winkel. Der Winkel α beträgt jeweils 45°. Erkläre, wie du vorgegangen bist.

b) Finde und benenne möglichst viele verschiedene Vierecke in den drei Brückentypen. Skizziere sie im Heft.

c) Finde eine Fachwerkbrücke in deiner Nähe, zeichne sie und benenne die darin vorkommenden Figuren.

11 Zeichne eine der drei Brückentypen aus Aufgabe 10 in dein Heft. Die Breite jeder Brücke soll 48 Meter betragen, die Höhe der Fachwerkkonstruktion 6 Meter. Zeichne im Maßstab 1:400 (d.h. 1 cm im Heft entspricht 4 Metern in der Realität).

a) Wie lang sind alle benötigten Fachwerkstreben zusammen? Bestimme die Länge rechnerisch, entnimm fehlende Längen deiner Zeichnung.

b) Arbeitet zu zweit: Vergleicht die Gesamtlänge der Fachwerkstreben von zwei unterschiedlichen Brückentypen. Um wie viel Prozent unterscheiden sie sich?

c) Pro Meter Fachwerkstrebe werden ca. $\frac{1}{4}\,\text{l}$ Farbe benötigt. 20 Liter Metallschutzfarbe kosten 396 €. Wie viel Euro kostet ein neuer Anstrich der Fachwerkbrücke, wenn du nur die zwei Seitenteile der Brücke berücksichtigst?

Zusammenfassung

→ Seite 166

Winkel an Geradenkreuzungen

Gegenüberliegende Winkel bezeichnet man als Scheitelwinkel. **Scheitelwinkel** sind immer gleich groß.
Nebenwinkel sind nebeneinanderliegende Winkel, die sich zu 180° ergänzen.
An parallel geschnittenen Geraden gilt:
Stufenwinkel sind immer gleich groß.
Wechselwinkel sind immer gleich groß.

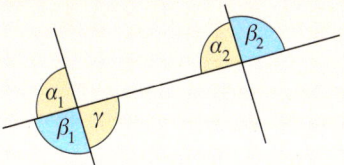

α_1 und γ sind Scheitelwinkel. α_1 und β_1 sind Nebenwinkel. α_1 und α_2 sind Stufenwinkel. β_1 und β_2 sind Wechselwinkel.

Vierecke beschreiben und zeichnen

→ Seite 170

Viereksart	Seiten	Winkel	Diagonalen	Symmetrie
Quadrat	alle Seiten sind gleich lang	4 rechte Winkel	gleich lang, stehen senkrecht zueinander, halbieren sich	achsensymmetrisch, punktsymmetrisch
Rechteck	2 Paare gleich langer, paralleler Seiten	4 rechte Winkel	gleich lang, halbieren sich	achsensymmetrisch, punktsymmetrisch
Raute	alle Seiten sind gleich lang	gegenüberliegende Winkel sind gleich groß	stehen senkrecht zueinander, halbieren sich	achsensymmetrisch, punktsymmetrisch
Parallelo-gramm	2 Paare gleich langer, paralleler Seiten	gegenüberliegende Winkel sind gleich groß, benachbarte Winkel ergänzen sich zu 180°	halbieren sich	punktsymmetrisch
Trapez	1 Paar paralleler Seiten	2 Paare benachbarter Winkel ergänzen sich zu 180°	Sonderfall „gleich-schenkliges Trapez": gleich lang	Sonderfall „gleich-schenkliges Trapez": achsensymmetrisch
Drachen-viereck	2 Paare gleich langer benachbarter Seiten	1 Paar gegenüber-liegende Winkel ist gleich groß	stehen senkrecht zueinander, eine Diagonale wird halbiert	achsensymmetrisch

Winkelsumme in Dreiecken und Vierecken

→ Seite 176

Die Winkelsumme im **Dreieck** beträgt **180°**, im **Viereck 360°**.
Die Winkelsumme in beliebigen Vielecken kann man bestimmen, indem man die Vielecke in Vierecke und Dreiecke zerlegt.

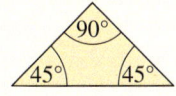
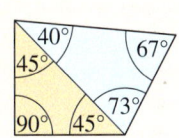

Teste dich!

2 Punkte

1 Übertrage die Zeichnung in dein Heft. Zeichne den Scheitelwinkel von α und einen Nebenwinkel von β ein.

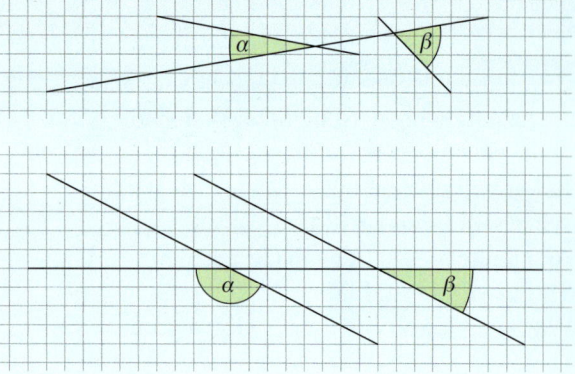

4 Punkte

2 Übertrage die Zeichnung in dein Heft.
a) Zeichne den Wechselwinkel von α und den Stufenwinkel von β ein.
b) Begründe: $\alpha + \beta = 180°$
c) Wie oft findest du den Winkel β in der Zeichnung? Begründe.

4 Punkte

3 Gib die Größe der benannten Winkel an und begründe.

a)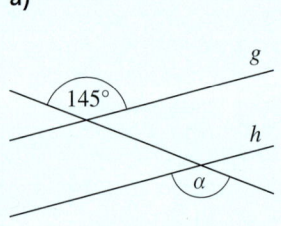

b)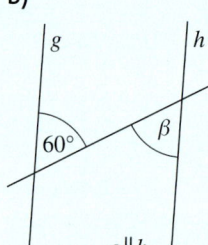

c)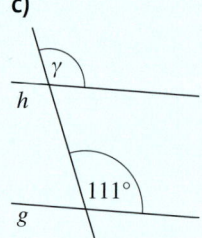

d)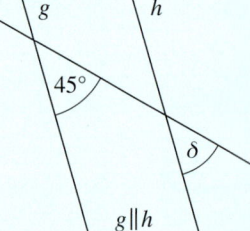

6 Punkte

4 Welches Viereck wird hier beschrieben? Manchmal gibt es mehr als eine Antwort.
a) vier rechte Winkel
b) genau 2 parallele Seiten
c) gegenüberliegende Winkel sind gleich groß
d) vier gleich lange Seiten
e) vier Symmetrieachsen
f) Diagonalen stehen senkrecht aufeinander

5 Punkte

5 Ergänze die Figuren wie angegeben.

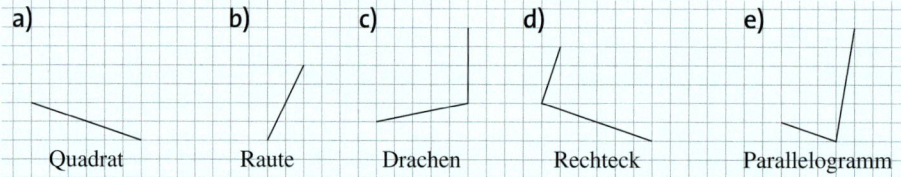

a) Quadrat b) Raute c) Drachen d) Rechteck e) Parallelogramm

3 Punkte

6 Berechne die fehlenden Winkel.

a)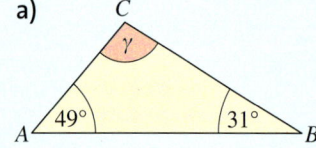

b)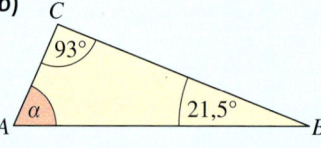

c)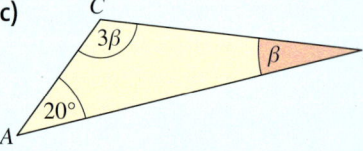

6 Punkte

7 Berechne die fehlenden Winkel im Viereck $ABCD$.
a) $\alpha = 60°$; $\beta = 100°$; $\gamma = 120°$
b) $\beta = 30°$; $\gamma = 105°$; $\delta = 120°$
c) $\alpha = 140°$; $\gamma = 99°$; $\delta = 31°$
d) $\alpha = 90°$; $\beta = 72°$; $\delta = 90°$
e) $\beta = 39°$; $\gamma = 99°$; $\beta = \delta$
f) $\alpha = 70°$; $\beta = \delta$; $\alpha = \gamma$

Gold: 28–30 Punkte, Silber: 25–27 Punkte, Bronze: 18–24 Punkte

Lösungen ab Seite 188

Rationale Zahlen

Noch fit?

1 a) $2\,°C$ b) $-1\,°C$
c) $-4\,°C$ d) $0\,°C$

2 a) $A: -6$ $B: -4$ $C: -1$ $D: 4$ $E: 5$
b) $A: -30$ $B: -25$ $C: -10$ $D: 5$ $E: 20$

3
$$\underset{-6\ -5\ -4\ -3\ -2\ -1\ \ 0\ \ 1\qquad 3\quad\ 5\ \ 6\ \ 7\ \ 8}{\text{D A S W A R R I \quad C \quad H T I G}}$$

4
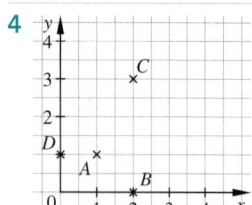

5 a) 300 b) $1\,300$
c) 800 d) $10\,000$

6 a) Ü: $4000 + 13\,000 = 17\,000$ E: $16\,706$
b) Ü: $3600 - 1600 = 2\,000$ E: 1959
c) Ü: $200 \cdot 400 = 80\,000$ E: $81\,545$
d) Ü: $1800 : 6 = 300$ E: 290

7 a) $29; 1404$ b) $78; 150$

1 a) $1\,°C$ b) $-3\,°C$
c) $-1\,°C$

2 a) $A: -15$ $B: -11$ $C: -10$ $D: -5$ $E: -1$ $F: 1$
b) $A: -1\,600$ $B: -950$ $C: -600$ $D: -300$ $E: -100$ $F: 100$

4

5 a) $9\,000$ b) $70\,000$
c) $6\,000$ d) $100\,000$

6 a) Ü: $500 + 1\,100 = 1\,600$ E: $1\,610,46$
b) Ü: $21\,500 - 600 = 20\,900$ E: $20\,897,3$
c) Ü: $8 \cdot 4 = 32$ E: $30,375$
d) Ü: $360 : 9 = 40$ E: $35,9\overline{4}$

7 a) 500 b) 626 c) 104 d) 549

Klar so weit?

1 $-24; -16; -6; 6; 12; 20; 24$

2 a)
b)

3 a) $3 > 0$ b) $-5 < 2$ c) $-5 > -8$
d) $|5| > -4$ e) $0 > -1$ f) $|-6| = 6$
g) $-9 < -7$ h) $9 > |-7|$ i) $-11 > -12$

4 a) $A(-4,5|-0,5);$ $B(-1|-1,5);$ $C(1|-1);$
b) Quadrant I: $D;$ Quadrant II: $C;$ Quadrant III: $B, A;$

5 $-5 + 3 = -2$
Mittags betrug die Temperatur $-2\,°C.$

6 a) -5 b) -1
c) -2 d) 14
e) -16 f) -40

7 a)

+	0,5	2	2,5	4	4,2
−2,5	−2	−0,5	0	1,5	1,7
−3,2	−2,7	−1,2	−0,7	0,8	1

b)

−	0,1	0,5	0,7	1,3	2,8
−0,9	−1	−1,4	−1,6	−2,2	−3,7
−2,3	−2,4	−2,8	−3	−3,6	−5,1

1 $-2,75; -2,25; -1,25; -0,5; 0,25; 1,75; 2,5; 2,75$

2 a)
b)

3 a) $3,5 > -3,51$ b) $|-23| = |23|$ c) $-15,2 < -7,5$
d) $0,79 < 1,1$ e) $-\frac{1}{2} = -0,5$ f) $0,8 > -\frac{4}{5}$
g) $|-2,31| > 2,099$ h) $-64 < 64$

$D(1|1);$ $E(-2|2)$
Quadrant IV: E

5 $-12 - 5 = -17$
Leonie schuldet ihren Geschwistern $17\,€.$

6 a) $1,5 + 2,5 = 4$ b) $5,25 - 3,5 = 1,75$
c) $-3,5 - 1,25 = -4,75$ d) $57 - 3,4 = 53,6$
e) $-8,75 + 2,3 = -6,45$ f) $42,125 - 32,25 = 9,875$

7 a)

+	−1	10	7	−3	15
−5	−6	5	2	−8	10
−6	−7	4	1	−9	9

b)

−	3	−12	−24	−0,5	2,7
1,5	−1,5	13,5	25,5	2	−1,2
$-\frac{3}{4}$	$-3\frac{3}{4}$	$-12\frac{3}{4}$	$-24\frac{3}{4}$	$-\frac{1}{4}$	−3,45

8 a) −72   **b)** −84
   c) −15   **d)** −238
   e) −135   **f)** −135
   g) −121   **h)** −176
   i) 117

8 a) Ü: $200 \cdot (-20) = -4000$ E: −3895
   b) Ü: $-100 \cdot (-20) = 2000$ E: 2058
   c) Ü: $20 \cdot (-500) = -10\,000$ E: −9144
   d) Ü: $-200 \cdot 10 = -2000$ E: −2079
   e) Ü $1000 \cdot 2000 = 2\,000\,000$ E: $2\,089\,500$
   f) Ü: $-50 \cdot 50 = -2500$ E: −2548

9 a)

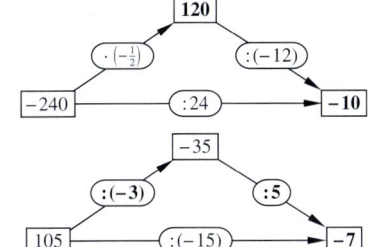

b)

9 a)

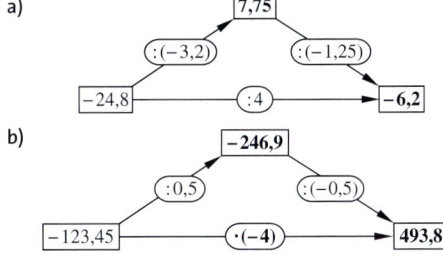

b)

10 a) Punkt-vor-Strich-Rechnung nicht beachtet   E: −100
   b) Punkt-vor-Strich-Rechnung nicht beachtet   E: 65
   c) Doppeltes Minuszeichen $-(-21)$ E: 13
   d) u. a. Punkt-vor-Strich-Rechnung nicht beachtet E: −9
   e) Punkt-vor-Strich-Rechnung nicht beachtet   E: 1

10 a) Klammern müssen zuerst berechnet werden   E: −39
   b) Punkt-vor-Strich-Rechnung nicht beachtet   E: 9
   c) Punkt-vor-Strich-Rechnung nicht beachtet   E: 23
   d) Punkt-vor-Strich-Rechnung nicht beachtet   E: 90
   e) falsche Betragsbildung   E: 1

11 a) $(-15 + (-45)) : 12 = -5$
   b) $(-3,5 - (-1,5)) \cdot 0,5 = -1$
   c) $(12 \cdot (-8)) - (12 + (-8)) = -100$

11 a) $(6 + (-3,5)) \cdot \left(-\frac{1}{2} - 1\frac{1}{2}\right) = -5$
   b) $(-306 : 17) : \left(27 \cdot \left(-\frac{2}{3}\right)\right) = 1$
   c) $5 \cdot (-17) + 3 \cdot (-34 + (-47)) = -328$

12 a) 10   **b)** −51
   c) 8   **d)** 100

12 a) 156   **b)** 9
   c) 20   **d)** −30

Teste dich!

Seite 36

1 a) −3,75;   −2,5;   −1,25;   0,25;   0,75
   b)

2

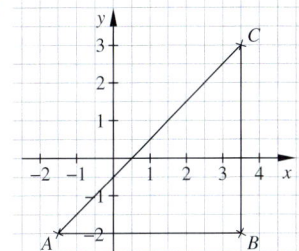

Es entsteht ein rechtwinkliges Dreieck.

3 a)

alte Temperatur	Temperatur-änderung	neue Temperatur
4 °C	6 Grad kälter	**−2 °C**
−3 °C	9 Grad wärmer	6 °C
−6 °C	**5 Grad kälter**	−11 °C
6 °C	8 Grad kälter	−2 °C

b)

Kontostand alt	Kontostand neu	Bewegung
−17 €	+36 €	**53 €**
−156 €	**−117 €**	39 €
23 €	−44 €	−67 €
−73 €	−18 €	55 €

4 a) −59   **b)** −104   **c)** −120   **d)** 33   **e)** −5   **f)** 3   **g)** $-\frac{1}{4}$ **h)** $-1\frac{5}{8}$

5 a) −16   **b)** richtig   **c)** 8   **d)** −763   **e)** 44   **f)** richtig

6 a) <   **b)** >   **c)** <   **d)** <   **e)** <   **f)** >

7 a) $1\,208\,m + |-423|\,m = 1\,631\,m$ Der Höhenunterschied beträgt 1 631 m.
   b) $-423\,m - 381\,m = -804\,m$ Die tiefste Stelle liegt 804 m unter Normalnull.

8 a) individuell, z. B.: $\frac{1}{5}$; 2,5   **b)** individuell, z. B.: −5; −23   **c)** individuell, z. B.: −4; 4

Dreiecke

Noch fit?

1 a) 90°   **b)** spitz   **c)** stumpf
   d) 180°   **e)** gestreckt

1

spitzer Winkel	**rechter Winkel**	**stumpfer Winkel**
größer als 0°, aber kleiner als 90°	genau 90°, Schenkel sind senkrecht zueinander	größer als 90°, aber kleiner als 180°

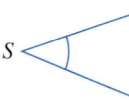 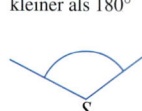

gestreckter Winkel	**überstumpfer Winkel**	**Vollwinkel**
genau 180°	größer als 180°, aber kleiner als 360°	genau 360°

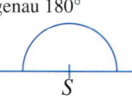 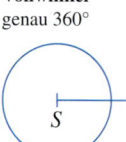

2 $\alpha = 36°$, $\beta = 135°$, $\gamma = 164°$
spitzer Winkel, stumpfer Winkel, stumpfer Winkel

2 a) individuell
   b) $\alpha = 36°$ (spitz); $\beta = 135°$ (stumpf); $\gamma = 164°$ (stumpf); $\delta = 90°$ (rechter Winkel); $\varepsilon = 17°$ (spitz)

3 individuell
   a) $\alpha < 90°$
   b) $\beta = 90°$
   c) $90° < \gamma < 180°$
   d) $\delta > 180°$

3 a) spitzer Winkel

   b) rechter Winkel

   c) stumpfer Winkel

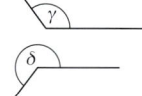

   d) überstumpfer Winkel

4 a) alle Winkel sind spitze Winkel
   b) γ ist ein stumpfer Winkel, die anderen sind spitze Winkel

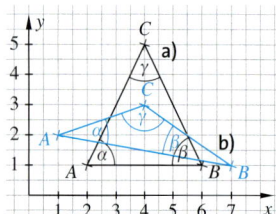

4 a) α und β sind spitze Winkel, γ ist ein stumpfer Winkel

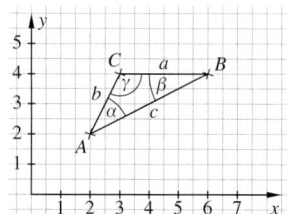

   b) individuell

5 a) $\alpha = 110°$ **b)** $\alpha = 108°$
   c) $\alpha = 147°$

5 a) $\alpha = 27°$ **b)** $\beta = 28°$
   c) $\gamma_1 = 150°$; $\gamma_2 = 180°$ **d)** $\delta = 170°$

Klar so weit?

1

	①	②	③	④
spitzwinklig			✓	✓
rechtwinklig		✓		
stumpfwinklig	✓			
gleichschenklig			✓	✓
gleichseitig			✓	
unregelmäßig	✓	✓		

2 **a)**

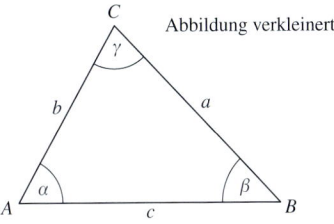

b) Schenkel sind $\overline{A_1C_1}$ und $\overline{B_1C_1}$, $\overline{A_1B_1}$ ist Basis.
Schenkel sind $\overline{A_2B_2}$ und $\overline{A_2C_2}$, $\overline{B_2C_2}$ ist Basis.

3 ① es entstehen zwei gleichschenklige rechtwinklige Dreiecke
② es entstehen zwei nichtgleichschenklige rechtwinklige Dreiecke

2 **a)** gleichschenklig
b) allgemeines Dreieck
c) gleichseitiges Dreieck

3 **a)** Trapez: es entsteht in beiden Fällen ein stumpf- und ein spitzwinkliges Dreieck
b) Drachenviereck: Im 1. Fall entstehen zwei kongruente stumpfwinklige Dreiecke. Im zweiten Fall entsteht ein gleichschenkliges, spitzwinkliges Dreieck und ein gleichschenkliges rechtwinkliges Dreieck
c) Raute: Es entstehen jeweils zwei zueinander kongruente, gleichschenklige Dreiecke. In einem Fall sind sie spitzwinklig, im anderen sind sie stumpfwinklig.
d) Parallelogramm: Es entstehen jeweils zwei zueinander kongruente, unregelmäßige Dreiecke. In einem Fall sind sie rechtwinklig, im anderen sind sie stumpfwinklig.

4 **a)**

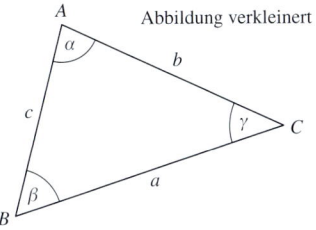

Abbildung verkleinert

b)

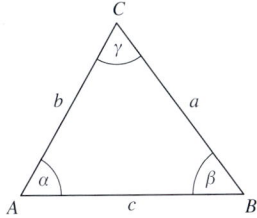

Abbildung verkleinert

4 **a)**

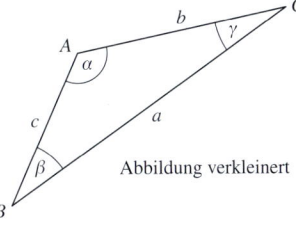

Abbildung verkleinert

b)

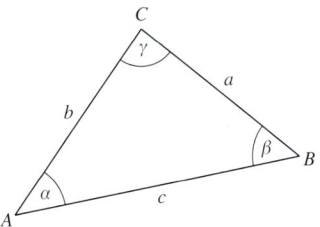

Abbildung verkleinert

5 **a)**

Konstruktionsbeschreibung individuell, z. B.:
Zeichne $\overline{AB}$ = c = 4,4 cm.
Zeichne in A den Winkel α = 60° an.
Verlängere diesen Schenkel auf b = 3,8 cm.
Benenne den Punkt mit C und verbinde A mit C.

5 **a)**

Konstruktionsbeschreibung individuell, z. B.:
Zeichne $\overline{BC}$ = 33 mm = 3,3 cm.
Zeichne in C den Winkel γ = 87° an.
Verlängere diesen Schenkel auf b = 3,6 cm.
Benenne den Punkt mit A und verbinde A mit B.

b)

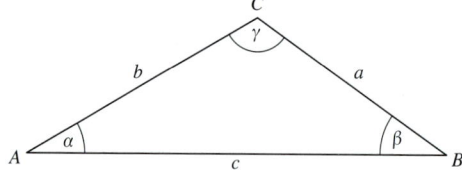

Konstruktionsbeschreibung individuell, z. B.:
Zeichne $\overline{AB} = c = 6{,}4$ cm.
Zeichne in B den Winkel $\beta = 35°$ an.
Verlängere diesen Schenkel auf $a = 3{,}5$ cm.
Benenne den Punkt mit C und verbinde C mit A.

b)

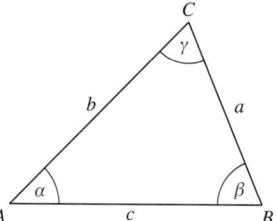

Konstruktionsbeschreibung individuell, z. B.:
Zeichne $\overline{AB} = c = 5{,}4$ cm.
Zeichne in A den Winkel $\alpha = 45°$ an.
Verlängere diesen Schenkel auf $b = 5{,}4$ cm.
Benenne den Punkt mit C und verbinde C mit B.

6 $\gamma = 49°$

6 $x = 7{,}6$ cm

7 a) nicht eindeutig konstruierbar, da die Seitenlängen unterschiedlich sein können
   b) eindeutig konstruierbar
   c) nicht konstruierbar; Die Innenwinkelsumme im Dreieck beträgt immer 180°. Mit den gegebenen Winkel kann daher kein Dreieck konstruiert werden.

8 Konstruktionsbeschreibung für a), b) und c)
Zeichne $\overline{AB} = c$.
Zeichne mit dem Zirkel um A einen Kreis mit dem Radius von b und um B einen Kreis mit dem Radius von a.
Der Schnittpunkt der Kreise ist C.
Verbinde C mit A und mit B.

a)

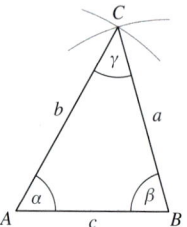

b)

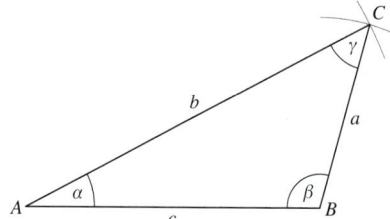

c)

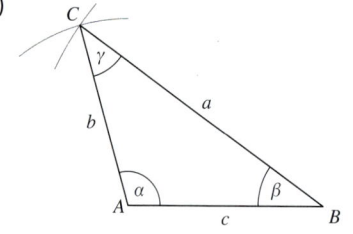

8 Konstruktionsbeschreibung für a), b) und c)
Zeichne $\overline{AB} = c$.
Zeichne mit dem Zirkel um A einen Kreis mit dem Radius von b und um B einen Kreis mit dem Radius von a.
Der Schnittpunkt der Kreise ist C.
Verbinde C mit A und mit B.

a)

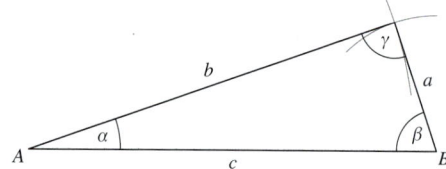

b)

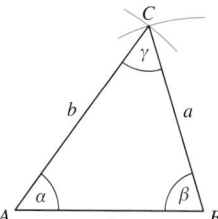

c)

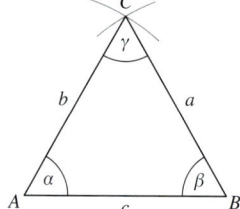

9 a)

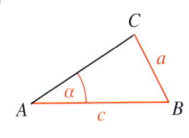
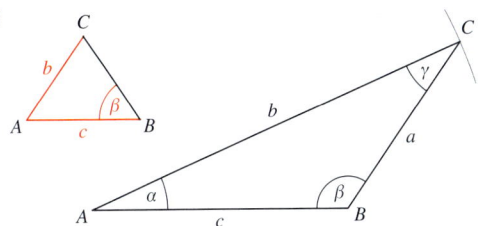

b)

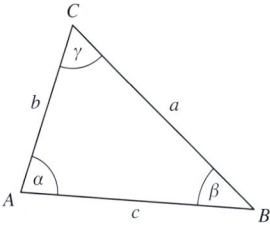

9 a)

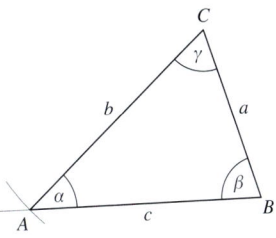

b)

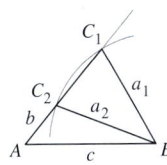

10 a) konstruierbar

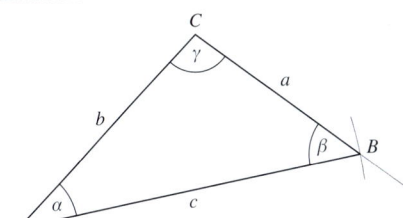

b) nicht konstruierbar ($a + c < b$)

c) nicht konstruierbar (der gegebene Winkel liegt nicht der längsten Seite im Dreieck gegenüber)

d) konstruierbar

10

a) individuell
b) Für $a < 3$ cm ist das Dreieck nicht konstruierbar.

11   siehe Aufgabenstellung

11   siehe Aufgabenstellung

Teste dich!

1 a)

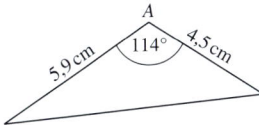

b)

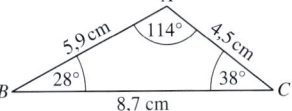

c) $b = 8{,}2; \beta = 28°, \gamma = 38°$

2   **a)** $\gamma = 100°$ **b)** $\alpha = 65{,}5°$ **c)** $\beta = 40°; \gamma = 120°$

3   **a)** wahr (jeder Winkel beträgt 60°)   **b)** falsch   **c)** falsch   **d)** wahr

4 a)

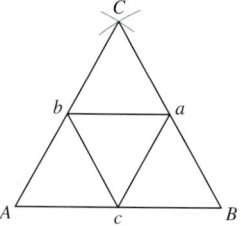

b) Alle entstandenen Dreiecke sind gleichseitig.

5 a) 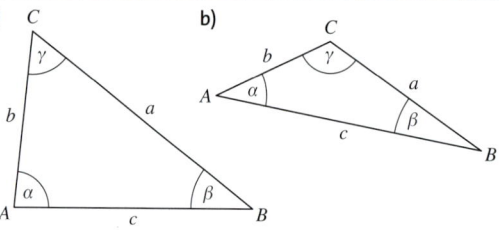 b) 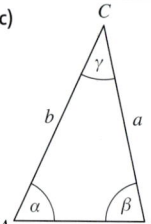 c) 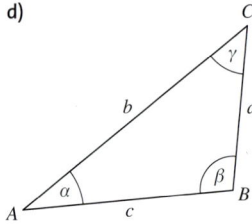 d)

a) Kongruenzsatz SWS
b) Kongruenzsatz WSW
c) Kongruenzsatz SSS
d) Kongruenzsatz SsW

6 a) Der gegebene Winkel liegt nicht der längsten Seite im Dreieck gegenüber.
b) Es muss mindestens eine Seitenlänge gegeben sein, um ein Dreieck eindeutig konstruieren zu können.
c) $b + c < a$

7 Die Messstäbe sind 28 m voneinander entfernt.

Zuordnungen

Noch fit?

1 a) 10; 12; 14; 16; 18; 20   b) 35; 42; 49; 56; 63; 70
c) 19; 23; 27; 31; 35; 39   d) 81; 75; 69; 63; 57; 51

1 a) 8; 16; **24**; 32; 40; **48**; 56; **64**; **72**; **80**; **88**; **96**; **104**
b) **81**; 74; 67; 60; **53**; 46; **39**; **32**; **25**; **18**; **11**; **4**

2 a) individuell, z. B.: 0 Bücher haben eine Höhe von 0 cm.
1 Buch hat eine Höhe von 1,2 cm. Entsprechend sind
10 Bücher 12 cm hoch und 20 Bücher 24 cm hoch.

b) individuell, z. B.: nach der Geburt schläft ein Baby 18 h pro
Tag. Wenn es einen Monat alt ist, schläft es nur noch 17 h.
Im Alter von 3 Monaten schläft es 15 h und im Alter von
6 Monaten 12 Stunden.

2 1 kg kostet 1,50 €; 2 kg kosten 3 €; 3 kg kosten 4,50 €; 4 kg
kosten 6 € und 5 kg kosten 7,50 €

3 a) Drei Stücke kosten 3,60 €.
b) Vier Schüler bezahlen 18 €.
c) 60 €
d) Der Inhalt wiegt 395 g.

3 a) Er ist 60 Minuten unterwegs.
b) Sie pflanzen 20 Sträucher.
c) 12 Fotos kosten 4,78 €.

4 a) $A(4|9)$; $B(9|3)$
b)

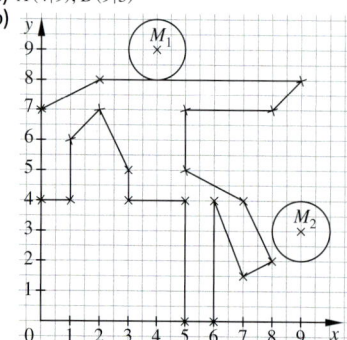

Klar so weit?

1 Ja, da die Wertepaare quotientengleich sind.

2

Füllmenge (in l)	1	5	10	20	30
Preis (in €)	2,5	12,5	25	50	75

3 a) Antiproportional, da die Wertepaare produktgleich sind.
   b) Proportional, da die Wertepaare quotientengleich sind.
   c) Antiproportional, da die Wertepaare produktgleich sind.
   d) Proportional, da die Wertepaare quotientengleich sind.

4 a) $3,95 € : 5 = 0,79 €$
      Eine Flasche kostet 79 Cent.
   b) $2,97 € : 1,5 = 1,98 €$
      1 kg Äpfel kostet 1,98 €.
   c) $12,45 € : 2,5 = 4,98 €$
      1 m Stoff kostet 4,98 €.
   d) $1,35 € : 750 = 0,18 €$
      100 g Tomaten kosten 18 Cent.

5 In einer Minute wirft der Springbrunnen 8 Liter Wasser aus.
   In 13 Minuten sind es 104 Liter.

6 a) 1,25 €;   5 €
   b) 4 kg;   7 kg
   c)

Gewicht in kg	0	1	2	2,5	4	5	6	7	8	9
Preis in €	0	0,5	1	1,25	2	2,5	3	3,5	4	4,5

7 Die Zuordnung ist nicht antiproportional, da die Wertepaare
nicht produktgleich sind.
Größen individuell, z. B.: x = Tage und y = Futtervorrat

8

x	1	2	3	4	5
y	1200	600	400	300	240

9

Mitglieder	4	7	9	15
Gewinn pro Mitglied (€)	4536	2592	2016	1209,60

10 Es sind 25 Bände erforderlich.

11 a) 1,5 Stunden   b) 6 Stunden   c) 45 Mal

---

1 Ja, da die Wertepaare quotientengleich sind.

2

Füllmenge (in l)	1	5	10	20	30
Preis (in €)	1,32	6,60	13,20	26,40	39,60

3 a)

x	4	6	8	10	16
y	14	21	28	35	56

   b) Tabelle wäre antiproportional
   c)

x	6	2	8	0,5	16
y	180	60	240	15	480

   d) Tabelle wäre antiproportional

4 Ein Heft kostet 0,19 € und ein Stift kostet 0,55 €.
   Lisa gibt 2,41 € aus.
   Tim gibt 2,58 € aus.
   Nico gibt 4,25 € aus.

5 Eine Handwerkerstunde kostet 42 €.
   17 Arbeitsstunden kosten 714 € und
   28 Arbeitsstunden kosten 1 176 €.

6 a) z. B.: Die Zuordnung ist proportional, weil der Graph eine
      Ursprungsgerade ist.
   b) Das Flugzeug legt in 6 Stunden 4 800 km zurück.
      Das Flugzeug legt in 3,5 Stunden 2 800 km zurück.
   c) 2 000 km dauern 2,5 Stunden. 7 200 km dauern 9 Stunden.

7

x	1	2	3	4	5
y	60	30	20	15	12

   Größen individuell, z. B.: x = Tage und y = Futtervorrat

8

x	1	2	3	4	5
y	$\frac{1}{2}$	$\frac{1}{4}$	$\frac{1}{6}$	$\frac{1}{8}$	$\frac{1}{10}$

10 Ein Flugzeug benötigt 51 Stunden und 44 Minuten.

d) 90 Mal

Teste dich!

1 a) 1 kg Kaffee kostet 9,20 €, 4 kg Kaffee kosten 36,80 €.
b) 6 Arbeiter teeren eine Straße in 5 Stunden, 12 Arbeiter benötigen dafür 2,5 Stunden.

2 a) Die Zeit in h wird der Fläche in m² zugeordnet.
b)

Zeit (h)	1	2	3	4	5
Fläche (m²)	500	1000	1500	2000	2500

c) Die Zuordnung ist proportional, weil die Wertepaare quotientengleich sind.

3 a)

x	1	2	3	4	5
y	1,40	2,80	4,20	5,60	7,00

b)

x	1	2	3	5	7
y	$2\frac{1}{4}$	$4\frac{1}{4}$	$6\frac{3}{4}$	$11\frac{1}{4}$	$15\frac{3}{4}$

4 Nur die erste grafische Darstellung ist proportional, da der Graph durch den Koordinatenursprung verläuft und gleichmäßig ansteigt.

5 Das Auto von Familie Bohm verbraucht 7,5 l Benzin auf 100 km. Das Auto von Familie Berger verbraucht 8,75 l Benzin auf 100 km.

6 Sie können täglich 15 € ausgeben.

7 a)

Anzahl der Personen	1	2	4	5	8	10	25
Gummibärchen in g	2500	1250	625	500	312,5	250	100

b) Diese Zuordnung ist antiproportional, weil die Wertepaare der Tabelle produktgleich sind.

Prozentrechnung

Noch fit?

1 a) rot: $\frac{1}{4}$ blau: $\frac{3}{4}$ **b)** rot: $\frac{3}{4}$ blau: $\frac{1}{4}$ **c)** rot: $\frac{1}{10}$ blau: $\frac{9}{10}$ **d)** rot: $\frac{1}{5}$ blau: $\frac{4}{5}$ **e)** rot: $\frac{1}{2}$ blau: $\frac{1}{2}$ **f)** rot: 1 blau: 0

2

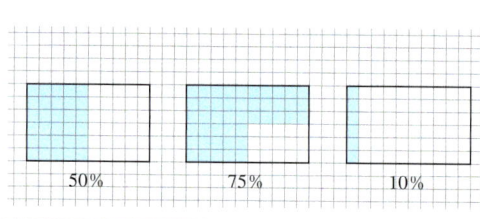

50%   75%   10%

2

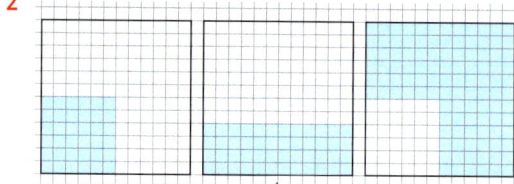

25% $33\frac{1}{3}$%   75%

3 a) $\frac{1}{2}$ **b)** $\frac{1}{2}$ **c)** $\frac{1}{3}$
d) $\frac{1}{5}$ **e)** $\frac{5}{6}$ **f)** $\frac{2}{3}$
g) $\frac{7}{4} = 1\frac{3}{4}$ **h)** $\frac{23}{19} = 1\frac{4}{19}$

3 a) $\frac{2}{3}$ **b)** $\frac{7}{18}$ **c)** $\frac{5}{8}$
d) $\frac{5}{11}$ **e)** $\frac{4}{5}$ **f)** $\frac{5}{7}$
g) $\frac{64}{91}$ **h)** $\frac{27}{43}$

4 a) 0,8   **b)** 0,35   **c)** 0,75   **d)** 0,56

4 a) 0,048   **b)** 2,45   **c)** 0,625   **d)** 3,888

5 a) 1,2   **b)** 7,25   **c)** 1,875   **d)** 3,5
e) $10,\overline{3}$ **f)** 2,5   **g)** $11,\overline{2}$ **h)** $3,8\overline{1}$
i) $0,\overline{6}$

5 a) 2,25   **b)** $2,\overline{2}$ **c)** $7,\overline{428571}$ **d)** 24,6
e) $1,\overline{45}$ **f)** 0,9375   **g)** $0,08\overline{3}$ **h)** $0,\overline{18}$
i) 0,025

6 a) 120   **b)** 13   **c)** 180   **d)** 45

6 a) 232,5   **b)** 60   **c)** $24,\overline{16}$ **d)** 123,75

7 $0,75 = 75\% = \frac{75}{100} = \frac{750}{1000} = \frac{3}{4} = \frac{6}{8}$ $0,4 = \frac{2}{5} = \frac{4}{10} = 40\% = \frac{40}{100} = 0,400$

$\frac{34}{100} = 0,340 = \frac{17}{50} = 0,34$ $0,04 = \frac{40}{1000} = 4\% = \frac{1}{25} = \frac{4}{100} = 0,040$

Klar so weit?

1 a) Prozentsatz und Grundwert
b) Prozentwert und Grundwert
c) Prozentwert und Grundwert
d) Prozentwert und Prozentsatz

1 a) Prozentwert und Grundwert
b) Prozentsatz und Grundwert
c) Prozentwert und Prozentsatz

2 ① $\frac{1}{2} = 50\%$ ② $\frac{2}{6} = 33,\overline{3}\%$ ③ $\frac{1}{4} = 25\%$

④ $\frac{1}{8} = 12,5\%$ ⑤ $\frac{3}{10} = 30\%$ ⑥ $\frac{5}{8} = 62,5\%$

2 ① $\frac{3}{10} = 30\%$ ② $\frac{3}{9} = 33,\overline{3}\%$ ③ $\frac{3}{12} = 25\%$ ④ $\frac{4}{16} = 25\%$

⑤ $\frac{3}{9} = 33,\overline{3}\%$ ⑥ $\frac{4}{9} = 44,\overline{4}\%$ ⑦ $\frac{4}{9} = 44,\overline{4}\%$

---

3 **a)** $\frac{7}{10} = 0,7 = 70\%$ $\frac{7}{25} = 0,28 = 28\%$

$\frac{4}{80} = 0,05 = 5\%$ $\frac{1}{8} = 0,125 = 12,5\%$

$\frac{5}{25} = 0,20 = 20\%$

b) $\frac{9}{25} = 0,36 = 36\%$ $\frac{16}{40} = 0,4 = 40\%$

$\frac{68}{102} = 0,\overline{6} = 66,\overline{6}\%$ $\frac{94}{141} = 0,\overline{6} = 66,\overline{6}\%$

$\frac{59}{177} = 0,\overline{3} = 33,\overline{3}\%$

3 **a)** $\frac{18}{60} = 0,3 = 60\%$ $\frac{36}{80} = 0,45 = 45\%$

$\frac{11}{20} = 0,55 = 55\%$ $\frac{72}{90} = 0,8 = 80\%$

$\frac{10}{40} = 0,25 = 25\%$

b) $\frac{1}{3} = 0,333 = 33,3\%$ $\frac{5}{7} = 0,714 \approx 71,4\%$

$\frac{5}{9} = 0,556 = 55,6\%$ $\frac{4}{24} = 0,167 = 16,7\%$

$\frac{0}{2} = 0 = 0\%$

---

4 Alina: $\frac{3}{20} = 0,15 = 15\%$

Jasmin: $\frac{4}{25} = 0,16 = 16\%$

Jasmin hat 16% der Elfmeter gehalten und ist damit besser als Alina.

4 Frau Schilling: 68% von 50 Fragen, das sind 34
Frau Penny hat nur 33mal richtig geantwortet. Also ist Frau Schilling besser.

---

5 **a)** 0,4% **b)** 4% **c)** 25% **d)** 12,5%

5 **a)** 0,5% **b)** 25,5% **c)** 10% **d)** 5%

---

6 **a)** 52% Ü: 13 m von 26 m = 50%
b) 30% Ü: 20 l von 60 l = 33,$\overline{3}$%
c) 55% Ü: 160 m von 320 m = 50%
d) 16% Ü: 150 kg von 900 kg = 16,$\overline{6}$%
e) 64,375% Ü: 200 € von 300 € = 66,$\overline{6}$%
f) 0,8$\overline{5}$% Ü: 90 g von 9 kg = 1%
g) 1,7% Ü: 60 ct von 30 € = 2%
h) 0,175% Ü: 14 m von 7 km = 0,2%

6 **a)** Ü: 3 € von 10 € = 30% E: 29,2%
Ü: 270 € von 2700 € = 10% E: 9,3%
Ü: 660 € von 6600 € = 10% E: 11%
b) Ü: 26 kg von 520 kg = 50% E: 44,2%
Ü: 2 kg von 20 kg = 10% E: 8,6%
Ü: 7,56 t von 12 600 kg = 60% E: 61,9%

---

7 70% der Autos erhielten die TÜV-Plakette.

7 15% gehen in die 7. Jahrgangsstufe.

---

8 **a)** 16 € (24 €; 12,80 €)
b) 27 m (675 m; 1,62 m; 4,32 m; 2,70 m; 27,9 km)
c) 750 g; (300 g; 4,2 kg)

8 **a)** richtig **b)** richtig
c) 50% von 1 h sind 30 min.
d) 105% von 140 kg sind 147 kg.
e) 7,5% von 88 l sind 6,6 l.

---

9 **a)** Surfbrett: 25% von 966 € = 241,50 €
Segel: 15% von 404 € = 60,60 €
Die Ermäßigung beträgt 241,50 € bzw. 60,60 €.
b) Surfbrett: 966 € − 241,50 € = 724,50 €
Segel: 404 € − 60,60 € = 343,40 €
Die neuen Preise betragen 724,50 € bzw. 343,40 €.

9 **a)** Ski: 18% von 291 € = 52,38 €
Skischuhe: 15% von 194 € = 29,10 €
Skianzug: 25% von 222 € = 55,50 €
b) Ski: 291 € − 52,38 € = 238,62 €
Skischuhe: 194 € − 29,10 € = 164,90 €
Skianzug: 222 € − 55,50 € = 166,50 €

---

10 Gehaltserhöhung: 4% von 3012 € = 120,48 €
Neues Gehalt: 3012 € + 120,48 € = 3132,48 €

10 8% von 15620 € = 1249,60 €

11

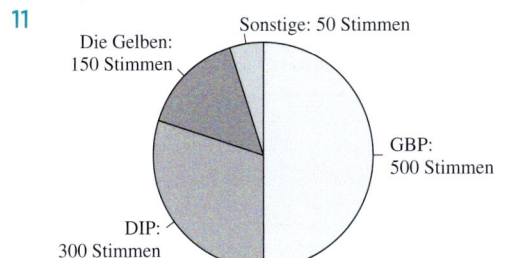

Sonstige: 50 Stimmen
Die Gelben: 150 Stimmen
GBP: 500 Stimmen
DIP: 300 Stimmen

11

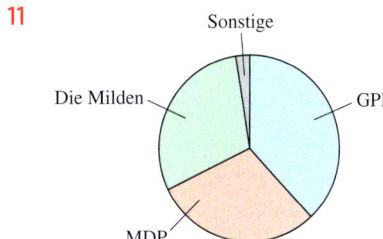

Sonstige
Die Milden
GPD
MDP

---

12 **a)** 40 kg **b)** 40 h
240 kg 500 ml
30 kg 70 m
350 kg 400 kg

12 **a)** 700 cm **b)** 240 l
1500 cm 12 h
3 m 510 000 m
21 m 860 l

---

13 Es gibt insgesamt 300 Lose.

13 Sie müssen insgesamt 200 Lose erstellen.

---

14 Die Gesamteinnahmen betrugen 640 €.

14 ① Die Hose kostete vorher 60 €.
② Das Hemd kostete vorher 15 €.

Teste dich!

1

0,25	0,87	0,45	0,56	0,02	0,03	0,045
$\frac{25}{100}$	$\frac{87}{100}$	$\frac{45}{100}$	$\frac{56}{100}$	$\frac{2}{100}$	$\frac{3}{100}$	$\frac{45}{1000}$
25%	87%	45%	56%	2%	3%	4,5%

2 Anteil 7a: $\frac{12}{20} = 60\%$ Anteil 7b: $\frac{14}{25} = 56\%$ Anteil 7a: $\frac{16}{27} \approx 59,26\%$
Der Anteil der Jugendlichen, die ein Handy besitzen, ist in der 7a am größten und in der 7b am kleinsten.

3 a) 15 Jugendliche fahren mit dem Bus, 10 nicht.
b) 24 Jugendliche gehen in die Klasse 7b. 6 fahren mit dem Bus.
c) 30% fahren nicht mit dem Bus. Das sind 9 Jugendliche.

4 a) und **b)**

Grundwert	200 l	30 cm	1333,$\overline{3}$ kg	1200 h	40 cm	144 kg	12,5 s
Prozentwert	3%	5%	15%	37,5%	5,1%	15%	36 cm
Anteil	6 l	1,5 cm	200 kg	450 h	2,04 cm	21,6 kg	4,5 s

5 a) 11% sind 2,97 Mitschüler. Dies ist keine sinnvolle Angabe, da die Anzahl der Mitschüler eine ganze Zahl sein muss.
b) 11,$\overline{1}$% sind 3 Mitschüler.

6 Der Prozentsatz liegt bei 62,5%.

7 z.B.: Wie viel Euro haben die Schüler insgesamt an Spendengelder eingesammelt? Sie haben 1440 € eingesammelt.

8 a) Sie hat vorher 1,65 €.
b) Der Preis wird um 25% angehoben.
c) Die Nussnougat-Creme soll auf den Ausgangswert angehoben werden. Die Grundwerte für die Prozentrechen-Aufgabe sind aber verschieden. Daher müssen auch die Prozentsätze verschieden sein, um auf den ursprünglichen Preis zu kommen.

Daten und Zufall

Noch fit?

1 a) 70%   **b)** 50%
c) 75%   **d)** 15%

1 a) $\frac{3}{10} = 0,3 = 30\%$ **b)** $\frac{9}{25} = 0,36 = 36\%$
c) $\frac{3}{5} = 0,6 = 60\%$ **d)** $\frac{9}{20} = 0,45 = 45\%$
e) $\frac{7}{25} = 0,28 = 28\%$ **f)** $\frac{14}{50} = 0,28 = 28\%$
g) $\frac{34}{200} = 0,17 = 17\%$ **h)** $\frac{15}{500} = 0,03 = 3\%$

2
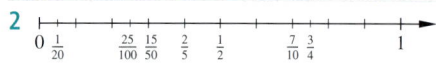

2
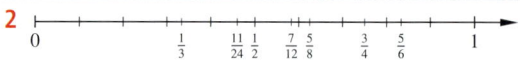

3 a)
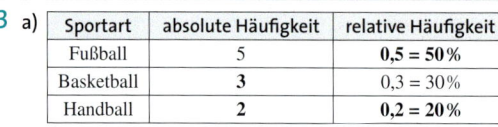

Sportart	absolute Häufigkeit	relative Häufigkeit
Fußball	5	0,5 = 50%
Basketball	3	0,3 = 30%
Handball	2	0,2 = 20%

b)
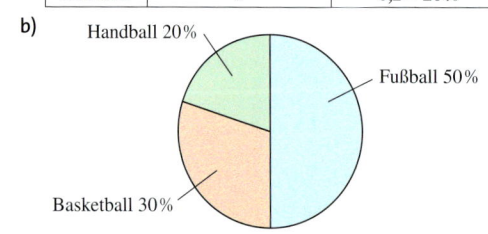

3 a)

Fahrzeug	absolute Häufigkeit	relative Häufigkeit
Pkw	25	0,5 = 50%
Lkw	4	0,08 = 8%
Motorrad	8	0,16 = 16%
Fahrrad	13	0,26 = 26%

b)
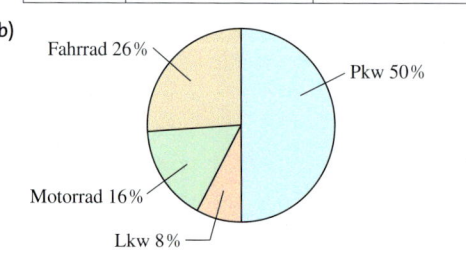

4 a) Die meisten Schülerinnen und Schüler kommen mit dem Bus zur Schule, die wenigsten kommen auf sonstige Weise zur Schule.

b) zu Fuß: $\frac{8}{25} = 0,32 = 32\%$

Fahrrrad: $\frac{5}{25} = 0,2 = 20\%$

Bus: $\frac{10}{25} = 0,4 = 40\%$

Sonstiges: $\frac{2}{25} = 0,08 = 8\%$

5 a) 25 Schüler haben mitgeschrieben.

b) z. B. Säulendiagramm

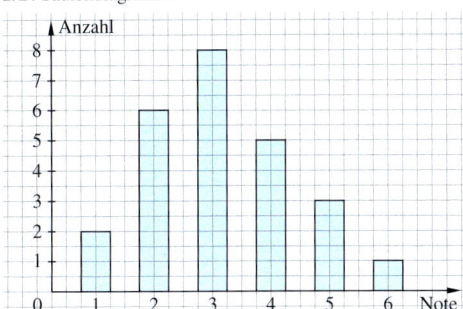

c) Note 1: 8%
Note 2: 24%
Note 3: 32%
Note 4: 20%
Note 5: 12%
Note 6: 4%

4 a) Das beliebteste Pausengetränk ist Kakao, das unbeliebteste ist Wasser.

b)

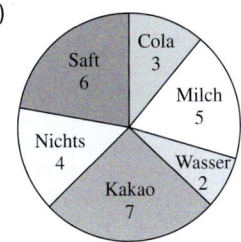

5 a) individuell, zum Beispiel durch ein Säulendiagramm:

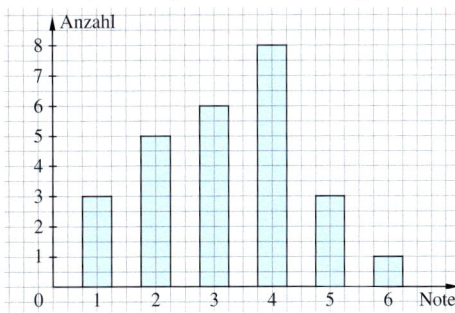

b) Note 1: $\frac{3}{26} \approx 11,5\%$

Note 2: $\frac{5}{26} \approx 19,2\%$

Note 3: $\frac{3}{13} \approx 23,1\%$

Note 4: $\frac{4}{13} \approx 30,8\%$

Note 5: $\frac{3}{26} \approx 11,5\%$

Note 6: $\frac{1}{26} \approx 3,8\%$

c) arithmetisches Mittel: $\frac{84}{26} \approx 3,2$
Median: 3

Klar so weit?

1 Baden/Duschen: 34,72%   Trinken/Kochen: 5%
WC/Waschmaschinen: 25%   Geschirr spülen: 10,28%
Sonstiges: 25%

1 a)

Nahrungsmittel	mind. 1-mal in der Woche	seltener	nie
Joghurt	81%	17%	2%
Nudelgerichte	80%	18%	2%
Suppe	60%	34%	6%
Pommes frites	59%	38%	3%
Cornflakes	58%	31%	11%

b)

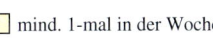

□ mind. 1-mal in der Woche   □ seltener   □ nie

2 a) ja   b) nein   c) nein   d) ja

2 a) ja $S = \{1, 2, 3, …, 49\}$
    b) ja $S = \{\text{Gewinn, Niete}\}$
    c) nein

3 a) mögliche Ergebnisse: gelb, rot, blau
    b) Es handelt sich um kein Laplace-Experiment, da nicht alle Ergebnisse die gleiche Wahrscheinlichkeit haben.

4 Alle Wahrscheinlichkeiten betragen $\frac{1}{6}$. Es gibt keine Unterschiede.

4 a) 30%   b) 20%
    c) $83,\overline{3}$%   d) 50%

5 a)

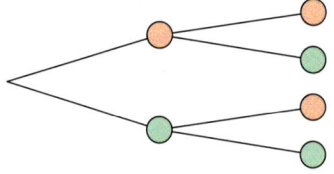

(Rot|Rot); (Rot|Grün); (Grün|Rot); (Grün|Grün)
    b) (Rot|Rot); (Grün|Grün)

5 a)

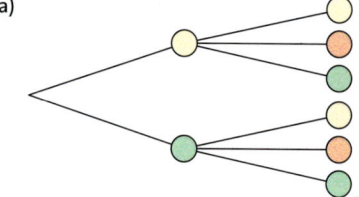

(Gelb|Gelb); (Gelb|Rot); (Gelb|Grün); (Grün|Gelb); (Grün|Rot); (Grün|Grün)
    b) A: (Gelb|Gelb); (Grün|Grün) B: (Gelb|Rot); (Gelb|Grün); (Grün|Gelb); (Grün|Rot)

6 a) Bei der ersten Wahl ist die Wahrscheinlichkeit für einen Jungen $\frac{7}{13}$ und für ein Mädchen $\frac{6}{13}$. Die zweite Wahl hängt von der ersten ab. Da dort bereits eine Person gewählt wurde, verringert sich die Anzahl der zur Wahl stehenden Personen um 1 und die Wahrscheinlichkeiten ändern sich. Es ist ein Zufallsexperiment.
    b) Die Wahrscheinlichkeit ist $\frac{66}{325} \approx 20,3$%.
    c) Die Wahrscheinlichkeit ist $\frac{168}{325} \approx 51,7$%.

7 a) Die Wahrscheinlichkeit ist $\frac{1}{4} = 25$%.
    b) Die Wahrscheinlichkeit ist $\frac{21}{50} = 42$%.
    c) Die Wahrscheinlichkeit ist $\frac{9}{25} = 36$%.
    d) Die Wahrscheinlichkeit ist $\frac{16}{25} = 64$%.
    e) Die Wahrscheinlichkeit ist $\frac{3}{25} = 12$%.

7 a)

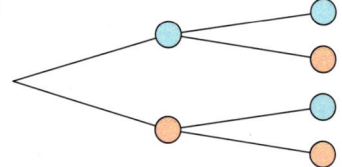

    b) Die Wahrscheinlichkeit für
      ① ist $\frac{9}{25} = 36$%.   ② ist $\frac{21}{25} = 84$%.
      ③ ist $\frac{12}{25} = 48$%.   ④ ist $\frac{16}{25} = 64$%.
    c) Die Wahrscheinlichkeit für
      ① ist $\frac{1}{3} \approx 33,\overline{3}$%.   ② ist $\frac{13}{15} \approx 86,\overline{6}$%.
      ③ ist $\frac{8}{15} \approx 53,\overline{3}$%.   ④ ist $\frac{2}{3} \approx 66,\overline{6}$%.

Teste dich!

1 a) Deutschland: $\frac{96}{360}$ Spanien: $\frac{144}{360}$ Italien: $\frac{48}{360}$ Türkei: $\frac{72}{360}$
    b) Deutschland: 26,7%   Spanien: 40%   Italien: 13,3%   Türkei: 20%
    c) Deutschland: 4 Schülerinnen   Spanien: 6 Schülerinnen   Italien: 2 Schülerinnen   Türkei: 3 Schülerinnen

2 a) Wenn auf den Würfeln jeweils die Zahlen 1 bis 6, 1 bis 8 bzw. 1 bis 12 vorkommen und es sich um gewöhnliche Spielwürfel handelt, ist das Würfeln jeder möglichen Zahl gleich wahrscheinlich und es handelt sich daher um ein Laplace-Experiment.
    b)

Würfel mit …	6 Flächen	8 Flächen	12 Flächen
Wahrscheinlichkeit eine „1" zu werfen	$\frac{1}{6}$	$\frac{1}{8}$	$\frac{1}{12}$
Wahrscheinlichkeit eine „gerade Zahl" zu werfen	$\frac{1}{2}$	$\frac{1}{2}$	$\frac{1}{2}$
Wahrscheinlichkeit eine „1" oder eine „2" zu werfen	$\frac{1}{3}$	$\frac{1}{4}$	$\frac{1}{6}$

3 Sie können zwischen 6 Kombinationen wählen.

4 a) Es gibt 25 Kombinationsmöglichkeiten.
    b) Die Wahrscheinlichkeit ist $\frac{1}{25} = 4$%.
    c) Es müsste 11 Tiere geben.

5 Mit einer Wahrscheinlichkeit von $\frac{632}{6225} \approx 10{,}15\%$ zieht man zufällig nacheinander zwei Beutel Pfefferminztee.

6 a)

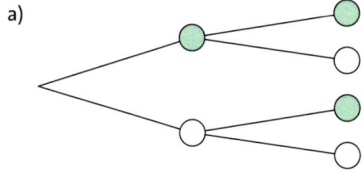

b) Die Wahrscheinlichkeit ist $\frac{9}{16} = 56{,}25\%$.

c) Die Wahrscheinlichkeit ist $\frac{3}{8} = 37{,}5\%$.

Von Termen zu Gleichungen

Noch fit?

1 a) 85; 102; 119   Regel: +17
b) 9, 11; 13;   Regel: ungerade Zahlen
c) 185; 180; 175   Regel: −5
d) 24, 29, 34   Regel: +5

1 a) 36; 49; 64   Regel: Quadratzahlen
b) 21; 28; 36   Regel: +2; +3; +4; …
c) $\frac{1}{32}; \frac{1}{64}; \frac{1}{128}$ Regel: $(\cdot \frac{1}{2})$
d) 4; 8; 16   Regel: $(\cdot 2)$

2 a) 15   b) 4   c) 16   d) 3   e) 100

2 a) 55   b) 9   c) 7   d) 2   e) 54

3 a) $54 + 226 = 280$ b) $37 - 17 = 20$
c) $527 + 90 = 617$ d) $47 - 11 = 36$

3 a) $158 + (158 + 50) = 366$ b) $208 - 60 = 148$
c) $664 + 664 = 1328$

4 a) Brüche werden addiert oder subtrahiert, indem man sie gleichnamig macht und dann ihre Zähler addiert oder subtrahiert.
b) Zwei Brüche werden multipliziert, indem man Zähler mit Zähler und Nenner mit Nenner multipliziert.
c) Man dividiert eine Zahl durch einen Bruch, indem man die Zahl mit dem Kehrwert des Bruches multipliziert.

5 a) $1\frac{7}{15}$ b) $2\frac{5}{7}$ c) $-1\frac{13}{30}$
d) $\frac{3}{5}$ e) $-\frac{5}{8}$ f) $3\frac{2}{3}$

5 a) 2   b) $1\frac{2}{3}$ c) $-\frac{3}{8}$
d) $\frac{8}{9}$ e) $\frac{1}{6}$ f) $\frac{21}{40}$

6

Länge a	Breite b	Umfang des Rechtecks	Flächeninhalt des Rechtecks
4 cm	3,5 cm	**15 cm**	**14 cm²**
7,5 dm	1,5 dm	**18 cm**	**11,25 cm²**
7 cm	**4 cm**	22 cm	**28 cm²**
17 cm	6 cm	**46 cm**	102 cm²

Klar so weit?

1 a) 2,7   b) 9,1   c) 27   d) 30

1 a) 42   b) 6   c) −14   d) 15   e) 43

2

Gewicht Äpfel (kg)	x	0,5	1	2	2,8
Preis (€)	$1,5 \cdot x$	**0,75**	**1,50**	**3,00**	**4,20**

2

Gewicht Pilze (kg)	x	0,2	0,8	1	1,5
Preis (€)	$8,90 \cdot x$	**1,78**	**7,12**	**8,90**	**13,35**

3 a)

$14x + 18$		
$4x + 12$	$10x + 6$	
$x + 6$	$3x + 6$	$7x$
x	6	$x + x + x$	$4x$

b)

$16a + 19$		
$9a + 7$	$7a + 12$	
$4a + 3$	$5a + 4$	$2a + 8$
$a + 3$	$3a$	$2a + 4$	4

3 a)

$6,3x + 6x^2$		
$2,3x + 2x^2$	$4x + 4x^2$	
$0,3x + x^2$	$x^2 + 2x$	$2x + 3x^2$
$0,3x$	x^2	$2x$	$3x^2$

b)

$2b - 6c$		
$6b - 8c - 2bc$	$-4b + 2c + 2cb$	
$3b - 7c - 4bc$	$3b - c + 2cb$	$-7b + 3c$
$-3c - 4cb$	$3b - 4c$	$3c + 2cb$	$-7b - 2c$

4 a) $4x$ b) $2 - y$ c) $2x^2$
d) $21a^2$ e) $3 + 8x$ f) $7x - 8y$
g) $18x^2y$

4 a) $12 - 8z$ b) $2m - 2n$ c) $x^2 + x$
d) $6a + 4$ e) $330c^2d$ f) $1,68x^2y^2$
g) $6,4a^3b$

5

Ausgangsterm	$a - 6a$	$2a + 3b - 7a$	$3a \cdot 4b$	$2a \cdot 4 + b + b$	$5b + a \cdot a - b$
vereinfachter Term	$-5a$	$-5a + 3b$	$12ab$	$8a + 2b$	$a^2 + 4b$
$a = 2; b = -7$	-10	-31	-168	2	-24
$a = -3; b = 9$	15	42	-324	-6	45
$a = -1; b = -10$	5	-25	120	-28	-39

6 a) $5x + 3y$
b) $3x + 8y$
c) $4x + 8y$

5 ① $u = 4a = 4 \cdot 5\,\text{cm} = 20\,\text{cm}$
② $u = 3a = 3 \cdot 4\,\text{cm} = 12\,\text{cm}$
③ $u = 7 \cdot a + b = 7 \cdot 2,5\,\text{cm} + 7,5\,\text{cm} = 25\,\text{cm}$

7 a) $\frac{a}{2}$　　b) $5x$　　c) $3a-2a$　　d) $6a-\frac{a}{2}$　　　**6** a) $7ab$　　b) $\frac{a}{2}+3b$　　c) $2a-\frac{b}{2}$

8 a) $x=4$　　b) $x=5$　　c) $x=3$　　　**7** a) $x=16$　　b) $x=-16$　　c) $x=-3$
d) $x=6$　　e) $x=2$　　f) $x=1$　　　d) $x=1,5$　　e) $x=-3$　　f) $x=49$

9 a) $x=8$, denn $8+9=17$
b) $x=22$, denn $22-14=8$
c) $x=6$, denn $4\cdot6=24$
d) $x=15$, denn $5\cdot15=75$
e) $x=0,4$, denn $2\cdot0,4=0,8$
f) $x=-12$, denn $4\cdot(-12)=-48$
g) $x=1$, denn $2\cdot1+5=7$
h) $x=-2$, denn $3\cdot(-2)+7=1$

8 a) $x=-45$, denn $-45+6=-39$
b) $x=23$, denn $23-27=-4$
c) $x=8$, denn $1,5\cdot8=12$
d) $x=-9$, denn $-8\cdot(-9)=72$
e) $x=8$, denn $6\cdot8+8=56$
f) $x=-6$, denn $9\cdot(-6)+48=-6$
g) $x=4$, denn $4\cdot4-5=11$
h) $x=-2$, denn $3\cdot(-2)-7=-13$

10 Beispiele
a) $x+17=35$ ergibt $x=18$
$x-17=35$ ergibt $x=52$
$x\cdot17=35$ ergibt $x=\frac{35}{17}$
$x:17=35$ ergibt $x=595$

c) $x+x+x=x+40$ ergibt $x=20$
$x+x+x=x-40$ ergibt $x=-20$
$x-x-x=x+40$ ergibt $x=-20$
$x-x-x=x-40$ ergibt $x=20$

e) $2x+25=41$ ergibt $x=8$
$2x-25=41$ ergibt $x=33$
$2x\cdot25=41$ ergibt $x=\frac{41}{50}$
$2x:25=41$ ergibt $x=\frac{1025}{2}$
$x^2+25=41$ ergibt $x=4$

b) $x+x+x+x=84$ ergibt $x=21$
$x+x+x-x=84$ ergibt $x=42$
$x-x-x-x=84$ ergibt $x=-42$

d) $x+350=50\cdot9$ ergibt $x=100$
$x-350=50\cdot9$ ergibt $x=800$
$x\cdot350=50\cdot9$ ergibt $x=\frac{9}{5}$
$x:350=50\cdot9$ ergibt $x=157\,500$

f) $x+x+x+x+40=160$ ergibt $x=30$
$x+x+x+x-40=160$ ergibt $x=50$
$x+x+x-x+40=160$ ergibt $x=60$
$x+x+x-x-40=160$ ergibt $x=100$
$x-x-x+x+40=160$ ergibt $x=-60$
$x-x-x-x-40=160$ ergibt $x=-100$

Teste dich!

1 a) 20　　b) $8,5$　　c) -4　　d) $5,75$

2 a) $x^2-3,5x+2$　　b) 4　　c) $11,54$

3 a) $78+56=134$　　b) $2\cdot5+8=18$　　c) $3\cdot(78+79)=471$

4 a) $x+1,25s$　　b) $5,5x$　　c) $5\,€+0,09\,€\cdot x+0,22\,€\cdot y$

5 a) $9,7m-5,3n$　　　b) $-2x+7x^2+3x^3$
c) $7,2a^2-3,75b^2$　　d) $40m^2-15n^2+5m^2n-6n-7mn^2$

6 a) $3x+2-y$　　b) $9x-a$　　c) $x-2y-3z-3$　　d) $26,2x+0,9y$

7 a) ① $2a+2b+2c$　　② $ab+d(a-2c)$
b) $U=20\,\text{cm}$　　　$A=21\,\text{cm}^2$

8 a) ① $4\cdot(a+b+c)$　　　　② $6\cdot(a+c)+4b$
b) ① $4\cdot(a+b+c)+30$　　② $6\cdot(a+c)+4b+30$
c) ① $330\,\text{cm}$　　　　② $400\,\text{cm}$

Winkel und Figuren

Noch fit?

1 a) $\alpha = 24°$ **b)** $\alpha = 86°$ **c)** $\beta = 45°$ **d)** $\gamma_1 = 155°$; $\gamma_2 = 180°$

2

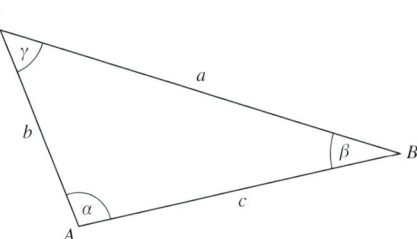

2

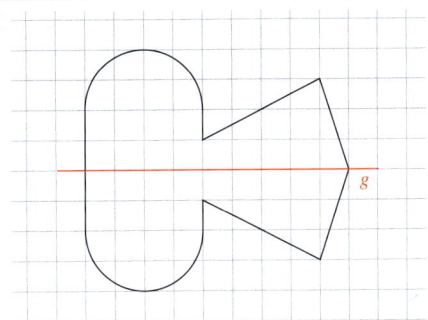

3 a) Quadrat: Es entstehen jeweils 2 gleichschenklige, rechtwinklige Dreiecke.
b) Trapez: Es entstehen jeweils 2 stumpfwinklige, unregelmäßige Dreiecke.
c) Es entstehen jeweils 2 rechtwinklige, unregelmäßige Dreiecke.
d) Es entstehen entweder 2 gleichschenklige (eines rechtwinklig, eines spitzwinklig) oder 2 stumpfwinklige, unregelmäßige Dreiecke.

3 a) falsch **b)** richtig
c) falsch **d)** falsch
e) falsch

4 a)

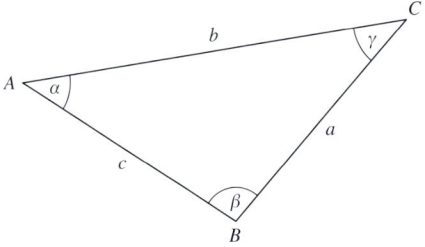

4 a)

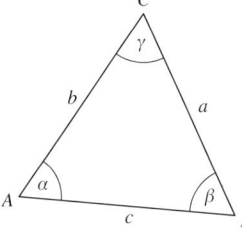

b)

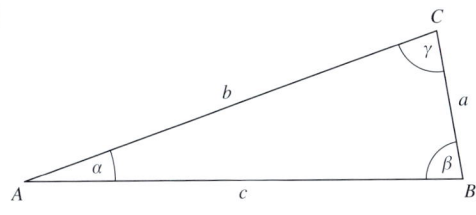

b)

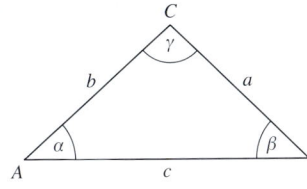

c)

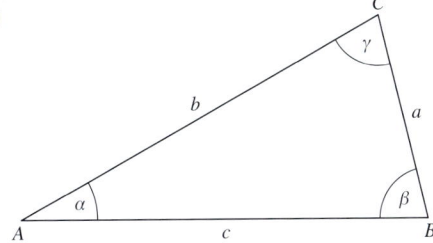

c)

5 a) In einem Rechteck sind alle Winkel **rechte Winkel.**
b) Zwei Geraden sind parallel zueinander, wenn **sie überall den gleichen Abstand haben**.
c) Zwei Geraden sind senkrecht zueinander, wenn **sie sich in einem Winkel von 90° schneiden**.
d) Die Verbindung gegenüberliegender Eckpunkte im Rechteck nennt man **Diagonalen**.

Klar so weit?

1 a) γ **b)** α, γ
c) Für $\alpha = 47°$ ist $\beta = 133°$, $\gamma = 47°$ und $\delta = 133°$.
Für $\alpha = 55°$ ist $\beta = 125°$, $\gamma = 55°$ und $\delta = 125°$.

1 a) α_1 und α_2 sind Wechselwinkel.
b) α_1 und α_2 sind Stufenwinkel und daher gleich groß.
α_3 und α_2 sind ebenfalls Stufenwinkel und auch gleich groß.
Daher sind auch α_1 und α_3 gleich groß

2 a) Zuerst wurde die Deichkrone verlängert. Dann wurden die Winkel zwischen Deich und verlängerter Deichkrone gemessen.
b) $\gamma = 147°$; $\delta = 128°$ (γ, δ sind Nebenwinkel zu 33° bzw. 52°)
$\alpha = 52°$; $\beta = 33°$ (α, β sind Wechselwinkel zu 52° bzw. 33°)

3 $\alpha_1 = 23° = \alpha_5 = \alpha_2$
$\alpha_3 = 67° = \alpha_6$
$\alpha_4 = 90° = \alpha_7$

3 $\alpha_1 = 18° = \alpha_3 = \alpha_6 = \alpha_2 = \alpha_5$
$\alpha_4 = 144° = \alpha_7$

4 Drachenvierecke: e); c); f)
Quadrat: e)
Rechtecke: a); e)
Trapez: a); e); f); d)

4 a) Quadrat, Raute, Rechteck, Trapez
b) Trapez, Rechteck, Drachenviereck, Quadrat
c) Drachenviereck, Raute, Parallelogramm, Trapez
d) Parallelogramm, Trapez

5 Nein. Im Quadrat müssen alle Seiten gleich lang sein, im Rechteck ist das keine zwingende Bedingung.

5 Nein. Rauten haben immer vier gleich lange Seiten. Bei einem Parallelogramm muss das nicht der Fall sein.

6 a) individuell, z.B.:

6 a) unmöglich, jedes Quadrat ist immer auch ein Rechteck

b) individuell, z.B.:

b) individuell, z.B.:

c) individuell, z.B.:

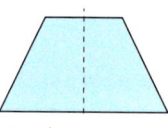

c), d) individuell, z.B.:

d) individuell, z.B.:

e) individuell, z.B.:

e) individuell, z.B.:

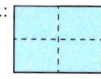

7 a) wahr (Einzige Bedingung für eine Raute sind 4 gleich lange Seiten, die ein Quadrat immer hat.)
b) wahr (Ein Parallelogramm hat 2 Paar parallele Seiten. Eine Raute ebenfalls.)
c) wahr (Manche Rechtecke haben 4 gleich lange Seiten und sind damit Quadrate.)

7 a) wahr (Rauten, dessen Winkel nicht alle rechtwinklig sind, sind keine Quadrate.)
b) wahr (Ein Trapez hat 2 Seiten, die parallel sind. Jedes Parallelogramm erfüllt diese Bedingung.)
c) wahr (Drachenvierecke mit 2 parallelen Seiten sind Trapeze, z. B. Rauten.)

8 a) $\gamma = 40°$ **b)** $\beta = 60°$
c) $\beta = 30°$ **d)** $\beta = 15°$

8 a) $\gamma = 98°$ **b)** $\alpha = 75°$
c) $\beta = 60°$; $\gamma_1 = 30°$ **d)** $\beta = 45°$; $\gamma_1 = 45° = \gamma_2$

9 a) $\delta = 123°$ **b)** $\delta = 105°$
c) $\delta = 118°$ **d)** $\delta = 135°$

9 a) $\delta = 112°$
b) 360°

10 a) $\delta = 210°$ **b)** $\delta = 95°$

10 a) $\delta = 96°$ **b)** $\delta = 44,8°$

Teste dich!

1

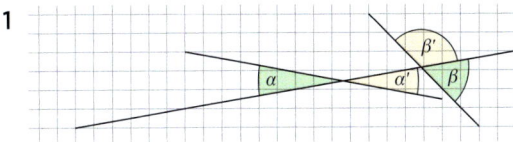

2 a)

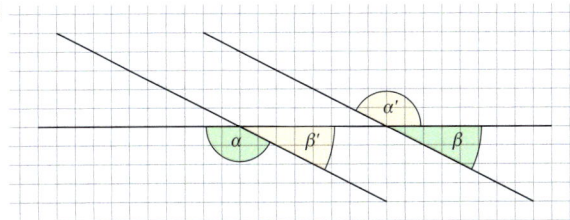

b) individuell, z. B.: α und der Stufenwinkel von β ergeben zusammen den gestreckten Winkel (180°). Da der Stufenwinkel genauso groß ist, wie der Winkel selbst, ist $\alpha + \beta = 180°$.

c) $4x$ (β selbst und der zugehörige Scheitel-, Stufen-, bzw. Wechselwinkel)

3 a) $\alpha = 145°$ (Wechselwinkel)   **b)** $\beta = 60°$ (Wechselwinkel)

c) $\gamma = 111°$ (Stufenwinkel)   **d)** $\delta = 45°$ (Stufenwinkel)

4 a) Quadrat, Rechteck   **b)** Trapez   **c)** Parallelogramm, Raute, Rechteck, Quadrat

d) Raute, Quadrat   **e)** Quadrat   **f)** Quadrat, Drachenviereck, Raute

5

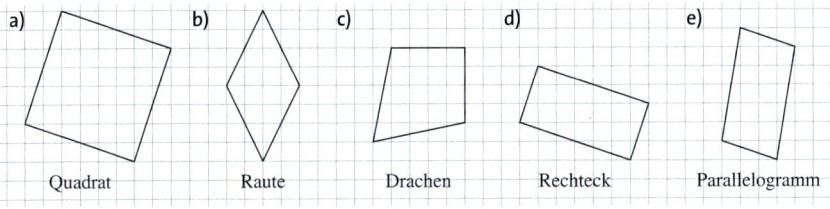

a)	b)	c)	d)	e)
Quadrat	Raute	Drachen	Rechteck	Parallelogramm

6 a) $\gamma = 100°$ **b)** $\alpha = 65{,}5°$ **c)** $\beta = 40°$

7 a) $\delta = 80°$ **b)** $\alpha = 105°$ **c)** $\beta = 90°$

d) $\gamma = 108°$ **e)** $\alpha = 183°$; $\delta = 39°$ **f)** $\beta = 110° = \delta$; $\gamma = 70°$

Mathelexikon und Stichwortverzeichnis

A abrunden siehe *runden*

absolute Häufigkeit siehe *Häufigkeit*

Abstand kürzeste Verbindungsstrecke eines Punkts oder einer *Parallelen* zu einer *Geraden*

Achsenspiegelung Beispiel:

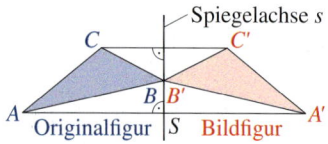

Achsensymmetrie, achsensymmetrisch Eine Figur mit mindestens einer *Symmetrieachse* nennt man achsensymmetrisch.

Addition

Summand + Summand = Wert der Summe

Anteil [84, 105] Beim Vergleichen von Anteilen nutzt man Brüche mit dem Nenner 100.

Antenne [113] in einem *Boxplot* die Verbindung zwischen Box und Minimum bzw. Maximum

antiproportional siehe *Zuordnung*

Ar (a) 1 a = 10 · 10 m² = 100 m²

arithmetisches Mittel Beispiel: arithmetisches Mittel von 3; 5; 7 und 9:

$(3 + 5 + 7 + 9) : 4 = 6$

(Summe der Zahlen) : Anzahl der Zahlen = arithmetisches Mittel

Assoziativgesetz (Verbindungsgesetz) [24, 35]
– Addition: $(a + b) + c = a + (b + c)$
– Multiplikation: $(a \cdot b) \cdot c = a \cdot (b \cdot c)$

aufrunden siehe *runden*

ausklammern siehe *Distributivgesetz*

Aussage [150, 161] *Gleichungen*, in denen keine *Variablen* vorkommen, sind entweder wahre oder falsche Aussagen

B Balkendiagramm [110, 133] Im Balkendiagramm werden absolute Häufigkeiten dargestellt.
Beispiel:

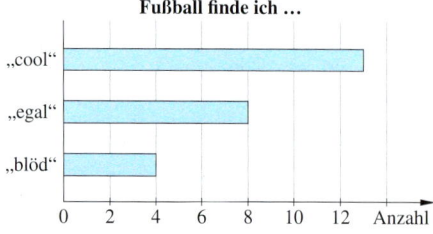

Basis (Dreieck) siehe *Dreiecksarten*

Basis siehe *Potenz*

Baumdiagramm [120, 133] Beispiel:

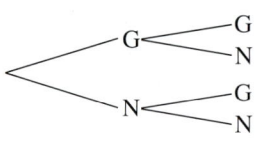

Zwei Lose werden nacheinander gezogen. Es gibt Gewinne (G) und Nieten (N).

Begrenzungsfläche siehe *Körpernetz*

Behauptung [179] siehe *Beweis*

Betrag [10, 35] der *Abstand* einer Zahl zur Null

Beweis [179] Beim Beweis zeigt man, dass eine *Behauptung* aus bereits bekannten *Aussagen* (*Vorraussetzungen*) abgeleitet werden kann.

Bildfigur siehe *Achsenspiegelung*, *Drehung*, *Punktspiegelung* und *Verschiebung*

Bildpunkt siehe *Achsenspiegelung*

Binärsystem auch: Zweiersystem;

Alle *natürlichen Zahlen* werden mit den Ziffern 0 und 1 dargestellt.

Beispiel: $101_{(2)} = 5$ im *Dezimalsystem*

Boxplot [113] grafische Darstellung der Kennwerte einer Datenreihe; Beispiel:

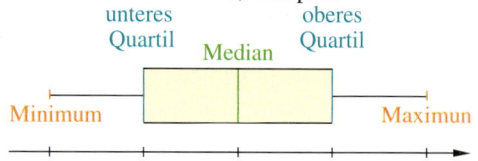

Bruch $\frac{\text{Zähler}}{\text{Nenner}}$, Teile von Ganzen
– Addition $\frac{1}{2} + \frac{1}{4} = \frac{2}{4} + \frac{1}{4} = \frac{3}{4}$
– Division **[20, 35]** $\frac{1}{2} : \frac{3}{5} = \frac{1}{2} \cdot \frac{5}{3} = \frac{5}{6}$
– Multiplikation **[20, 35]** $\frac{2}{3} \cdot \frac{5}{7} = \frac{2 \cdot 5}{3 \cdot 7} = \frac{10}{21}$
– Subtraktion $\frac{5}{6} - \frac{2}{3} = \frac{5}{6} - \frac{4}{6} = \frac{1}{6}$
siehe auch: *erweitern*, *gleichnamig*, *kürzen*

Bruttopreis [99] Preis inklusive *Mehrwertsteuer*

C Cent (ct) 100 ct = 1 €

Chance Ereignis mit möglicher positiver Auswirkung

D Daten Ergebnisse von Umfragen, Experimenten, Beobachtungen, …

Deckfläche siehe *Körper*

Dezimalbruch Bruch in Dezimalschreibweise (Zahlen mit einem Komma) Beispiel: $\frac{7}{10} = 0{,}7$
– Addition 3,42 + 2,73 = 6,15
– Division 3,6 · 2,72 = 9,792
– Multiplikation 1,85 : 2,5 = 0,74
– Subtraktion 7,80 − 1,92 = 5,88

Dezimalsystem siehe *Zehnersystem*

Dezimalzahl siehe *Dezimalbruch*

Dezimeter (dm) 1 dm = 10 cm

DGS siehe *dynamische Geometrie-Software*

Diagonale verbindet in *Vielecken* zwei nicht benachbarte Eckpunkte

Diagramm [84, 110, 133] grafische Darstellung von *Daten*; siehe auch *Balkendiagramm, Baumdiagramm, Boxplot, Figurendiagramm, Kreisdiagramm, Liniendiagramm, Säulendiagramm* und *Stängel-Blätter-Diagramm*

Differenz siehe *Subtraktion*

Distributivgesetz (Verteilungsgesetz) [24, 35]

$a \cdot (b + c) = a \cdot b + a \cdot c$

$a \cdot (b - c) = a \cdot b - a \cdot c$

$(a + b) : c = a : c + b : c$

$(a - b) : c = a : c - b : c$

Dividend siehe *Division*

Division

Dividend : Divisor = Wert des Quotienten

Divisor siehe *Division*

drehsymmetrisch siehe *Symmetrie*

Drehung Bei einer Drehung wird ein Punkt um ein *Drehzentrum* Z mit dem *Drehwinkel* α gedreht.

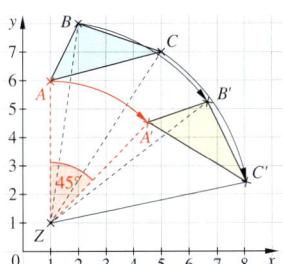

Drehwinkel siehe *Drehung*

Drehzentrum siehe *Drehung*

Dreiecksarten [40, 59]

Eigenschaften nach Seiten		
unregelmäßig: drei verschieden lange Seiten	**gleichschenklig:** zwei gleich lange Seiten	**gleichseitig:** drei gleich lange Seiten

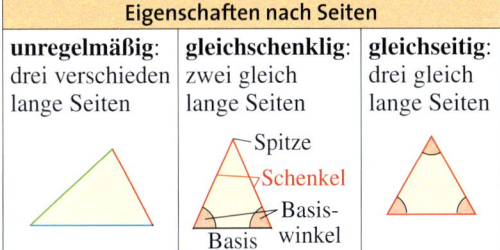

Eigenschaften nach Winkeln		
spitzwinklig: drei spitze Winkel	**rechtwinklig:** ein rechter Winkel	**stumpfwinklig:** ein stumpfer Winkel

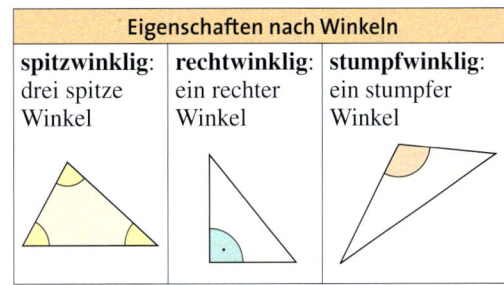

Dreiecke konstruieren [44, 48, 50 f., 59] Zeichnung mithilfe von Zirkel und Geodreieck; siehe auch *Kongruenzsatz*

Dreisatzschema [64, 70, 79, 88, 92, 96, 105] Tabelle, mit deren Hilfe aus drei bekannten *Größen* eine unbekannte *Größe* berechnet werden kann.

Durchmesser siehe *Kreis*

Durchschnitt siehe *arithmetisches Mittel*

Dynamische Geometrie-Software [50 f.] Software zur Konstruktion, dynamischen Bewegung und Änderung von Figuren

E Ecke siehe *Körper*

Einheit Um *Größen* wie *Länge, Fläche, Masse, Zeit, Geld* usw. anzugeben, benutzt man Einheiten wie cm, cm², kg, min, €.

Einheitsfläche, Einheitsquadrat Quadrate, mit z. B. 1 cm oder 1 dm Seitenlänge

Ereignis (E) [116, 124, 133] Mehrere *Ergebnisse* eines *Zufallsexperiments* können zu einem Ereignis zusammengefasst werden; Beispiel: mit einem Würfel eine *gerade Zahl* werfen

Ergebnis (e) [116, 124, 133] Ausgang eines *Zufallsexperiments*; Beispiel: mit einem Würfel eine 2 werfen

Ergebnismenge (S) [116] alle möglichen *Ergebnisse* eines *Zufallsexperiments*

erweitern Beispiel: erweitern mit 4:

$\frac{2}{5} = \frac{2 \cdot 4}{5 \cdot 4} = \frac{8}{20}$

Euro (€) 100 ct = 1 €

Exponent siehe *Potenz*

F Faktor siehe *Multiplikation*

Figurendiagramm Beispiel:

Fußball finde ich ...   ⚽ = 2 Antworten

„cool"   ⚽ ⚽ ⚽ ⚽ ⚽ ⚽ ⚽

„egal"   ⚽ ⚽ ⚽ ⚽

„blöd"   ⚽ ⚽

Flächeninhalt (*A*) *Maßeinheiten* des Flächeninhalts sind z. B.

$1\,km^2 = 100\,ha$

$1\,ha = 100\,a$

$1\,a = 100\,m^2$

$1\,m^2 = 100\,dm^2$

$1\,dm^2 = 100\,cm^2$

$1\,cm^2 = 100\,mm^2$

Fragebogen Werkzeug zur Datenerhebung

G ganze Zahlen *natürliche Zahlen* und ihre *Gegenzahlen* (zusammen mit der Null), $\mathbb{Z} = \{\dots; -2; -1; 0; 1; 2; \dots\}$

Gegenbeispiel Mithilfe eines Gegenbeispiels können Aussagen widerlegt werden; Beispiel: Aussage: Jede natürliche Zahl ist gerade. Gegenbeispiel: 3

Gegenzahl [10, 35] Gegenzahlen haben den gleichen Abstand zur Null. Beispiel: -3 ist die Gegenzahl von $+3$; $+12$ ist die Gegenzahl von -12

Geld siehe *Euro* und *Cent*

gemischte Zahl Beispiel: $1\frac{1}{2}$, $3\frac{1}{4}$

Geodreieck Werkzeug zum Messen und Zeichnen von *Winkeln*, *Parallelen* und *Senkrechten*

Gerade gerade Linie ohne Anfangspunkt und ohne Endpunkt

gerade Zahl alle *ganzen Zahlen*, die durch 2 teilbar sind; Beispiel: $-2, 4, 6, -8, 10, 12, -12$

gestreckter Winkel ein *Winkel* von 180°; siehe *Winkel*

Gewicht (Masse) *Maßeinheiten* des Gewichts (der *Masse*) sind z. B. t, kg, g, mg

ggT siehe *größter gemeinsamer Teiler*

gleichnamig *Brüche* mit gleichem Nenner nennt man gleichnamig; Beispiel: $\frac{3}{5}$ und $\frac{4}{5}$

Gleichung [150, 161] verbindet zwei *Terme* durch ein Gleichheitszeichen „=";
Eine Zahl ist die Lösung einer Gleichung, wenn die Zahl für die *Variable* in die Gleichung eingesetzt wird und die *Terme* auf beiden Seiten den gleichen *Wert* ergeben. Beispiel: „6" ist Lösung der Gleichung $5 \cdot x = 30$, denn $5 \cdot 6 = 30$.

Glücksspiele Bei Glücksspielen wird ein Einsatz gezahlt. Das Ergebnis eines Glücksspiels hängt vom Zufall ab.

Grad (°) Die Größe eines *Winkels* wird in Grad gemessen.

Gramm (g) $1000\,g = 1\,kg$

Größe besteht aus *Maßzahl* und *Maßeinheit*. Beispiel: $6\,€$ (*Geld*), $30\,min$ (*Zeit*), $3,26\,kg$ (*Masse*), weitere Größen: *Länge, Fläche, Volumen*

größer als (>) Beispiel: $13 > 11$ bedeutet: 13 ist größer als 11

größter gemeinsamer Teiler die größte Zahl, die in den Teilermengen zweier Zahlen vorkommt; Beispiel: $T_8 = \{1; 2; 4; 8\}$; $T_{12} = \{1; 2; 3; 4; 6; 12\}$; $ggT(8; 12) = 4$

Grundfläche siehe *Körper*

Grundwert [96, 105] entspricht dem Ganzen, also 100 %

H Halbgerade gerade Linie mit einem Anfangspunkt, aber ohne Endpunkt

Häufigkeit Anzahl, wie oft eine Art von Ergebnissen bei einer *Daten*erhebung aufgetreten ist
– **relative**

relative Häufigkeit $= \dfrac{\text{absolute Häufigkeit}}{\text{Gesamtzahl}}$

– **absolute** gibt an, wie oft ein bestimmtes Ergebnis vorkommt

Hauptnenner Der Hauptnenner ist der kleinste gemeinsame Nenner zweier *Brüche*.

Hektar (ha) $1\,ha = 100 \cdot 100\,m^2 = 10\,000\,m^2$

Hohlmaß Um Volumenmaße von Flüssigkeiten anzugeben, verwendet man die Hohlmaße Liter (l) und Milliliter (ml). Beispiel: $1\,l = 1\,000\,ml$; $1\,l = 1\,dm^3$

Hyperbel [70, 79] fallende Kurve, auf der alle Punkte einer *antiproportionalen Zuordnung* liegen

I Innenwinkelsummensatz siehe *Winkelsummensatz*

Innkreis *Kreis im Inneren eines Dreiecks, der jede Seite in genau einem Punkt berührt. Der Mittelpunkt des Innkreises ist der Schnittpunkt der Winkelhalbierenden des Dreiecks.*

J Jahr (a) $1\,a = 365\,d$ (Tage)

K Kante siehe *Körper*

Kehrbruch Beispiel: der Kehrbruch von $\frac{2}{5}$ ist $\frac{5}{2}$

Kehrwert siehe *Kehrbruch*

Kenngrößen *Minimum, Maximum, Median, Quartile* und *Spannweite* sind Kenngrößen von *Daten*.

kgV, kleinstes gemeinsames Vielfaches die kleinste Zahl, die in beiden *Vielfachen*mengen zweier Zahlen vorkommt; Beispiel:
$V_8 = \{8; 16; 24; 32; ...\}$; $V_{12} = \{12; 24; 36; ...\}$;
$kgV(8; 12) = 24$

Kilogramm (kg) $1\,kg = 1000\,g$

Kilometer (km) $1\,km = 1000\,m$

Klammer siehe *Vorrangregeln*

Klammern auflösen [24] siehe *Distributivgesetz*

kleiner als (<) Beispiel: $9 < 11$ bedeutet: 9 ist kleiner als 11

Kommutativgesetz (Vertauschungsg.) [24, 35]
– Addition: $a + b = b + a$
– Multiplikation: $a \cdot b = b \cdot a$

kongruent (deckungsgleich) [44, 48, 59] Zwei Dreiecke sind kongruent zueinander, wenn sie in den drei Seitenlängen und der Größe ihrer drei Winkel übereinstimmen.

Kongruenzabbildung Bewegung, bei der Seitenlängen und Winkelgrößen erhalten bleiben. *Achsenspiegelung*, *Drehung* und *Verschiebung* sind Kongruenzabbildungen.

Kongruenzsatz [44, 48, 59] Dreiecke sind eindeutig konstruierbar, wenn folgende Bestimmungsstücke gegeben sind:
– **SSS [48,59]**: drei Seiten
– **SsW [48, 59]**: zwei Seiten und der Winkel, der der längeren Seite gegenüberliegt
– **SWS [44, 59]**: zwei Seiten und der eingeschlossene Winkel
– **WSW [44,59]**: eine Seite und die beiden anliegenden Winkel

Konstruktionsbeschreibung [53] Auflistung der einzelnen Schritte einer Konstruktion

Koordinate [13] gibt die Lage eines Punktes an

Koordinatensystem [13] zwei zueinander senkrecht stehende Zahlengeraden, die sich im *Nullpunk*t $(0|0)$ schneiden

Beispiel: Die Lage eines Punktes im Koordinatensystem wird durch seine Koordinaten angegeben: $A(2|1)$; $B(-2|3)$

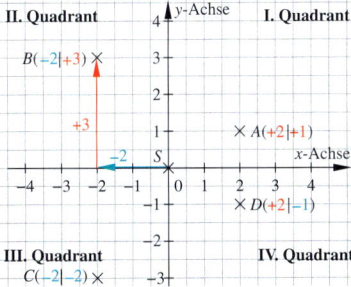

Koordinatenursprung [13] Punkt $(0|0)$ im Koordinatensystem; Schnittpunkt der beiden Zahlengeraden (*x*-Achse und *y*-Achse)

Körper Beispiel:

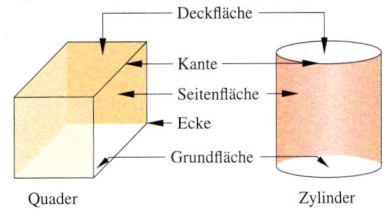

Quader   Zylinder

Dort, wo zwei Flächen zusammenstoßen, entstehen Kanten. Treffen mindestens drei Kanten aufeinander, entstehen Ecken.

Körpernetz eine zusammenhängende Abwicklung aller Begrenzungsflächen eines *Körpers*; Beispiel:

Kreis

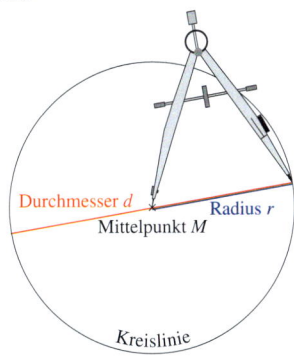

Kreisdiagramm [110, 112] zeigt *relative Häufigkeiten* an (Vollkreis $\cong 100\%$); Beispiel:

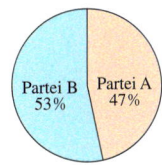

Partei B 53%   Partei A 47%

Kreistangente siehe *Tangente*

kürzen Beispiel: kürzen durch 4:
$\frac{8}{20} = \frac{8:4}{20:4} = \frac{2}{5}$

L Länge *Maßeinheiten* der Länge sind z.B.:
$$1\,km = 1\,000\,m$$
$$1\,m = 10\,dm = 100\,cm = 1\,000\,mm$$
$$1\,dm = 10\,cm = 100\,mm$$
$$1\,cm = 10\,mm$$

Laplace-Experiment [116, 133] Zufallsexperiment, bei dem alle Ergebnisse gleich wahrscheinlich sind

Lichtjahr die Strecke, die das Licht innerhalb eines *Jahres* zurücklegt

Liniendiagramm [110] Beispiel:

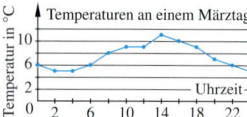

Liter (l) $1\,l = 1000\,ml$ (*Milliliter*)

Lösung siehe *Gleichung*

M Manipulation undurchschaubare Einflussnahme auf eine Person

Masse (Gewicht) wissenschaftliche Bezeichnung für die *Größe*, in der man in *Gramm* und *Kilogramm* misst
$$1\,t = 1000\,kg$$
$$1\,kg = 1000\,g$$
$$1\,g = 1000\,mg$$

Maßeinheit siehe *Einheit*

Maßstab Beispiel: Der Maßstab 1:10 bedeutet: 1 cm im Bild sind 10 cm in Wirklichkeit.

Maßzahl siehe *Größe*

Maximum größter Wert einer Datenreihe

Median auch: Zentralwert; Der Wert, der genau in der Mitte aller der Größe nach geordneten Werte einer Datenreihe liegt. Beispiel: 8; 15; 17; 35; 72; Median: 17

Mehrwertsteuer [99] Anteil am Verkaufserlös einer Ware, den der Händler an den Staat abführen muss (zur Zeit 7 % bzw. 19 %)

Meter (m) $1\,m = 100\,cm$

Milligramm (mg) $1000\,mg = 1\,g$

Milliliter (ml) $1000\,ml = 1\,l$ (Liter)

Millimeter (mm) $10\,mm = 1\,cm$

Minimum kleinster Wert einer Datenreihe

Minuend siehe *Subtraktion*

Minute (min) $60\,min = 1\,h$ (*Stunde*)

Mittelpunkt siehe *Kreis*

Mittelsenkrechte Gerade, die eine Strecke $\overline{AB}$ halbiert. Jeder Punkt auf der Strecke hat zu A und B denselben Abstand.

Mittelwert siehe *arithmetisches Mittel* und *Median*

Multiplikation
Faktor · Faktor = Wert des Produkts

N ℕ siehe *natürliche Zahlen*

Nachfolger Beispiel: Der Nachfolger von 7 ist 8.

natürliche Zahlen, ℕ = {0; 1; 2; …}

Nebenwinkel [166, 185] ergänzen sich zu 180°

negative Zahl Negative Zahlen sind kleiner als Null. Beispiel: -2; -15

Nenner siehe *Bruch*

Nettopreis [99] Preis ohne *Mehrwertsteuer*

Netz siehe *Körpernetz*

Nullpunkt [13] siehe *Koordinatenursprung*

O Oberfläche Alle Begrenzungsflächen eines *Körpers* ergeben zusammen die Oberfläche des Körpers.

Oberflächeninhalt (O) Der Oberflächeninhalt (O) eines Körpers ist die Summe der Flächeninhalte seiner Begrenzungsflächen.
– *Quader*: $O = 2 \cdot a \cdot b + 2 \cdot a \cdot c + 2 \cdot b \cdot c$
– *Würfel*: $O = 6 \cdot a \cdot a = 6a^2$

Original siehe *Drehung* und *Verschiebung*

Originalfigur siehe *Achsenspiegelung* und *Punktspiegelung*

Originalpunkt siehe *Achsenspiegelung* und *Punktspiegelung*

P % siehe *Prozent*

***p* %** siehe *Prozentsatz*

parallel, Parallele $g \parallel h$ bedeutet: Die Geraden g und h sind zueinander parallel, g und h sind *Parallelen*, d. h. ihr *Abstand* zueinander ist überall gleich groß.

Parallelogramm siehe *Viereck*

Periode, periodischer Dezimalbruch Bei vielen *Brüchen* führt die *Division* dazu, dass sich im Ergebnis Ziffern unendlich oft wiederholen. Diese Brüche nennt man periodische Dezimalbrüche. Die Ziffer (oder die Ziffergruppe), die sich wiederholt, wird durch einen Strich darüber gekennzeichnet und Periode genannt. Beispiel: $\frac{1}{3} = 0{,}333\ldots = 0{,}\overline{3}$

Planfigur [44] einfache, von Hand erstellte Übersichtszeichnung

positive Zahl Positive Zahlen sind größer als Null. Beispiel: 3; +5; 112

Potenz [142, 161] *Produkte* aus gleichen Faktoren; Beispiel: $2 \cdot 2 \cdot 2 = 2^3$ (sprich „2 hoch 3")
Basis ↗ Exponent (Hochzahl)

Primzahl eine *natürliche Zahl*, die nur durch 1 und sich selbst teilbar ist; Beispiel: 2; 3; 5; 7; 11; 13

Probe Bei den Grundrechenarten rechnet man zur Probe die *Umkehraufgabe*. Bei *Gleichungen* setzt man zur Probe die *Lösung* ein.

Produkt siehe *Multiplikation*

produktgleich [70, 79] Alle *Wertepaare* einer *antiproportionalen Zuordnung* bilden das gleiche *Produkt*. Beispiel:

x	1	2	3
y	12	6	4

$1 \cdot 12 = 2 \cdot 6 = 3 \cdot 4 = 12$

proportional siehe *Zuordnung*

Prozent (%) Das %-Zeichen bedeutet „von Hundert". Beispiel: $1\% = \frac{1}{100}$

Prozentsatz ($p\,\%$) [88, 105] Anteil in Prozentschreibweise; Beispiel: 3 von 5 entspricht 60%

Prozentschreibweise *Brüche* mit dem *Nenner* 100 kann man in der *Prozent*schreibweise angeben. Beispiel: $\frac{75}{100} = 75\%$

Prozentwert (W) [92, 105] Wert, der einem Prozentsatz entspricht; Beispiel: 10% von 50 Personen entspricht 5 Personen

Punktspiegelung Beispiel:

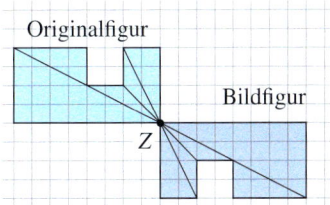

Punktsymmetrie siehe *Symmetrie*

Q $\mathbb{Q}$ siehe *rationale Zahlen*

Quader siehe *Körper*
 – Oberflächeninhalt
  $O = 2 \cdot a \cdot b + 2 \cdot a \cdot c + 2 \cdot b \cdot c$
 – Volumen $V = a \cdot b \cdot c$

Quadranten [13] vier Bereiche, in die das *Koordinatensystem* die Zeichenebene teilt; Beispiel: Der Punkt $P(-2|1)$ liegt im II. Quadranten

Quadrat siehe *Viereck*
 – Flächeninhalt: $A = a \cdot a = a^2$
 – Umfang: $u = a + a + a + a = 4a$

Quartil Kennwert einer Datenreihe, siehe *Boxplot*
 – oberes Quartil: *Median* der zweiten Hälfte einer Datenreihe
 – unteres Quartil: *Median* der ersten Hälfte einer Datenreihe

Quersumme die Summe aller Ziffern einer Zahl; Beispiel: Die Quersumme von 735 ist $7 + 3 + 5 = 15$

Quotient aus a und b $a : b$ bzw. $\frac{a}{b}$

quotientengleich [64, 79] Alle *Wertepaare* einer *proportionalen Zuordnung* bilden einen gleichwertigen *Bruch*. Beispiel:

x	3	4	5
y	24	32	40

$\frac{3}{24} = \frac{4}{32} = \frac{5}{40} = \frac{1}{8}$

R **Rabatt [99]** Preisnachlass vom Händler

Radius siehe *Kreis*

rationale Zahlen [10, 35] Die *ganzen Zahlen* und die *positiven* und *negativen Brüche* und *Dezimalbrüche* bilden zusammen die Menge der rationalen Zahlen, kurz $\mathbb{Q}$.
 – Addition **[16, 35]** $(-16) + (-33) = (-49)$; $(+5) + (-9{,}3) = (-4{,}3)$
 – Division **[20, 35]** $(-72) : (-8) = +9$; $(+7{,}5) : (-2{,}5) = -3$
 – Multiplikation **[20, 35]** $(-3) \cdot (+5) = -15$; $(-2{,}5) \cdot (-4) = +10$
 – Subtraktion **[17, 35]** entspricht einer Addition mit der Gegenzahl $(-2) - (-3) = (-2) + (+3) = +1$

Rauminhalt siehe *Volumen*

Raute siehe *Viereck*

Rechenausdruck siehe *Term*

Rechteck siehe *Viereck*
 – Flächeninhalt: $A = a \cdot b$
 – Umfang: $u = a + b + a + b = 2(a + b)$

rechter Winkel ein *Winkel* von 90°; siehe *Winkel*

relative Häufigkeit siehe *Häufigkeit*

Risiko Ereignis mit möglicher negativer Auswirkung

römische Zahlen *Natürliche Zahlen* können mit römischen Zahlzeichen dargestellt werden. Dabei werden alle Zahlen durch Addition oder Subtraktion zusammengesetzt.
 I (1), V (5), X (10), L (50), C (100), D (500), M (1000), Beispiel: MMXVI (2016), XC (90)

runden Ist die Stelle rechts von der *Rundungsstelle* 0, 1, 2, 3 oder 4, wird abgerundet. Ist die Stelle rechts von der *Rundungsstelle* 5, 6, 7, 8 oder 9, wird aufgerundet.

Rundungsstelle die Stelle, auf die gerundet werden soll

Rundungsziffer steht rechts von der *Rundungsstelle*

S **Satz des Thales [53]** Ein Dreieck, bestehend aus dem Durchmesser eines Kreises und dem dritten Punkt auf dem Kreis, ist rechtwinklig.

Säulendiagramm [110] Beispiel:

schätzen Beim Schätzen versucht man durch Überlegungen dem genauen Ergebnis möglichst nahe zu kommen.

Schätzwert für Wahrscheinlichkeit Bei einer großen Anzahl an Wiederholungen eines *Zufallsexperiments* ist die *relative Häufigkeit* eines *Ergebnisses* ein Schätzwert für die *Wahrscheinlichkeit* des *Ergebnisses*.

Scheitelpunkt siehe *Winkel*

Scheitelwinkel [166, 185] gegenüberliegende *Winkel* an einer Geradenkreuzung; sind gleich groß

Schenkel siehe *Winkel*

Schrägbild vermittelt einen räumlichen Eindruck eines Körpers; nach hinten verlaufende Kanten werden in halber Länge im Winkel von 45° angetragen; verdeckte Kanten werden gestrichelt; Beispiel:

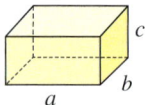

Seite *Strecke*, die eine *Fläche* begrenzt

Seitenfläche siehe *Körper*

Sekunde (s) 60 s = 1 min (*Minute*)

senkrecht, Senkrechte $g \perp h$ bedeutet: Die Geraden *g* und *h* sind zueinander senkrecht, *g* und *h* sind Senkrechte, d. h. sie bilden einen rechten Winkel.

Skala Maßeinteilung an Messinstrumenten, z. B. am Geodreieck oder am Thermometer

Skizze Zeichnung von Hand, die einen groben Überblick verschafft

Skonto [99] Preisnachlass z. B. bei Barzahlung

Spannweite Unterschied zwischen *Maximum* und *Minimum* einer *Datenreihe*

Spiegelachse siehe *Achsenspiegelung*

spitzer Winkel ein *Winkel*, der größer als 0° aber kleiner als 90° ist; siehe *Winkel*

Stängel-Blätter-Diagramm Beispiel:

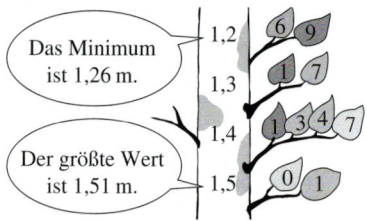

stellengleich, stellengerecht, stellenweise Zehner werden unter Zehner geschrieben, Einer unter Einer, Zehntel unter Zehntel, … *Dezimalbrüche* werden stellenweise addiert und subtrahiert (Komma unter Komma).

Stellenwertsystem Beispiel: *Dezimalsystem* und *Binärsystem*

Strecke gerade Linie mit einem Anfangspunkt und einem Endpunkt

Streifendiagramm [114] zeigt relative Häufigkeiten an (Streifen ≙ 100 %); Beispiel:

Strichliste *Häufigkeiten* einer *Daten*erhebung werden mit Strichen angegeben.

Stufenzahl Beispiel: im *Zehnersystem* nennt man 10, 100, 1000, … Stufenzahlen

Stufenwinkel [166, 185] sind gleich groß.

stumpfer Winkel ein *Winkel*, der größer als 90° aber kleiner als 180° ist; siehe *Winkel*

Stunde (h) 1 h = 60 min (Minuten)

Subtrahend siehe *Subtraktion*

Subtraktion
Minuend – Subtrahend = Wert der Differenz

Summand siehe *Addition*

Summe siehe *Addition*

Symmetrie Beispiel:

Achsensymmetrie:

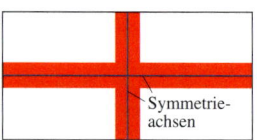

Drehsymmetrie:

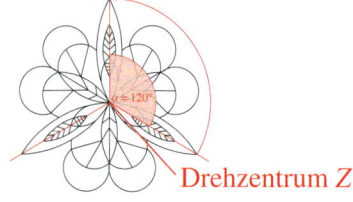

Symmetrie (Fortsetzung):

Punktsymmetrie:

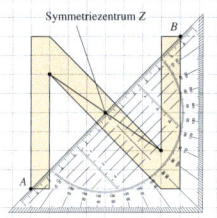

Symmetriezentrum siehe *Symmetrie*

T **Tabellenkalkulation [67, 54]** Software zur Eingabe und Verarbeitung von Daten

Tag (d) $1\,\text{d} = 24\,\text{h}$ (*Stunden*)

teilbar siehe *Teiler*

Teilbarkeitsregeln durch…
– **2**: die letzte *Ziffer* ist gerade
– **3**: die *Quersumme* ist durch 3 teilbar
– **4**: die letzten beiden *Ziffern* stellen eine durch 4 teilbare Zahl dar
– **5**: die letzte *Ziffer* ist eine 0 oder eine 5
– **8**: die letzten drei *Ziffern* stellen eine durch 8 teilbare Zahl dar
– **9**: die *Quersumme* ist durch 9 teilbar
– **10**: die letzte Ziffer ist eine 0

Teiler Eine Zahl ist ein Teiler einer anderen Zahl, wenn beim Dividieren kein Rest bleibt. Beispiel: 6 ist ein Teiler von 18, d. h. 18 ist durch 6 teilbar $(6\,|\,18)$; 6 ist kein Teiler von 20 $(6\nmid 20)$

teilerfremd Zahlen, die keinen gemeinsamen *Teiler* außer der 1 haben

Teilermenge alle *Teiler* einer Zahl; Beispiel: Teilermenge von 12: $T_{12} = \{1;2;3;4;6;12\}$

Term (Rechenausdruck) [138, 142, 146, 154f., 161] sinnvolle Verbindung von Variablen, Zahlen und Rechenzeichen. Beispiel: 12; x; $12 - (6 + 1)$; $x + 5\,\text{cm}$; $2 \cdot a$

Thales von Milet [53] Mathematiker im antiken Griechenland

Thaleskreis [53]

Theodolit [57] Gerät zur Winkelmessung, wird bei der Landvermessung benutzt

Tonne (t) $1\,\text{t} = 1000\,\text{kg}$

U **Überschlag** Rechnen mit gerundeten Werten

überstumpfer Winkel ein *Winkel*, der größer als 180° aber kleiner als 360° ist; siehe *Winkel*

Umfang (*u*) *Summe* aller *Seiten*längen eines *Vielecks*

Umkehraufgabe Beispiel: eine Umkehraufgabe von $5 + 6 = 11$ ist $11 - 5 = 6$

Umkehroperation [70, 79] siehe *Umkehrung*

Umkehrung Die *Subtraktion* ist die Umkehrung der *Addition*, die *Division* ist die Umkehrung der *Multiplikation*.

Umrechnungszahl Beispiel: Wandelt man *Volumenmaße* in die benachbarte *Volumeneinheit* um, so ist die Umrechnungszahl 1000.

ungerade Zahl alle *ganzen Zahlen*, die nicht durch 2 teilbar sind; Beispiel: $1, -3, 3, 7, -9$

ungleichnamig *Brüche* mit unterschiedlichem *Nenner* sind ungleichnamig; Beispiel: $\frac{3}{8}$ und $\frac{4}{5}$

Urliste ungeordnete Übersicht der Ergebnisse einer *Daten*erhebung

V **Variable [138, 142, 161]** Platzhalter für Zahlen oder Größen; Beispiel: a, b, c, x, y, z

Verbindungsgesetz siehe *Assoziativgesetz*

Verschiebung Beispiel:

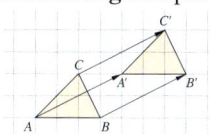

Verschiebungspfeil gibt Länge und Richtung einer *Verschiebung* an

Vertauschungsgesetz siehe *Kommutativgesetz*

Verteilungsgesetz siehe *Distributivgesetz*

Vieleck Beim Vieleck bestimmt die Anzahl der Eckpunkte den Namen der Fläche. Beispiel: ein Fünfeck hat fünf Eckpunkte.

Vielfaches Ist eine Zahl einmal, zweimal, dreimal, … so groß wie eine andere Zahl, so ist sie ein Vielfaches dieser Zahl.

Viereck Beispiel:

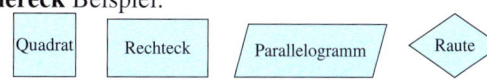

Vierfeldertafel [127] Hilfsmittel in der *Wahrscheinlichkeitsrechnung* um Zusammenhänge zwischen zwei Ereignissen darzustellen.

vollständig gekürzt Einen *Bruch*, der nicht mehr weiter *gekürzt* werden kann, nennt man vollständig gekürzt.

Vollwinkel ein *Winkel* von 360°; siehe *Winkel*

Volumen Rauminhalt eines Körpers; Volumeneinheiten sind z.B.

$$1\,m^3 = 1000\,dm^3$$
$$1\,dm^3 = 1000\,cm^3$$
$$1\,cm^3 = 1000\,mm^3$$
$$1\,l = 1\,dm^3 = 1000\,cm^3 = 1000\,ml$$
$$1\,ml = 1\,cm^3$$

Voraussetzung siehe *Beweis*

Vorgänger Beispiel: Der Vorgänger von 9 ist 8.

Vorhersage Aussage über den Ausgang eines zukünftigen *Zufallsexperiments* aufgrund von vorherigen Datenerhebungen

Vorrangregeln [24, 35] 1. Klammern werden zuerst berechnet; Beispiel: $4 - (1 + 2) = 4 - 3 = 1$
2. Punktrechnung geht vor Strichrechnung; Beispiel: $7 - 3 \cdot 2 = 7 - 6 = 1$

W **Wahrscheinlichkeit (*P*) [116, 120, 124, 133]**

Wechselwinkel [166, 185] sind gleich groß.

Wert des Terms [138, 161] Setzt man für die *Variablen* Zahlen ein, kann man den Wert des Terms bestimmen.

Beispiel: Der Wert des Terms $10 \cdot x + 8$ für $x = 3$ ist 38, denn $10 \cdot 3 + 8 = 38$

Wertepaar [120, 133] zwei einander zugeordnete Werte; Beispiel: $(2|3{,}5)$

Wertetabelle *Wertepaare* können in einer Tabelle angegeben werden.

Winkel

Bezeichnungen am Winkel:

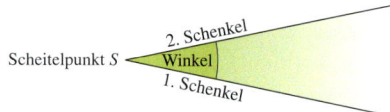

Scheitelpunkt S · Winkel · 1. Schenkel · 2. Schenkel

spitzer Winkel: rechter Winkel:

stumpfer Winkel: gestreckter Winkel:

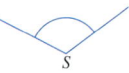 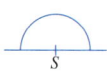

überstumpfer Winkel: Vollwinkel:

 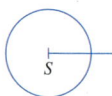

Winkelhalbierende *Halbgerade*, die einen *Winkel* halbiert. Jeder Punkt auf der Winkelhalbierenden hat denselben *Abstand* zu den beiden *Schenkeln* des *Winkels*.

Winkelsummensatz [176, 179, 185]
– Dreieck $\alpha + \beta + \gamma = 180°$
– Viereck $\alpha + \beta + \gamma + \delta = 360°$
– n-Eck $n \cdot 180° - 360°$

Wortvorschrift Ein Text beschreibt, welche Werte einander zugeordnet werden sollen; Beispiel: „Jeder Zahl wird ihr Dreifaches zugeordnet." ergibt z.B. $(1|3)$, $(2|6)$, $(-1{,}5|-4{,}5)$

Würfel
– *Oberflächeninhalt* $O = 6 \cdot a \cdot a = 6a^2$
– *Volumen* $V = a^3$

X **x-Achse** siehe *Koordinatensystem*

x-Koordinate siehe *Koordinatensystem*

Y **y-Achse** siehe *Koordinatensystem*

y-Koordinate siehe *Koordinatensystem*

Z $\mathbb{Z}$ siehe *ganze Zahlen*

Zahlbereiche [27] *Natürliche Zahlen*, *ganze Zahlen* und *rationale Zahlen* sind Beispiele für Zahlbereiche. Ist eine Aufgabe in einem Zahlbereich nicht lösbar, dann muss der Bereich durch Hinzufügen von Elementen erweitert werden. Beispiel: $3 - 7$ ist in $\mathbb{N}$ nicht lösbar aber in $\mathbb{Z}$.

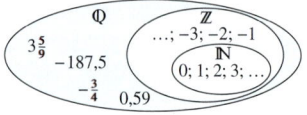

Zahlengerade bildet anders als der *Zahlenstrahl* auch die *negativen Zahlen* ab

Zahlenstrahl Beispiel:

Zähler siehe *Bruch*

Zehnerbruch *Brüche* mit dem *Nenner* 10, 10,

1000, …

Zehnerpotenz Zehnerpotenzen sind 10, 100, 1000, 10 000 usw.

Zehnersystem (Dezimalsystem) unser Zahlensystem; Beispiel: Stellenwerttafel im Zehnersystem:

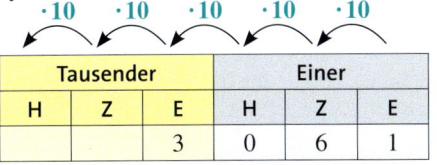

Tausender			Einer		
H	Z	E	H	Z	E
		3	0	6	1

Zeit *Maßeinheiten* der Zeit sind z. B. a (*Jahre*), d (*Tage*), h (*Stunden*), min (*Minuten*), s (*Sekunden*)

Zeitpunkt ein genau festgelegter Termin, z. B. 12:50 Uhr oder der 12. Januar

Zeitspanne die Dauer zwischen zwei Zeit-

punkten, z. B. 15 Minuten, 2 Jahre oder von 8:00 Uhr bis 8:45 Uhr

Zentimeter (cm) 1 cm = 10 mm

Zentralwert siehe *Median*

Ziffer Alle Zahlen bestehen aus den Ziffern 1, 2, 3, 4, 5, 6, 7, 8, 9, 0.

Zirkel Werkzeug zum Zeichnen von *Kreisen*

Zufallsexperiment Vorgang mit einem zufälligen Ergebnis; Beispiel: Münzwurf, Würfelwurf

Zufallsversuch siehe *Zufallsexperiment*

Zuordnung Zuordnungen weisen Werten aus einem vorgegebenen Bereich einen oder mehrere Werte aus einem anderen Bereich zu (*Wertepaar*). Zuordnungen können als *Wortvorschrift*, *Wertetabelle,* im *Koordinatensystem* oder im *Diagramm* dargestellt werden.
– antiproportional [70, 73, 79]
– grafisch darstellen [66 f.]
– proportional [64, 73, 79]

Bildverzeichnis

Titel Fotolia/Matthias Buehner; **3 o.li.** Fotolia/Vladimir Gerasimov; **3 o.re.** Shutterstock/Kunal Mehta; **3 u.li.** Fotolia/James Thew; **3 u.re.** mauritius images/pepperprint; **4 o.li.** Fotolia/ag visuell; **4 o.re.** ARTOTHEK; **4 u.li.** Fotolia/Yuri Arcurs; **4 u.re.** Fotolia/Matthias Buehner; **7** Fotolia/Vladimir Gerasimov; **10** Cornelsen/Peter Wirtz; **15 o.re.** Cornelsen/Udo Wennekers; **21 u.li.** Fotolia/vectorass; **21 u.re.** Fotolia/Dudarev Mikhail; **22** Fotolia/fotoping; **23** picture-alliance/Bildagentur Huber; **32 o.re.** Cornelsen/Mathias Wosczyna; **33** Fotolia/uzkiland; **34 o.a** Fotolia/Alexander Potapov; **34 o.b** Fotolia/Wddigital; **34 o.c** YourPhotoToday; **34 o.d** laif/Sebastien ORTOLA/REA; **34 o.e** mauritius images/Reinhard Dirscherl; **34 Mi.li.** Shutterstock/cbpix; **37** Fotolia/James Thew; **39 o.a** ClipDealer GmbH/ArTo; **39 o.b** Fotolia/KB3; **39 o.c** Fotolia/Kara; **39 o.d** Fotolia/Kara; **42** Cornelsen/Günther Reufsteck; **47** Astrofoto/Bernd Koch; **48 o.re.** Fotolia/Artalis-Kartographie; **53 Mi.re.** OKAPIA/NAS/New York Public Library; **57 o.re.** Cornelsen Verlag; **61** Shutterstock/Kunal Mehta; **63 o.mi.** Fotolia/astral113; **63 o.re.** Fotolia/L.Klauser; **63 Mi.re.** Cornelsen /Volker Döring; **63 u.re.** Fotolia/sp_ts; **64** Fotolia/iofoto; **65 u.re.** Cornelsen/Udo Wennekers; **68 Mi.re.a** Fotolia/terex; **68 Mi.re.b** Fotolia/psynovec; **68 Mi.re.c** Fotolia/D.R.3D; **68 u.re.** Cornelsen/Jens Schacht; **70** Fotolia/contrastwerkstatt; **71** picture-alliance/CHROMORANGE/Dieter Möbus; **72 Mi.li.** Fotolia/Whyona; **72 u.li.** Fotolia/dbersier; **73 u.li.a** Fotolia/Martin Spurny; **73 u.li.b** picture-alliance/WILDLIFE; **73 u.li.c** Fotolia/Villiers; **75** Fotolia/Martin_P; **76 Mi.li.** Fotolia/BVpix; **77 Mi.re.** Fotolia/K.- P. Adler; **77 u.re.** picture-alliance/PHOTOPQR/LA D; **78 Mi.re.** Fotolia/d.c. photography; **78 u.re.** akg-images/IAM; **81** mauritius images/pepperprint; **84 o.re.** Cornelsen/Dieter Ruhmke/Deutscher Olympischer Sportbund; **90 o.li.** Fotolia/.shock; **93 u.re.** Fotolia/benjaminnolte; **94 Mi.li.** Fotolia/Daniel Muller; **96** Cornelsen/Gezett/Gerald Zörner; **99 Mi.re.** Fotolia/M. Schuppich; **101 u.mi.** Fotolia/JFsPic; **102 u.li.** Fotolia/Johanna Mühlbauer; **102 u.re.** Fotolia/photocrew; **104** picture-alliance/dpa/Effner; **107** Fotolia/ag visuell; **115 Mi.re.** Fotolia/Armin Sepp; **115 u.re.a** Cornelsen/Peter Hartmann; **115 u.re.b** Cornelsen/Peter Hartmann; **115 u.re.c** Cornelsen/Peter Hartmann; **117 o.li.** Cornelsen/Jens Schacht; **117 o.re.** Cornelsen/Gerald Zörner; **117 u.li.** Cornelsen/Günter Liesenberg; **118** Fotolia/fotobeu; **122 o.li.** Shutterstock/EMprize; **122 Mi.re.** mauritius images/imagebroker; **122 u.li.** Shutterstock/Peter Bernik; **131 Mi.re.** Shutterstock/DUSAN ZIDAR; **132 o.li.** Fotolia/Gina Sanders; **134** Cornelsen/Volker Döring; **135** Fotolia/Yuri Arcurs; **137 o.** Fotolia/Robert Kneschke; **140 Mi.re.** Fotolia/Peter Maszlen; **141 u.li.** Fotolia/nikkytok; **146 o.re.** Fotolia/chalabala; **149 Mi.re.** ClipDealer GmbH/chroma; **150 o.li.** Fotolia/Nailia Schwarz; **151 u.** Fotolia/Jonas Glaubitz; **153 u.** Fotolia/Monkey Business; **158 o.re.** Fotolia/BRN-Pixel; **159 u.re.** ClipDealer GmbH/Natalia Klenova; **160 o.li.** mauritius images/imagebroker/Katja Kreder; **160 Mi.re.** Fotolia/yanlev; **163** ARTOTHEK; **166 o.mi.** ddp images/360°; **166 o.e.** Fotolia/Dirk70; **167 Mi.mi.** Fotolia/Dreadlock; **169 Mi.li.** Marie Haag/Mosaikart, Wörth a. d. Donau; **170 Mi.li.** Fotolia/cidepix; **170 u.li.** Shutterstock/Kandinskiy Dmitriy; **171 o.re.** Aluminco GmbH/Stefan Radouniklis; **175 o.re.** Cornelsen/Gabriel Dinslaken; **176** Pitopia/Geronimo, 2012; **184 Mi.li.** TOPICMedia/Otto; **187** Fotolia/Matthias Buehner

Die Screenshots auf den Seiten 67, 154 und 155 wurden mit Microsoft Excel® erstellt. Microsoft Excel® ist ein eingetragenes Warenzeichen der Microsoft Corporation.